资源型城市
空间结构系统演变

于 洋 赵 博 严 杰 张家帅 等 著

中国建筑工业出版社

图书在版编目（CIP）数据

资源型城市空间结构系统演变 / 于洋等著．-- 北京：中国建筑工业出版社，2025. 1. --ISBN 978-7-112-30715-9

Ⅰ. TU984.11

中国国家版本馆 CIP 数据核字第 202486EH98 号

责任编辑：王晓迪
版式设计：锋尚设计
责任校对：赵　菲

资源型城市空间结构系统演变

于　洋　赵　博　严　杰　张家帅　等　著

*

中国建筑工业出版社出版、发行（北京海淀三里河路9号）
各地新华书店、建筑书店经销
北京锋尚制版有限公司制版
建工社（河北）印刷有限公司印刷

*

开本：787毫米×1092毫米　1/16　印张：16¼　字数：325千字
2025年1月第一版　2025年1月第一次印刷
定价：**78.00**元

ISBN 978-7-112-30715-9
（43907）

本书的研究和出版受国家自然科学基金面上项目（编号：51478389）支持

本书其他撰写人员：范路平　张延鹏　胡　洁　蔡旭东
参与本书校对人员：林　怡　董刘洋　刘柯杉　陈勇健
周　睿　吴冰瑕　李　想　李　耕
申家驹　刘　冲　杨　仙　吴茸茸

序言

城市空间结构系统是城市系统运行时各要素及其组合方式在空间上的分布和组合状态。长期以来，对城市空间结构系统发展演变机制的研究始终是城市规划、城市发展领域的重要课题。本书在梳理国内外有关理论研究和规划实践成果的基础上，将研究对象聚焦于资源型城市的空间结构系统，力求从资源型城市的用地、产业、人口、交通等视角对其发展演变做出更为深入的探讨。

资源型城市是一种特殊的城市类型，发展特色鲜明。它们以开采和加工本地区矿产、森林等自然资源为主导产业，我国以矿产资源型城市居多，本书正是以此类城市为研究对象。由于这些矿产资源型城市对资源开发产业高度依赖，故其城市的发展也伴随着资源开发产业的生命周期而具有明显的阶段性特征，通常可以分为导入期、成长期、成熟期、衰退期、转型期五个阶段。其中，成长期和成熟期前期的资源型城市处于资源开发产业的蓬勃发展期，此时资源充裕，产业发展条件良好，城市最容易对资源产业产生依赖。同时，资源开发产业在此阶段对城市空间结构系统发展演变的影响也最大，而这种影响一般会伴随着资源型城市走过成熟期、衰退期，直至转型期才有可能得到调整。因此，深入研究资源开发对资源型城市空间结构系统的影响机制，有助于及时发现此类城市发展演变过程中存在的问题以及问题产生的原因，并从城市空间规划、产业发展规划等多方面提前介入，避免城市发展过度依赖单一资源产业，规避城市陷入“矿竭城衰”的风险，进而达成提升资源型城市发展稳定性和可持续性的目标。

基于此，本书借助耗散结构理论和熵理论研究思路，首先梳理资源型城市空间结构系统的特征和一般性演变规律，以形成对资源型城市空间结构系统的基础理论认知，并围绕自然条件、交通路网、产业经济、城市规划、资源开发等方面，分析资源型城市空间结构系统演变的影响因素与作用机制。以此为基础，进一步重点分析资源开发在经济、社会、用地、交通等方面对资源型城市空间结构系统的影响。本书以20座资源型城市为样本，分别选取资源开发和城市空间结构系统的典型指标，构建两者之间的灰色关联作用模型，为探析资源开发对资源型城市空间结构系统发展演变的影响提供科学方法。

在完成理论分析和模型建构之后，本书选择典型的成长型资源城市——新疆维吾尔自治区哈密市展开实证研究，具体内容分为两个板块：一是从城市空间结构系统中的用地、产业、人口、交通四个子系统入手，解析各个子系统的发展脉络以及演变的态势、机制、特征和影响要素，并综合分析哈密城市空间结构系统整体演变的动态过程、特征及内在规律，识别其发展的优势、劣势、机遇与威胁。二是基于前文构建的资源开发与城市空间结构系统间的关联作用模型，通过相关性分析、协调度分析等方法，进一步探究哈密市资源开发与其空间结构系统演变的关联程度、作用机制和发展矛盾等。并以此为依据，提出具有针对性的哈密城市空间结构系统优化发展策略，以期为哈密以及其他同类型资源城市的高质量和可持续发展提供参考。

目 录

序言

上篇　资源型城市空间结构系统演变理论分析

第 1 章　初识资源型城市空间结构系统 / 003

1.1　资源型城市空间结构系统发展演变中的挑战 / 004

1.2　如何解析资源型城市空间结构系统的发展演变 / 008

第 2 章　资源型城市空间结构系统相关理论及成果概述 / 011

2.1　城市空间、城市空间结构等重要概念界定 / 012

2.2　相关理论概述 / 017

2.3　资源型城市研究成果概述 / 023

第 3 章　资源型城市空间结构系统演变及其特征 / 033

3.1　资源型城市空间结构系统的类型及特征 / 034

3.2　资源型城市空间结构系统演变历程及规律 / 048

3.3　资源型城市空间结构系统影响因素及其作用机制 / 054

3.4　资源开发对资源型城市空间结构系统的影响作用 / 059

第 4 章　资源开发与资源型城市空间结构系统关联作用 / 071

4.1　资源开发与资源型城市空间结构关联作用模型构建 / 072

4.2　资源开发与资源型城市空间结构系统关联度评价 / 081

下篇　资源型城市空间结构系统演变实证研究

第 5 章　哈密城市发展概况 / 093

5.1　新疆城市发展背景 / 094

5.2　哈密城市发展 / 096

5.3　哈密产业发展 / 097

第 6 章　哈密城市空间结构系统演变分析 / 105

6.1　用地演变分析 / 106

6.2　产业演变分析 / 133

6.3　人口演变分析 / 148

6.4　交通演变分析 / 156

第 7 章　哈密城市空间结构系统综合分析 / 169

7.1　哈密城市空间结构系统的协调度分析 / 170

7.2　哈密城市空间结构系统演变 SWOT 分析 / 178

第 8 章　资源开发对哈密城市空间结构系统的影响作用 / 189

8.1　资源开发与哈密城市空间结构系统的关联度评价 / 190

8.2　资源开发对哈密城市空间结构系统的影响作用 / 192

8.3　资源开发与城市空间发展矛盾分析 / 204

第 9 章　哈密城市空间结构系统优化发展策略 / 209

9.1　用地优化发展策略 / 210

9.2　产业优化发展策略 / 214

9.3　人口优化发展策略 / 223

9.4　交通优化发展策略 / 225

结语 / 227

附表 / 229

参考文献 / 243

上篇

资源型城市空间结构系统演变理论分析

第1章 初识资源型城市空间结构系统

第2章 资源型城市空间结构系统相关理论及成果概述
第3章 资源型城市空间结构系统演变及其特征
第4章 资源开发与资源型城市空间结构系统关联作用
第5章 哈密城市发展概况
第6章 哈密城市空间结构系统演变分析
第7章 哈密城市空间结构系统综合分析
第8章 资源开发对哈密城市空间结构系统的影响作用
第9章 哈密城市空间结构系统优化发展策略

1.1 资源型城市空间结构系统发展演变中的挑战

1.1.1 经济社会快速发展推动城市空间结构系统持续演变

城市空间结构系统是城市系统中各项要素以及这些要素组合而成的子系统在空间上的分布和组合，它是一个复杂巨系统，具有动态变化显著、结构体系复杂、影响要素广泛的基本特征。而经济社会要素对推动城市空间结构系统动态发展和演变很重要，其影响作用十分强烈。当城市中的经济社会活动与其他各子系统的发展相互适应时，城市空间结构系统的演变也将持续处于良好、上升的态势；当城市经济社会活动与其他各子系统的运行相互掣肘时，城市空间结构系统的发展演变则处于消极态势，难以有效承载各类城市功能的运转。

近年来，我国经济社会发展始终处于快速变革期。一方面，在世界经济格局剧烈变动的大背景下，我国经济结构面临新的调整和升级。尤其是在“十二五”时期以后，我国的经济增长速度较以往逐渐放缓，开始由高速增长转变为中高速增长（图 1–1）。在经济增长速度放缓的现实情况下，国家提出要加快转变经济增长方式，实现产业结构优化升级，走具有中国特色的新型城镇化发展道路。另一方面，随着整体经济环境的持续变化，社会环境也随之发生了较大变化，乡村地区人口向城镇地区的流动进程加快，城镇化率快速提升（图 1–2）。截至 2022 年，我国城镇常住人口为 92071 万人，

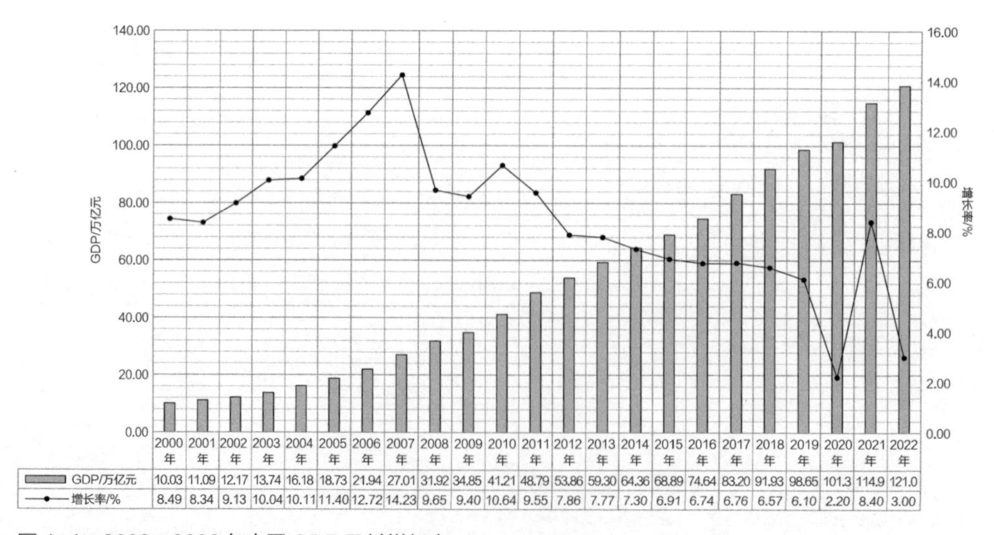

	2000年	2001年	2002年	2003年	2004年	2005年	2006年	2007年	2008年	2009年	2010年	2011年	2012年	2013年	2014年	2015年	2016年	2017年	2018年	2019年	2020年	2021年	2022年
GDP/万亿元	10.03	11.09	12.17	13.74	16.18	18.73	21.94	27.01	31.92	34.85	41.21	48.79	53.86	59.30	64.36	68.89	74.64	83.20	91.93	98.65	101.3	114.9	121.0
增长率/%	8.49	8.34	9.13	10.04	10.11	11.40	12.72	14.23	9.65	9.40	10.64	9.55	7.86	7.77	7.30	6.91	6.74	6.76	6.57	6.10	2.20	8.40	3.00

图 1–1 2000—2022 年中国 GDP 及其增长率

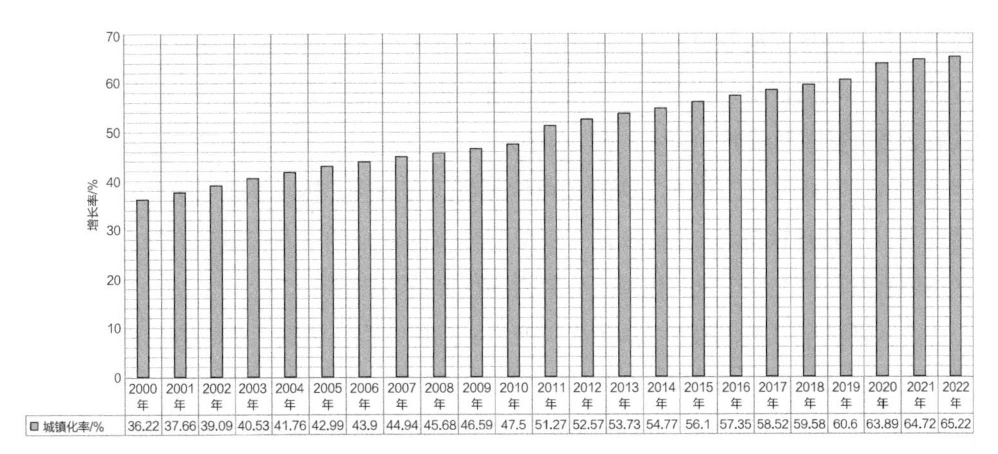

图 1-2　2000—2022 年中国城镇化率

城镇化率已经达到 65.22%。

在经济社会要素持续变化的影响下，我国城市的空间结构系统也将长期处于波动调整和动态演变状态。尤其是当前经济发展进入新常态，经济发展速度放缓和产业结构优化调整将不断推动城市各项事业由粗放式高速发展向精细式优化发展转变，并会进一步投射到城市空间上，促进城市空间结构系统优化，目标是形成集约节约、高效运转的空间结构系统。在社会层面，城镇化率的迅速提升、城镇人口总量的持续增长以及城镇居民收入的提高，使社会结构逐渐由“金字塔形”向“橄榄形”发展，这些变化也均在推动城市交通基础设施、公共服务设施、居住和商业服务业设施等各类城市系统运行基础要素的调整、优化与提升，进而持续推进城市空间结构系统的演变。

1.1.2　资源型城市转型发展问题引发广泛关注

资源型城市是以开采和加工本地区的矿产、森林等自然资源为主导产业的城市类型[1]。它们是我国重要的能源与资源供应节点，是促进国民经济持续健康发展的支撑型城市，在我国经济社会发展中发挥着不可替代的作用。自 1949 年中华人民共和国成立以来，我国先后启动了众多矿产资源型城市的建设，以 20 世纪 50 年代和 80 年代这两个时间段最为集中。

20 世纪 50 年代，受国家“一五”计划影响，全国各地快速兴建了众多以各类矿产资源开采和加工为主导产业的资源型城市。在此期间，我国建设的 156 个国家重点项目里，有 53 个布局在资源型城市中，合计投资额占总投资额的 50% 左右[2]。20 世纪 80 年代，国家工业布局整体向东部地区转移，内地省区通过对各类资源的开发和输出支持东部地区的发展，进一步促进了众多资源型城市的形成与兴起[3]。按照国务院发布的《全国资源型城市可持续发展规划（2013—2020年）》，截至2013年，我国共有262个资源型城市。其中，有126个地级行政单位（包括地级市、地区、自治州、盟等）、62个县级市、58个县级行政单位（包括自治县、林区等）、16个市辖区（包括开发区、管理区等）。总体来说，资源型城市的数量约占我国城市总数量的38%。从类型上看，这类城市是我国最不容忽视的重要城市类型。

进入新世纪以来，随着我国大力转变经济发展方式、调整产业结构，加之很多资源型城市也面临着资源枯竭问题，这导致它们逐渐失去原有的优势地位，资源问题、经济问题、环境问题、社会问题也随之而来。在此背景下，资源型城市的转型发展引发了广泛关注，如何引导众多资源型城市健康可持续和高质量发展，继续发挥它们服务国民经济的重要作用，成为我国亟待解决的问题。基于此，国家自2001年起便开始高度关注资源型城市的发展及转型问题，并相继出台了一系列指导文件（表1-1）。

2000年后我国资源型城市发展相关政策 表1-1

时间	政策来源	相关内容
2001年	“十一五”规划纲要	推进西部大开发，支持将资源优势转化为产业优势，振兴东北地区等老工业基地
2001年	国务院	确立阜新为我国首个资源型城市经济转型试点市
2002年	党的十六大报告	大力支持资源型城市产业可持续发展
2003年	党的十六届三中全会	“振兴东北老工业基地战略”正式上升为国家发展战略
2006年	“十一五”规划	重点做好资源枯竭型城市经济转型试点工作，建立和完善资源开发补偿机制、衰退产业援助机制
2007年	党的十七大报告	帮助资源枯竭地区实现经济转型
2007年	国务院	关于促进资源型城市可持续发展的若干意见，包括资源型城市可持续发展的指导思想、基本原则等
2008年	国家发改委	公布首批资源枯竭型城市名单（12个）
2009年	国家发改委	公布第二批资源枯竭型城市名单（32个）
2012年	国家发改委	公布第三批资源枯竭型城市名单（25个）
2013年	全国资源型城市可持续发展规划（2013—2020年）	首次界定262个资源型城市，并分类指导其发展
2016年	国家发改委	《发展改革委关于支持老工业城市和资源型城市产业转型升级的实施意见》
2017年	国家发改委	《国家发展改革委关于加强分类引导培育资源型城市转型发展新动能的指导意见》
2017年	党的十九大报告	明确提出支持资源型地区经济转型发展
2021年	国家发改委	“十四五”时期支持老工业城市和资源型城市产业转型升级示范区高质量发展

其中，2001 年的“十一五”规划纲要提出要加强对资源型城市产业空间开发新模式的研究。同年，辽宁省阜新市被确定为全国唯一的资源枯竭型城市经济转型试点市。其后，在党的十六大报告、十六届三中全会、“十一五”规划、十七大报告中，中央均有出台相关政策文件，以支持资源型城市的转型发展。2008—2012 年，国家又先后确定了 69 个资源枯竭型城市，明确要求各资源枯竭型城市要抓紧制定和完善转型规划，确立转型思路和发展重点，并进一步提出转型和可持续发展工作的具体方案。2013 年，国务院首次对全国资源型城市进行明确界定，公布了 262 个资源型城市名单，并将其分为成长型、成熟型、枯竭型和再生型四个大类。2016 年，《发展改革委 科技部 工业和信息化部 国土资源部国家开发银行关于支持老工业城市和资源型城市产业转型升级的实施意见》发布。2017 年，《国家发展改革委关于加强分类引导培育资源型城市转型发展新动能的指导意见》发布，明确提出要支持资源型地区经济转型发展。2021 年，国家发展改革委等部门印发《“十四五”支持老工业城市和资源型城市产业转型升级示范区高质量发展实施方案》，提出了对产业转型升级示范区的要求，以推动新时代示范区高质量发展。

1.1.3 资源型城市空间发展矛盾加剧

作为基础资源、能源和原材料的供给地，资源型城市在我国城镇化、工业化和现代化发展进程中作出了不可磨灭的巨大贡献，但其城市空间结构系统也在发展演变过程中出现了很多不容忽视的问题。具体而言，由于对资源产业的高度依赖以及粗放的发展模式，资源型城市目前普遍存在韧性较低、缺乏抵御风险能力的问题，外部环境的突然变化将直接导致诸多城市问题的出现。

近年来，国内外资源开发和市场形势复杂多变，尤其是煤炭等化石资源的开采量和价格波动较大。总的来说，自加入世界贸易组织（World Trade Organization，WTO）之后，我国煤炭资源市场经历了从繁荣发展、快速扩张到低位徘徊、持续萎靡的过程。而 2017 年至今，煤炭资源市场又出现了较大程度的回升现象，但整体看来仍处于不稳定的波动发展态势。这种情况对高度依赖资源产业的资源型城市而言，会扰乱其整体经济社会运行轨迹，城市空间结构系统发展演变的持续性与稳定性也会受到极大影响。很多资源型城市空间呈现结构失序、功能紊乱等诸多弊端，进而导致城市空间结构系统对城市经济社会发展的有效支撑不足，城市发展陷入“资源诅咒”[①] 的窘境，转型十分艰难。

---

① 城市发展若过多依赖自然资源，会在短时期内繁荣，但短期的高速发展是不可持续的，往往导致城市最终随资源枯竭而衰落。

1.2 如何解析资源型城市空间结构系统的发展演变

本书将采用定性阐释和定量分析相结合的方式，在对资源型城市空间结构系统的演变特征、影响因素、演变规律等进行探索和研究之后，重点分析资源开发与资源型城市空间结构系统演变间的关联关系，构建灰色关联作用模型。并以新疆维吾尔自治区的成长型资源城市——哈密市为具体研究对象，选取“资源开发对城市空间结构系统演变的影响”作为切入点展开研究，运用所构建的灰色关联作用模型，系统解析资源开发对资源型城市空间结构系统发展演变的影响，解析时的重点内容如下：

（1）基于耗散结构理论、熵理论等研究方法，分析资源型城市空间结构系统演变的相关影响因素及作用机制，剖析资源型城市空间结构系统的演变特征和演变规律。

（2）探析资源开发与资源型城市空间结构系统间的作用关系，从用地、产业、人口、交通四个方面选取系列指标因子，构建资源开发与城市空间结构系统间的关联作用模型。

（3）以新疆维吾尔自治区哈密市为实证研究对象，系统梳理哈密城市空间结构系统的演变历程，并基于耗散结构等理论，分析哈密城市空间结构系统演变的规律及趋势。

（4）通过相关性分析、协调度分析、SWOT 分析等方法综合评析哈密的城市空间结构系统，并运用建立的关联作用模型，探讨哈密市资源开发与城市空间结构系统的作用关系。

（5）因地制宜提出哈密城市空间结构系统的优化发展策略，助力哈密实现资源开发与城市空间结构系统间的协调发展，为同类型资源城市高质量发展提供参考。

本书在解析资源型城市空间结构系统发展演变时用到如下主要方法：

（1）文献梳理与理论分析

梳理并分析国内外关于本书研究主题的相关成果，主要包括城市空间结构系统发展演变过程及其影响因素、资源开发对城市空间结构系统的影响作用、城市空间耗散结构相关理论、熵理论、灰色关联理论等，以把握资源型城市空间结构研究的最新进展及趋势，为进一步开展研究奠定基础。

（2）定性阐释与量化分析

由于城市空间结构系统的发展演变具有很强的复杂性、随机性和不确定性，其系统特征难以完全被抽象提取成指标参数以进行精确的数量化分析，且很多数据也难以获取。因此本书采取定性阐释与量化分析相结合的综合分析法来研究城市空间结构系统的发展演变。

定性阐释层面主要采取案例分析、对比分析、图示说明、因素分析、综合分析等方法。案例分析和对比分析主要用来研究不同城市的空间结构系统演变，以及哈密市不同时期的空间结构系统演变等；图示说明主要是采用历史地图、分析图、结构图等来辅助文字阐释；因素分析运用于定量分析的前期阶段，主要是阐释指标因子的筛选过程；综合分析以新疆哈密市为例，采用相关实例信息及数据，通过建立 SWOT 矩阵，从城市内部系统与外部环境两个层面来剖析哈密市城市空间结构系统的演变情况。

量化分析层面主要是采用熵值法、灰色分析模型、协调度分析模型和相关性模型等理论、方法展开研究。熵值法是一种比较客观的赋值方法，它通过计算指标的信息熵来确定指标权重，即根据各项指标的相对变化对系统整体的影响程度强弱来确定指标的权重，相对变化程度大的指标会具有较大的权重；灰色分析模型可以用于定量分析数据样本不足或含有较多不确定性因素的系统，进而实现对不确定性系统运行及演变规律的有效分析与正确描述；协调度分析模型用于对哈密市用地、产业、人口与交通等子系统进行协调度评价；相关性模型用于剖析哈密市用地、产业、人口、交通等子系统与哈密城市空间结构综合系统的相关性。

（3）实地调研

以实地走访调研的形式，分年度多次考察哈密城市空间发展情况和资源点开发建设情况，向相关行政主管部门和规划设计单位查阅数据、文献信息，收集掌握第一手资料。通过对所收集资料的整理和总结，结合文献梳理及理论研究，深入分析哈密城市空间结构系统的演变规律，以及矿产资源开发对其城市空间结构系统的影响。

第2章 资源型城市空间结构系统相关理论及成果概述

第1章 初识资源型城市空间结构系统
第3章 资源型城市空间结构系统演变及其特征
第4章 资源开发与资源型城市空间结构系统关联作用
第5章 哈密城市发展概况
第6章 哈密城市空间结构系统演变分析
第7章 哈密城市空间结构系统综合分析
第8章 资源开发对哈密城市空间结构系统的影响作用
第9章 哈密城市空间结构系统优化发展策略

2.1 城市空间、城市空间结构等重要概念界定

2.1.1 城市空间

（1）城市空间的发展

城市空间概念由来已久，最早可追溯到受礼制、宗教等思想主导的奴隶制时期，且不同历史时期、不同地理区域的人们对城市空间的理解和规划设计方式也有明显差异。例如，中国周朝受礼制思想的影响，王城采用“匠人营国，方九里，旁三门，国中九经九纬，经涂九轨”的空间规划布局方式[4]；西方国家则在宗教因素的影响下，出现了很多以教堂为中心的城市空间[5]，如希波丹姆（Hippodamus）推崇棋盘式路网，空间的规划布局追求几何形态的和谐与秩序（图 2-1）。

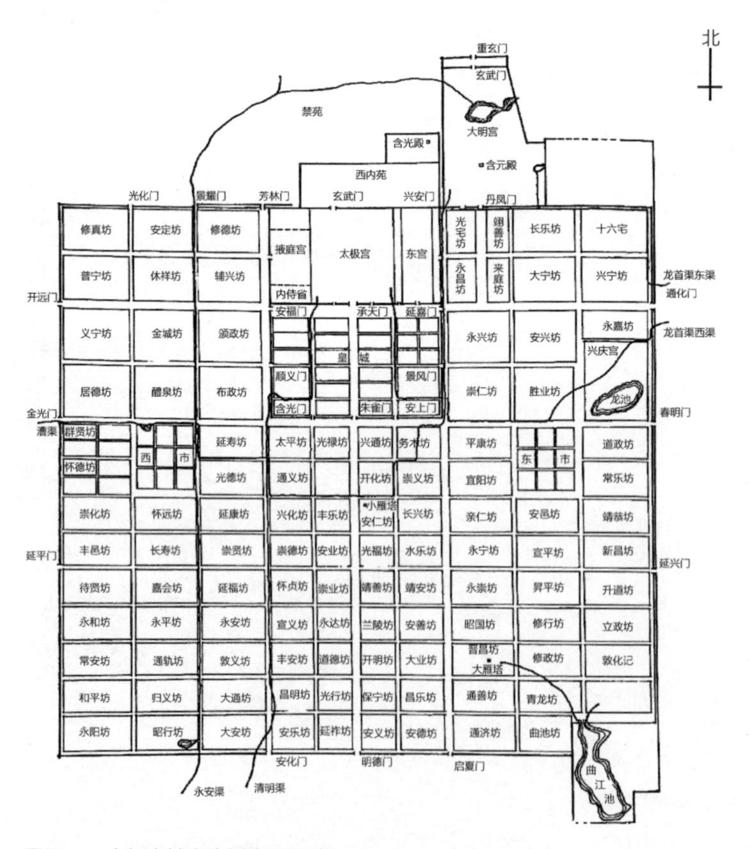

图 2-1　唐长安城市空间布局示意

图片来源：肖爱玲. 古都西安：隋唐长安城［M］. 西安：西安出版社，2008.

在历史发展进程中，随着社会制度与生产方式的变迁，人们对城市空间规划布局的理解也逐渐发生变化。以工业革命作为重要转折点，在城市规划建设过程中，人们不再仅局限于美学、形态等形式方面的考虑，而是更注重为满足功能需求、环境感知等而形成的城市空间。在工业革命的巨大影响下，城市内部的生产生活方式和人群行为活动发生重大转变，这也引发诸多学者对城市空间发展进行新探索，其中以埃比尼泽·霍华德（Ebenezer Howard）、勒·柯布西耶（Le Corbusier）等人最具代表性。霍华德从社会视角提出了理想的城市模型，即“田园城市”（图 2-2）[6]；柯布西耶则在工业化背景下提出了“光辉城市”模型[7]，他主张采用全新的城市规划思想，设想可以通过营造高层建筑和现代化交通方式来构建现代化的城市人居环境。

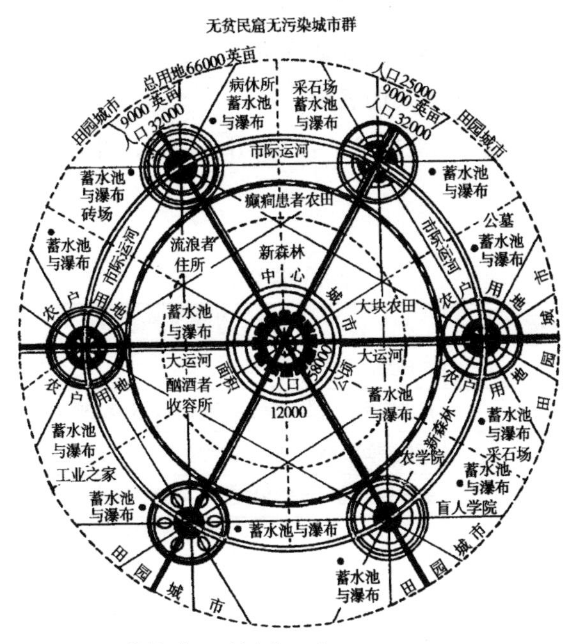

图 2-2　霍华德“田园城市”示意

注：1 英亩≈ 0.4hm^2。

图片来源：霍华德. 明日的田园城市［M］. 金经元，译. 北京：商务印书馆，2009.

在现代化背景下，伴随着铁路、公路、航空、水运等立体化综合交通运输网络的快速建设，城市内外部的人流、物流和信息流已在很大程度上突破了物理距离的限制。尤其是在通信与互联网技术快速发展的推动下，信息基础设施网络、通信基础设施网络、跨国企业和生产性服务业网络等逐渐构成互联系统，资本、技术、信息等“流”的流动更为广泛、快捷与高效。这些“流”的构建打破了人们原有的简单、恒定的城市空间认知，使城市空间概念突破了早期的“地方”“时间”“物理距离”“物质形态”等的限制，也促使人们将城市空间与社会、经济、文化等与“流”相关的领域结合，衍生出新的“城市空间”概念。可以说，现代化赋予了“城市空间”新的内涵，城市空间不再是单一物质形态的反映，而是多种要素综合作用下的复杂系统（图 2-3）。现今很多学者较为认可的观点是：城市空间是城市经济、社会、文化、信息、技术等多方面、多维度叠加的综合系统及其状态体现。

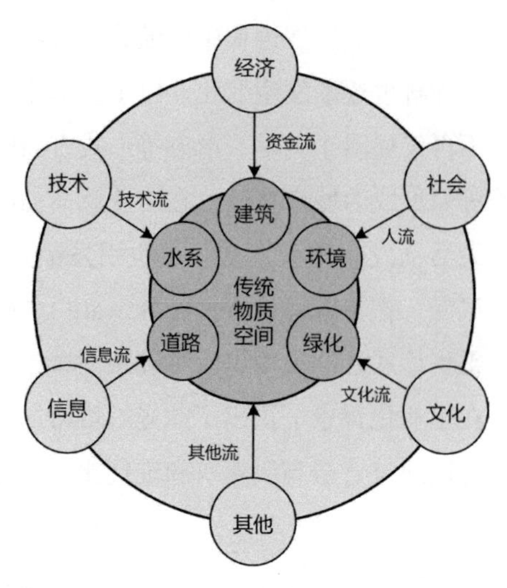

图 2-3　新时代城市空间示意

（2）城市空间的分类

如前所述，城市空间作为一个复杂系统，包含了城市经济、社会、文化等众多要素，既是各类城市活动的载体与基础，也是劳动力、资本、基础设施等要素聚集的表现。根据其内涵构成、活动构成、功能构成、空间的开放性等，可基于不同视角对城市空间进行分类（表 2-1）。

城市空间分类　　表 2-1

分类依据	具体分类
内涵构成	物质空间、非物质空间
活动构成	产业空间、人口空间、政治空间、文化空间等
功能构成	居住空间、商业空间、绿地空间、交通运输空间、文化教育空间等
空间的开放性	开放性空间、半开放性空间、私密性空间等

2.1.2　城市空间结构

城市空间结构反映了城市空间构成要素的相互作用关系，是各种人群活动与城市功能在城市空间上的组合。它是一个复杂巨系统，其外在表现是在城市地域空间上的投影，静态表现是地域平面上的空间结构布局。

对城市空间结构的解释可从早期的空间学研究出发，这些研究经常采用空间与社会二元对立的空间认识论观点，将空间看作一种处于静止状态的东西，认为空间独立于人类社会，充当着人类社会发展的容器。这种空间认识论机械地割裂了空间与人类社会之间的根本联系，抹杀了空间所具有的主观、积极地构建社会关系的潜能。直至20 世纪 70 年代，新的辩证空间观逐渐出现，并替代了前述的二元对立空间观。正如亨利 · 列斐伏尔（Henri Lefebvre）所说，空间是社会的产物，社会在生产空间的同时，空间也在积极地塑造着社会，社会与空间是互相建构的。因此，空间问题与社会问题是事物的一体两面，是不可被分割的有机整体（图 2-4），这也成为当前空间结构系统研究的共识与基础。

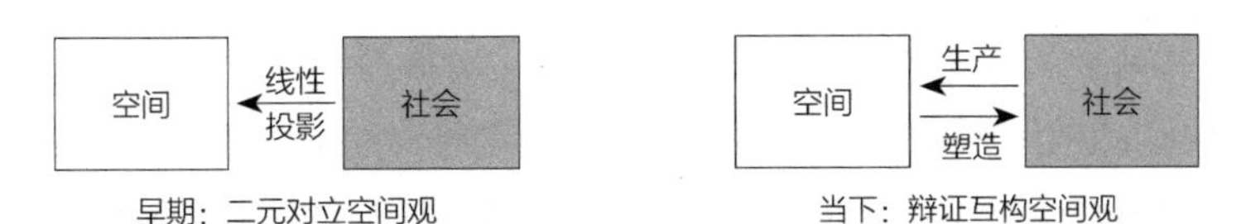

图 2-4　空间与社会的关系模式

图片来源：李志明. 空间、权力与反抗［M］. 南京：东南大学出版社，2009.

当前，对于城市空间结构的解释也一直是国内外城市规划学、城市社会学、城市地理学、城市经济学等相关领域的研究热点，诸多学者立足于不同学科，从不同视角对城市空间结构展开了研究。在城市规划学和城市社会学的学科领域，城市空间结构具有较强的社会属性，强调"场所"的概念与城市秩序；在城市地理学科领域，研究者认为城市空间结构是在城市结构的基础上增加了空间的维度，涉及城市功能的变迁与地域活动的变化等。总的来说，城市空间结构即指城市空间结构系统，是一个由众多子系统和各类要素相互作用的复杂巨系统，大体上可从物质空间结构和非物质空间结构两个层面开展研究，也可将两个层面结合起来开展综合性研究。

2.1.3　资源型城市

（1）概念界定

"资源型城市"这一概念源于国外，且具有多种相似的称谓，例如"resource-based town""resource-based community""mining town""mining village"等。国内对"资源型城市"这一概念也有多种称谓，如"资源城市""矿业城市""工矿城市""资源型城镇"等。

目前对于资源型城市的概念界定主要包括：2001 年，张秀生、陈先勇提出资源型城市是指以向社会提供矿产业及初级加工产业为主要或重要功能的城市类型，其往往因矿业开发而兴起[8]。2002 年，刘云刚将资源型城市界定为因资源的开发而形成和发展起来的城市，其中"资源"是指在工业化时期对城市的形成和发展起主导作用的可耗竭、近似可耗竭的自然资源（森林与矿产资源）。而根据主导资源类型，资源型城市又可分为煤炭城市、石油城市、金属城市、森林城市等[9]。2013 年，国务院首次对我国 262 个资源型城市进行了界定，并指出资源型城市是以本地区矿产、森林等自然资源开采、加工为主导产业的城市类型。由于矿产资源具有不可再生性，这使矿产资源型城市与森林资源型城市有着不同的发展特点，本书研究的是在资源型城市中占绝大多数的矿产资源型城市，全文也将其简称为“资源型城市”。

（2）资源型城市的分类

资源型城市的细分类别可以从发展阶段、资源类型，以及资源开采与城市形成的先后顺序进行划分（表 2-2）。从发展阶段来看，资源型城市可以分为成长型、成熟型、衰退型和再生型；根据资源类型的不同，又可将资源型城市划分为煤炭型、石油型、铁矿型和铜矿型等；基于资源开发与城市形成的先后顺序，资源型城市又包括先城后矿型和依矿建城型。本书下篇中重点研究的哈密市就是成长型资源城市、煤炭兼石油资源型城市和先城后矿型资源城市。

资源型城市分类 表 2-2

分类依据	具体分类	举例
发展阶段	成长型	朔州市、呼伦贝尔市
	成熟型	邯郸市、大同市
	衰退型	阜新市、抚顺市
	再生型	唐山市、包头市
资源类型	煤炭型	六盘水市、榆林市
	石油型	克拉玛依市、鄯善县
	铁矿型和铜矿型	金昌市、德兴市
资源开采与城市形成的顺序	先城后矿型	大同市、邯郸市、哈密市
	依矿建城型	攀枝花市、克拉玛依市

需要注意的是，先城后矿型资源城市在资源产业导入前已具有一定的城市规模和空间结构，而这一规模、结构会影响并作用于未来城市的整个生命周期。因此，对先城后矿型资源城市而言，在分析其演变过程和规律时，应首先认知城市的整体历史发展进程，再将资源开发置入整体进程去剖析其对城市空间结构演变的作用机制。例如，哈密市是典型的先城后矿型资源城市，在后文研究时，应首先厘清哈密城市空间结构演变的整体脉络，然后再重点对近年来资源开发影响下的空间结构演变态势进行剖析。

2.1.4 资源开发

矿产资源是指经过地球的地质成矿作用形成的具有开发利用价值的矿物和有用元素的集合体，它们天然赋存于地壳内部，或埋藏于地下，或露出于地表，有固态、液态或气态等不同物质存在状态。

矿产资源是我国经济社会发展的重要物质基础，资源开发产业是我国现代化进程中重要的基础性产业，对矿产资源的保护与合理开发事关国家现代化建设的全局。其开发活动包括对多种资源的开采、利用及初加工，如对煤炭、石油、天然气、铁、铜、铝等的开发。

本书下篇的实证研究对象将选取煤炭、石油两种矿产资源储量均较为丰富的哈密市，由于石油资源的开采均位于城区以外，且石油基本是通过管道运输，其对城市的影响主要通过石油开采人员在城区的生活基地作用于城市，因此书中提到的资源开发等系列概念主要围绕煤炭资源的开发而展开。与此同时，本书的研究是将资源开发作为一个独立的子系统，分析该子系统对资源型城市空间结构发展演变的影响和作用机制。对于资源开发系统内部涉及的各类要素间复杂的相互作用，如资源产业生产模式的转变、技术手段的升级等不作更为细致的研究。

2.2 相关理论概述

2.2.1 自组织理论

自组织理论是包括耗散结构理论、突变论、协同论等相关系列理论的科学体系，而各个理论在整个理论体系中扮演的角色与作用又各有不同，因此下文将首先梳理与说明与本研究有关的自组织理论（图 2-5）。

自组织理论在 20 世纪 60 年代开始建立，并在其后逐渐发展为系统科学研究领域的热点。它并不是一套单一的理论，而是一个理论群，是研究复杂系统形成和演变机制的科学理论体系。德国物理学家赫尔曼・哈肯（Hermann Haken）认为，根据进化形式的不同，组织可分为自组织和他组织两类[10]（表 2-3）。自组织与他组织的作用方式不同，自组织是系统通过其内部自发相互作用而形成有序结构的过程，而他组织则需要凭借外界的作用力才能形成有序结构。

自组织与他组织　表 2-3

组织形式	内涵
自组织	系统通过内部作用机制，自发、自主从简单、粗糙、无序向复杂、精细、有序发展的过程
他组织	概念对立于自组织，系统受到外部环境的作用，进而形成更为高级、有序的结构的过程

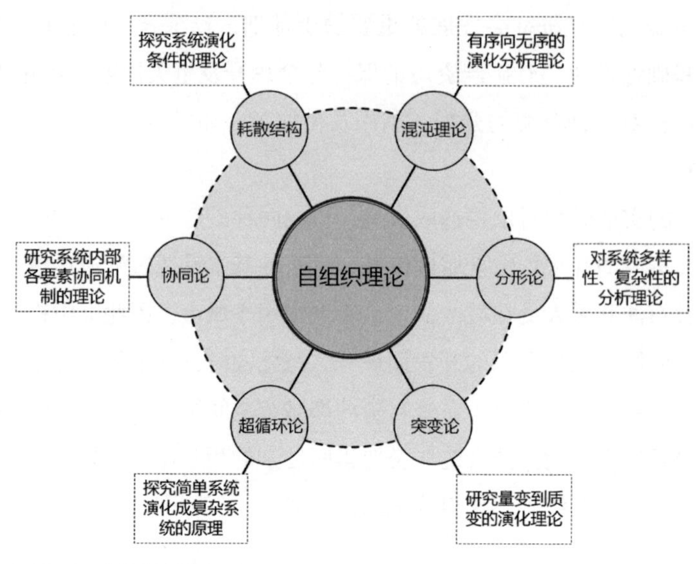

图 2-5 自组织理论体系

本书涉及的内容主要是资源型城市空间结构系统的自组织过程。从相对微观的层面来看，城市的规划、政府的计划与决策等作为人为手段，是城市空间结构系统演变的外部作用力，是他组织作用力的具体表现。然而，从宏观角度上讲，人和政府以及他们的决策和计划均是城市巨系统的构成要素，是从属于城市空间结构系统的，故在整体上看也属于自组织的范畴。

2.2.2 耗散结构理论

耗散结构的概念源于热力学领域，最早由比利时的伊利亚·普里戈金（Ilya Prigogine）提出[11]。他基于对非平衡热力学系统线性区的认识，发现了系统在非线性区的演变规律与机制，进而提出了耗散结构理论。

耗散结构理论试图解释一个普遍的问题，或者叫现象，即某系统在有序和无序之间相互转化的机制与条件[12]。目前，该理论已被广泛应用于物理学、生物学、医学、经济学等诸多学科领域的研究中，并在这些领域产生了重大影响。随着研究的不断拓展与深入，该理论也逐渐被应用于城市系统分析。城市是一个复杂的巨系统，运行着各种各样的生产、生活、生态子系统，诸多学者为了研究城市问题，将耗散结构等自组织理论应用到城市空间结构系统的研究中。

耗散结构理论指出，非线性开放系统，如城市、经济、生态等系统，在不断地与外界进行物质与能量交换的同时，可能会引起系统内部参量的变化。当参量变化超过一定阈值时，系统将通过内部作用从无序混沌状态转变为有序状态，进而形成全新、稳定的有序结构，而这个稳定的有序结构便是“耗散结构”[13]。耗散结构的形成需满足四个条件：第一，系统具有开放性，要与外界环境形成物质、能量等的交换；第二，系统必须远离平衡态；第三，系统内部存在非线性作用；第四，系统内部存在涨落机制[14]。下面将对这四个条件进行具体说明：

（1）开放性

在研究系统的演变规律时，不仅要关注引起系统内部演变的因素，还需关注系统与外部环境之间的关联因素。根据系统与外部环境的相互作用关系，系统可分为孤立系统、封闭系统和开放系统。其中，孤立系统是不受外界影响的系统。从严格意义上讲，自然界的任何系统均会与外界产生联系，故自然界并不存在真正的孤立系统。但在一定时期内，若外界对系统的影响小到可以忽略不计时，该系统则可被近似看作孤立系统[15]。封闭系统与外界没有物质交换，但会存在能量交换。而开放系统与外界既存在物质交换，也存在能量交换。可以说，后两者均会与外界形成一定的联系，与前者有着本质的区别。目前众多学者将后两者定义为广泛意义上的开放系统，而本书也将采用此种定义方式（图 2-6）。

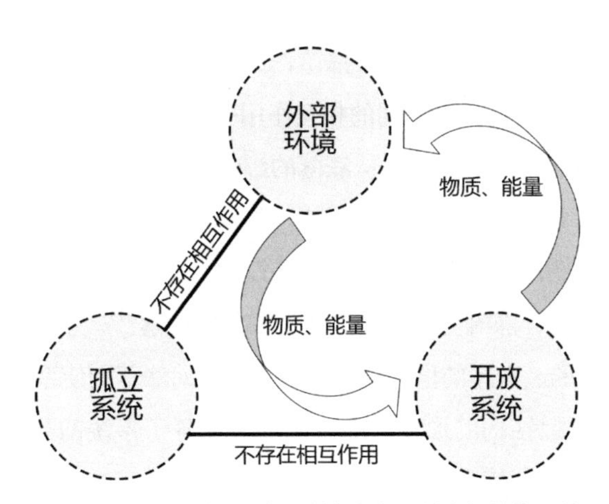

图 2-6　孤立系统、开放系统与外部环境之间的作用关系

总体而言，孤立系统在长期没有与外界交换物质或能量的情况下，会达到无序的平衡态。而开放系统在与外界形成物质与能量交换的同时，则可能形成稳定有序的耗散结构。可见，系统的开放性是耗散结构形成的前提条件与基础。

（2）远离平衡态

系统的状态可分为平衡态和非平衡态。一个孤立系统的各个系统参量可能有不同的初始值，而这些参量随着时间的推移，最终会达到某种固定态，此时系统呈长时间不变的宏观现象，即系统处于平衡态。值得注意的是，孤立系统或开放系统均可能形成平衡态。处于平衡态的系统具有两个重要特征：一是状态参量不再随时间变化；二是系统内部不存在宏观层面的物理量流动现象。若不具备以上两个特征，便为非平衡态。而且，平衡态无法使系统形成有序结构，平衡态的系统结构是一种静态的平衡。而与这种静态的、无生机的系统结构相对应，耗散系统结构则是动态的、充满活力的、稳定有序的结构。也可以说，“非平衡即是有序之源”[16]。因此，要想使系统形成耗散结构，就需要使系统满足远离平衡态这一条件。

（3）非线性

在形成耗散结构的过程中，开放系统必须存在非线性作用力。系统内部各要素或各子系统之间存在着复杂的相互作用，这种相互作用并非各要素或各子系统间作用的简单线性叠加，它是非线性的。在这种非线性的作用下，各要素或各子系统将会衍生出新的特质，如此整个系统才能逐渐向有序结构演进。

（4）涨落

一个由大量子系统组成的复杂系统，其可测的宏观状态参量是众多子系统平均参量的综合表现。但由于系统内部各子系统之间存在着多种多样的差异与相互作用，系统的宏观状态参量会在平均值上有所波动，物理学上将其称为涨落。系统的涨落无处不在，是随机、偶然和杂乱无章的。

涨落作用具有多种分类方式。就形成涨落作用的原因而言，涨落可分为内涨落和外涨落[17]。内涨落是由系统内部元素之间的相互作用引起的一种涨落方式，而外涨落则是由外部环境的影响所引起的涨落形式。从涨落的影响作用量级来看，涨落又可分为巨涨落和微涨落[18]。其中，巨涨落的涨落作用较大，能够改变系统整体结构，使系统难以维持原有的稳定状态。而微涨落则作用较小，不足以改变原有的系统结构。就涨落影响自组织系统演进的方向而言，涨落可分为正向涨落和负向涨落[19]。正向涨落具有积极的作用，能够推动系统向新的、有序的稳定结构演进，而负向涨落则使系统趋向无序状态。

涨落作用驱动着耗散结构的形成，随机的涨落在各子系统的非线性作用下可能被放大，形成巨涨落，进而促使系统演变出新的、有序的稳定结构。目前，对城市空间结构系统耗散结构的研究正处于探索阶段，在系统耗散结构形成和演变机制方面的研究比较缺乏，未来有待进一步深入。

2.2.3 熵理论

1865 年，鲁道夫·尤利乌斯·埃马努埃尔·克劳修斯（Rudolf Julius Emanuel Clausius）正式提出了热力学熵的概念，将其定义为热流量与温度之比。熵的公式如式（2-1）所示，其中 dS 为熵，dQ 为传导过程中的输出热量，T 为物质的温度，reversible 表示过程可逆[20]。

$$dS=(dQ/T)_{\text{reversible}} \quad 式（2-1）$$

1877 年，路德维希 · 爱德华 · 玻尔兹曼（Ludwig Eduard Boltzmann）提出了熵的统计学解释，并表示为式（2-2）。其中 S 为熵值，k_B 为玻尔兹曼常数，i 表示所有可能出现的微观状态，p_i 为状态 i 出现的概率。

$$S=-k_B\sum_i p_i \ln p_i \quad 式（2-2）$$

随着人们对熵的理解的加深，熵的概念逐渐清晰，它是对系统或体系的秩序性（有序、无序）程度的度量，主要适用于研究系统复杂性。目前，熵理论主要被应用于信息论、控制论、概率论等领域，也因此出现了许多更广泛应用的概念，其中包括信息熵、测度熵等。这些熵的概念均是通过度量系统的混乱程度来判断该系统的演变情况的 [21]。

熵理论可以看作是耗散结构理论的核心。系统的熵可被分为两大部分：一部分是系统内部要素与外部环境相互作用形成的物质流、能量流、信息流等，这是一个输入或输出的过程，熵值可正可负；另一部分是系统内部的熵，这部分熵则只增不减，例如城市系统内部活动所形成的垃圾增长、环境恶化、供水不足、能源紧缺等，均会导致城市系统的熵增。目前，城市空间结构系统方面的熵理论研究较集中于单一维度下的城市空间分析，对多维度下的综合应用分析较为缺乏，因此城市空间结构系统在多维度视角下的熵理论研究尚需继续拓展与深化。

2.2.4　其他相关理论

（1）协同学理论

协同学理论由德国物理学家赫尔曼 · 哈肯在 20 世纪 70 年代提出 [22]，该理论研究了系统间及其内部要素间的相互作用，阐明了系统内部各子系统如何通过相互之间的影响与合作形成有序结构的过程。

虽然协同学理论与耗散结构理论均从属于自组织理论科学体系，但两者有明显的区别。耗散结构理论是基于系统与外部环境的关系视角来进行研究，而协同学理论探究的则是系统内部各子系统如何通过相互作用来达到“1+1>2”的协同效应。

目前，协同学理论已被广泛应用于城市研究、企业管理、工业工程等不同学科领域。在城市研究领域中，协同学理论主要运用于城市土地利用、城市规划方法、生态城市、城镇化等系统方面的研究。

（2）突变理论

20 世纪 70 年代，法国数学家勒内 · 托姆（René Thom）提出了突变理论，托姆指出自然界或人类社会中的任何一种运动状态，都有稳定态和非稳定态之分[23]。在微小、偶然的扰动因素作用下，系统仍然能够保持原来状态的是稳定态。一旦受到微扰就迅速离开原来状态的则是非稳定态。稳定态与非稳定态相互交错，而非线性系统从某一个稳定态到另一个稳定态的转化一般是以突变形式发生的。

目前，突变理论被应用于物理学、生物学、经济学和社会学等诸多领域。例如，在城市研究领域中，申金山等学者基于突变理论建立了城市空间拓展决策的数学模型，为郑州市的城市空间拓展提出了优化建议[24]。严田田则提出以突变理论为载体的城市更新模式，分析了武汉市楚河汉街的城市更新，并对比了武汉市不同类型的突变现象，用以探究系统突变对城市更新的影响[25]。

（3）耦合协调理论

耦合的概念亦源于物理学，是指两个或两个以上系统（或运动形式）通过各种相互作用而彼此影响的现象。耦合度是描述系统或要素间相互影响的程度，从协同学的角度看，耦合作用及其协调程度决定了系统在达到临界区域时会走向何种序与结构，即决定了系统在无序和有序间转变的趋势。系统在相变点处的内部变量可分为快弛豫、慢弛豫两类变量，慢弛豫变量是决定系统相变进程的根本变量，也叫作系统的序参量。系统由无序走向有序结构的关键在于系统内部序参量之间的协同作用，它左右着系统相变的特征与规律，而耦合度正是反映这种协同作用的度量[26]。协调度则是指系统要素相互作用中良性耦合程度的大小，体现了耦合状况的好坏，可以表征各功能之间是在高水平上相互促进，还是在低水平上相互制约。二者结合既可以反映各系统是否具有较好的耦合协调水平，亦可反映各系统之间的相互作用关系。

根据耦合协调理论开发的耦合协调模型已被广泛应用于旅游[27]、生态[28]、产业[29]、经济、交通[30]等领域。在城市研究领域中，主要应用于宏观尺度分析，如研究区域、城市群[31]、省市域[32]等，以及对城市空间结构多个子系统间相互作用的分析，主要包括用地[33]、产业[34]、人口[35]、交通[36]、生态[37]等方面。

综上所述，本书在对自组织理论进行梳理的基础上，对耗散结构理论的主要内容、耗散结构的特性及应用、熵理论在耗散结构理论中的应用也进行了梳理和认知。原因在于本书涉及的概念及理论较多，城市空间、空间结构、资源型城市、资源开发等相关概念均为本书所作研究的理论基础。与此同时，在对哈密城市空间结构系统的研究中，涉及用地、产业、人口和交通等子系统，四个子系统间、子系统与整体系统间均存在密切的相互作用关系。若不能实现四者的协调发展，势必会造成城市空间结构系统运行低效与发展失衡。另外，从宏观层面而言，哈密也需要与区域环境相协调。因此，本书引入了协同理论、突变理论、耦合协调理论等进行研究，希望以此助力哈密城市空间结构四个子系统间的协调均衡发展，最终实现城市空间结构系统的健康可持续发展，同时也能为其他资源型城市的有序发展提供参考。

2.3 资源型城市研究成果概述

2.3.1 国外研究成果概述

（1）研究阶段划分

资源型城市是伴随着工业革命对资源的大规模开发利用，而于 18 世纪中叶产生的一类特殊城市类型。由于资源型城市在产生、发展和演变过程中的独特性，以及它们的发展对自然、经济、社会等方面产生的巨大影响，此类城市吸引了众多专家学者的关注和重视[38]。根据时代背景、理论渊源以及对已有研究成果的分析总结，国外资源型城市研究可分为三个阶段：研究萌芽阶段、理论规范阶段和转型发展阶段。

① 研究萌芽阶段

20 世纪 20—70 年代是国外资源型城市研究的萌芽和起步阶段。随着西方国家经济的快速发展，以及工业化对各种原材料和能源的大量需求，以美国、加拿大、澳大利亚为代表的国家出现了众多资源型城镇或称资源型社区。但由于欠缺合理的规划以及对发展的前瞻预判不足，这些国家的诸多资源型城镇及社区相继暴露出很多城市问题[39]。为此，学者们进行了多方面的探索，并取得了一系列研究成果。

1930 年，哈罗德・亚当斯・伊尼斯（Harold Adams Innis）基于毛皮原料资源及其商贸行业的发展，总结了加拿大的社会发展史、经济史、交通运输史，并在经济学视角下对资源型城市进行了开创性的探索[40]。其后，本・马什（Ben Marsh）对煤炭资源型城镇中市民的社区归属感展开了研究[41]。艾拉・M. 罗宾逊（Ira M. Robinson）于 1962 年首次对加拿大资源型社区进行了全面的评估[42]。伦纳德・伯纳德・赛门斯（Leonard Bernard Siemens）则提出通过规划手段来改善资源型社区的生活品质[43]。雷克斯・A. 卢卡斯（Rex A. Lucas）通过系统研究单一产业城镇的工作和生活模式，提出了资源型城镇发展的四阶段理论，即建设阶段（construction）、发展阶段（recruitment）、过渡阶段（transition）和成熟阶段（maturity）[44]，这种四阶段划分方法影响广泛，此后多位学者从不同角度对这一划分方法进行了引述和修正。除此之外，这一研究阶段相继呈现了一系列经典著作，主要包括伊尼斯的《加拿大的原材料生产问题》[45]、罗宾逊的《加拿大资源富集边缘区的新兴工业城镇》等。

总体而言，在研究起步阶段，学者们对资源型城市的研究视角相对较窄，主要基于社会学、经济地理学、城市规划学等学科视角，侧重于分析资源型城市的建设和城镇规划问题、人口统计特征，以及单一工业偏远城镇发展中出现的居民行为与社会问题等。

② 理论规范阶段

20 世纪 70—80 年代是国外资源型城市研究的理论规范阶段。主要代表人物有 C. C. 伍德（C. C. Wood）、W. G. 达拉斯（W. G. Dallas）、J. H. 布莱德伯利（J. H. Bradbury）和 C. 欧菲奇里格（C. O'Faircheallaigh）等。其中，伍德对资源型城市的地质情况进行了分析，并提出资源型城市未来发展的相关策略[46]。达拉斯则从社会与环境方面阐述了资源型城市发展的矛盾与问题[47]。布莱德伯利对加拿大资源型城镇进行了广泛、深入的研究，并拓展了雷克斯・A. 卢卡斯提出的资源型城镇发展阶段理论，增加了两个新的发展阶段，即衰退阶段和关闭阶段[48]。

与此同时，在加拿大、美国、澳大利亚等国家中，较多学者在这一时期开始重视资源型产业与城镇发展关系的研究[49]。例如，布莱德伯利提出要对资源型城镇发展背后的社会经济问题进行充分的分析，并且认为深入理解不均衡发展和资本的积累过程及背景，是建立合理的资源型城镇发展理论的基础。布莱德伯利和 P. 纽顿（P. Newton）分别对加拿大、澳大利亚的资源型城市进行了研究，并一致强调资源产地和中心地区存在非均衡的“核心—外围”关系[50–51]。而欧菲奇里格则认为布莱德伯利等人的观点过于理想化[52]，忽视了地方精英与社会利益集团的利益，以及在资源产地与中心区之间发生的多种利益集团间的斗争和妥协关系。

总的来说，理论规范阶段的资源型城市研究进一步拓展了视角，逐渐开始走向系统化，重点集中在资源型城市发展的依附论、经济学中的二元结构论和资源型社区建设等多个方面。在研究对象上，也由研究初期的单个城市或特定区域中的少量城镇开始向资源型城市群体拓展。

③ 转型发展阶段

20 世纪 80 年代以后，伴随着资源型城市的持续发展，相关研究也更加关注资源型城市的转型及可持续发展问题。研究重点主要集中在单一产业城镇的重组和转型、经济转型对资源型城镇的影响、可持续的资源型城镇发展模式及理论探索等方面。主要代表人物有 J. C. 泰勒（J. C. Taylor）、P. 沃尔什（P. Walsh）、约翰・米德克（John Miedecke）、布莱德伯利、R. 海特（R. Hayter）、T. J. 巴恩斯（T. J. Barns）、J. E. 兰德尔（J. E. Randall）、R. G. 艾恩赛德（R. G. Ironside）等。

其中，泰勒在经济学、环境科学与生态学等学科视角下，阐述了资源型产业与产业规划的关系[53]。沃尔什基于区域经济学理论，探讨了资源型社区发展的新途径[54]。约翰融合地理学、区域经济学、环境科学与生态学等领域的知识，分析了资源型城镇土地利用的可持续发展问题[55]。布莱德伯利提出了资源枯竭型城镇所面临问题的解决对策，例如制定早期预防措施、工人再培训、设立专项基金和保险、增强地区经济多样性等[56]。海特和巴恩斯经过分析，发现加拿大的资源型工业经历了两个劳动力市场分割阶段，且全球性的环保潮流使其产生了新的变化[57]。兰德尔及艾恩赛德对传统资源型社区理论进行了总结和修正，并以加拿大 220 个资源型社区为样本进行了深入研究。此外，随着澳大利亚西部矿区的开发，D. S. 霍顿（D. S. Houghton）提出了"长距离通勤模式"（long-distance commuting mode），并分析了该模式对区域发展的影响[58]。洛基·斯蒂沃特（Lockie Stewart）于 2002 年和 2006 年针对澳大利亚昆士兰州的科帕贝拉（Coppabella）煤矿，分别从多个方面展开了资源型经济社会的评价研究[59]。

除了上述理论层面的研究成果外，学者们在资源型城市转型与可持续发展的实践层面也作了很多分析，并总结了较多经验与教训。实践方面的典型案例包括美国钢城匹兹堡、油城休斯顿与洛杉矶，德国煤城鲁尔、重要煤炭和工业中心萨尔区，法国煤钢工业区洛林，英国重要煤炭和工业中心蒂斯区，日本煤城九州，阿塞拜疆油城巴库，加拿大镍城萨德伯里，马来西亚锡城吉隆坡，冰岛地热城雷克雅未克等。这些案例中既有德国鲁尔、法国洛林、日本九州、美国休斯顿等成功转型发展的典范，也不乏"矿竭城衰"的失败案例，值得目前尝试转型发展的资源型城市借鉴与思考。

综上所述，此阶段的资源型城市研究进一步深化，研究内容愈发充实，研究领域进一步扩展，视角也更为丰富与多元，呈现多学科领域相互交叉与融合的综合性研究格局。此外，研究方法也得到进一步丰富，前期以说明性、概念性的定性阐述为主，后期则以基于数理模型构建和统计分析角度出发的定量研究为主。

（2）研究内容概述

综合比较前述各阶段的研究成果可知，国外对资源型城市的研究主要集中于经济与产业发展、资源型社区环境建设、城镇规划与设计、资源型城市可持续发展等多个方面，具体研究内容又可归纳为资源型城市经济社会研究、资源型城市综合转型发展两个大的类别。

① 资源型城市经济社会研究

从世界范围来看，各个国家因发展水平不同，其资源型城市经济社会研究亦存在差异。在赞比亚、刚果等欠发达国家和地区，国民经济发展的支柱仍然是资源开发及其衍生的相关产业，因此研究重点是围绕经济结构特征展开的。例如，赞比亚的城市群和城市发展带分布于铜矿开采带和用于运输铜矿的铁路沿线上，其资源型城市空间结构系统呈典型的"二元"结构[60]，由此形成的"二元"经济结构也是国家主要经济特征的体现。此外，由于这些国家中多数资源型城市的产业结构单一、基础设施建设水平薄弱，采矿业的发展严重破坏了当地的生态环境。到20世纪末期，相关研究也指出要大力发展生态旅游[61]，在拉动地区经济发展的同时也改善城市环境。

而在加拿大、美国、澳大利亚、日本等一些发达国家，过度的工业化也衍生出一系列城市问题，制约着资源型城市经济社会的可持续发展，因此这些国家的研究重点集中在资源型城市经济社会问题及其发展策略上。在经济社会问题方面，加拿大的相关研究认为资源开发是资源型城镇发展的重要经济支柱[62]，因此，资源枯竭、就业岗位不足、城镇人口流失、经济活力缺乏等诸多问题，是促使资源型城镇持续向衰退演化的关键。而在美国，资源型社区是资源型城市居民的重要聚居地，因此，社区与城市的互动关系、社区的社会问题一度成为研究热点[63]。而经济社会发展策略方面的研究以澳大利亚、日本等国最为典型。其中，澳大利亚强调增加开采技术、人力资本、劳动者培训研发的资金投入，间接促进资源型经济发展的可持续性[64]。日本政府则为了重振煤矿地区经济、调整煤炭产业结构、保证国家煤炭供给，先后9次修订政策[65]，旨在从宏观政策视角直接解决资源型城市的经济社会发展问题。

综上所述，国外资源型城市经济社会研究差异明显。在经济落后的国家和地区，由于经济发展动力不足、经济转型能力匮乏，对资源型城市经济社会的研究相对较少，并以经济社会特征研究为主。而经济发达国家和地区的相关研究成果丰富，研究重点包括社会民生、城镇活力、资源型社区、政府扶持政策等多个方面。

② 资源型城市综合转型发展研究

在国外发达地区的资源型城市中，城市发展不再以劳动密集型模式为主，而是更加注重资本和技术的替代效应，所需要的劳动力数量较少[66]，资源型产业在城市总体经济结构中所占比重也较低。因此，国外对资源型城市的转型发展研究，多以探究城市资源产业振兴为主，旨在强调通过资源产业的转型发展，提高资源产业在经济结构中的总体占比。

例如，德国政府对其煤矿产业实施了一系列振兴计划，以应对鲁尔工业区等典型工矿地区在转型前所遭遇的资源枯竭、经济衰退等多重挑战。在美国休斯敦德州湾区的开发中，政府也主动干预调整地区的产业结构，延伸产业链，使资源产业接续发展，并与高科技产业接轨[67]。澳大利亚是通过增大技术研发力度，不断革新开采技术，以利用新技术开发出更多的矿石资源。加拿大则是以社区为转型发展实施单元，推动社区与政府通力合作，使居民全面参与到资源型城镇的开发建设中[68]，以此提高资源型城市转型发展的能力和效率。

总体来看，国外资源型城市转型发展研究多从城市发展的实际需求出发，以转型过程中面临的问题为导向，并将重点聚焦于资源型城市产业发展，探究产业转型发展的新模式。

2.3.2　国内研究成果概述

中华人民共和国成立以来，伴随着对煤炭、石油、矿石、天然气等自然资源的开发利用，以及冶金工业等资源型产业的发展，我国的资源型城市逐渐兴起。与西方国家相比，由于我国现代意义上的资源型城市形成较晚，对其展开的研究也晚于西方。同时，我国对资源型城市的研究还带有浓厚的政策印记，研究不只与城市自身的发展有关，还与国家宏观经济形势和政策走向紧密相连。

（1）研究阶段划分

根据时间顺序，考虑国家政策导向以及资源型城市发展与演变的不同周期，我国资源型城市的研究大致可划分为三个阶段：生产力布局与地域分工研究阶段、工矿城市布局与规划研究阶段、城市转型及可持续发展研究阶段。

① 生产力布局与地域分工研究阶段

20 世纪 50—80 年代是生产力布局与地域分工研究阶段，这一时期的研究主要集中于资源型城市的分类及特征研究。中华人民共和国成立后，出于工业化大发展的需求，国家对矿产资源的需求激增，加强了对矿产资源的勘探、开采工作，催生了一批以资源开发产业为主的资源型城市。

当时，这些城市遵循“先生产后生活”的政策方针，在产业职能上普遍发展为区域能源供应基地和产业中心，但城市的其他职能均较为薄弱。此阶段，学者对资源型城市的研究服务于国家战略，侧重于城市的选址和工业布局，以及建设规模、资源利用条件评价等方面。这是一种从宏观计划经济角度出发，探究资源型工业城镇选址布局与加工基地间地域组合关系的研究模式。例如，1978 年李文彦对煤矿城市的分类、基本特点、共性问题、因地制宜综合发展的必要性与途径等进行了详细探讨，希望解决煤矿城市工业发展与城市规划之间的矛盾，促进煤矿城市合理发展[69]。综合来看，这一时期处于研究的初期探索阶段，在研究方法上也以定性描述和概念说明居多。

② 工矿城市布局与规划研究阶段

20 世纪 80—90 年代是工矿城市布局与规划研究阶段，此阶段我国由计划经济向市场经济转型。由于之前一个阶段的发展只考虑了如何最大化资源开采数量，满足工业发展对资源和能源的需求，而忽视了城市自身的发展规律，最终导致了众多很难解决的城市问题，如产业结构失调、城市经济衰退、失业率增加、城市发展动力缺失等。在诸多城市问题的影响下，此阶段的研究视角也从关注产业布局问题转向关注资源型城市发展、社会及环境状况、产业结构调整等问题。研究方法上也逐步引入了统计分析、数理模型等定量研究工具，弥补了前期单纯定性分析的不足。

这一时期的研究主要从以下一些方面展开：工业综合发展方面，例如魏心镇、梁仁彩等通过研究煤炭开采区地域工业综合体的形成、煤炭基地的类型与综合发展等问题，进一步深化了煤炭城市工业综合发展的思想[70-71]。产业结构调整方面，例如方觉曙通过分析安徽省淮北市的资源发展状况和产业构成，提出了相应的产业结构调整建议[72]；朱关鑫等针对山西省较低等级的产业结构现状提出了提升建议[73]。城市规划与布局方面，例如马清裕从区域层面详细探讨了工矿城镇的合理布局问题[74]；邓念祖认为工矿城镇布局存在功能分区混乱、交通体系混杂、土地利用效率低下等问题，他认为对于此类城市的规划，应当结合资源开发阶段采取不同的措施[75]。总的来说，这一时期的研究仍然集中于资源型城市的选址、布局与规划建设方面，但相比于前一阶段增加了经济学、地理学等学科的理论方法的支撑。

③ 城市转型及可持续发展研究阶段

20 世纪 90 年代中后期至今是资源型城市转型及可持续发展研究阶段。自 20 世纪 90 年代中后期开始，我国许多资源型城市的发展进入瓶颈期，出现了“矿竭城衰”的现象，尤其是“四矿”（矿城、矿业、矿山、矿工）问题给国家经济和社会带来了巨大的负面影响。在此背景下，如何解决资源型城市出现的发展危机、提升城市发展的稳定性与可持续性，吸引了越来越多学者的关注。此阶段研究成果丰富，主要集中在资源型城市转型及可持续发展、产业结构调整、产业发展多元化策略、城市发展机制等方面，研究领域涉及城乡规划学、社会学、经济学、地理学、生态环境学等多个学科。

例如，齐建珍、白翎对抚顺、阜新两个城市的发展模式进行了比较，并据此分析了煤炭城市单一产业结构引发的经济效益、劳动就业、居民生活质量水平、环境污染等问题[76]。李秀果、赵宇空在《中国矿业城市：持续发展与结构调整》一书中，论述了资源型城市的产业结构调整问题[77]。樊杰认为煤炭城市单一的产业结构是造成经济效益差的主要原因，并对这类城市的产业结构转型问题进行了研究[78]。刘洪、杨伟民认为煤炭城市产业结构的调整是必要的，并针对调整过程提出了五方面原则[79]。沈镭就矿业城市的优势转换战略开展了研究，并主持完成了国家自然科学基金课题“中国五种不同类型矿业城市可持续发展优化研究”[80]。夏永祥认为要从预防和治理两个方面入手，实现矿业城市的可持续发展：一是要延长资源开发利用的年限；二是要针对矿产资源枯竭过程中可能出现的问题，提前做好应对措施[81]。赵永革和王亚南在其论著中对鞍山、唐山、大庆、攀枝花、景德镇等资源型城市进行了比较论述[82]。孙雅静对资源型城市的转型和可持续发展进行了详细探讨[83]。张志杰以云南省迪庆州为例，对成长型资源城市的可持续发展问题进行了研究[84]。总体而言，此阶段对资源型城市的研究范围更为广泛，研究内容也更加综合，已经跳出单一的产业与城市问题范畴，开始对城市发展的可持续性进行探索。

（2）研究内容概述

国内对资源型城市空间结构的研究主要从区域层面和城市内部空间结构层面两个维度展开，具体体现在资源型区域的城市化和城市空间结构系统内部优化及发展策略两个方面，尤其注重对转型期城市的研究。

① 资源型区域的城市化问题

资源型区域一般具有区域内各城市内部产业同构化现象严重、城市之间职能联系与协同互补较弱、高度城市化的中心市区与低水平城市化的郊区之间呈现明显的嵌入式“二元结构”等典型特征。造成这种现象的原因是工业布局和城镇布局的偏离、单一资源开发模式和城市经济多元化的偏离。在各种“偏离”的制约影响下，城市要素流动发生改变，打破了工业化与城市化协同演进中的动力与传导机制[85]。张以诚按照城市与资源开采区域之间的不同关系，将资源型城市分为有依托型和无依托型两类，并分别阐述了这两种类型的优缺点[86]。郝惠等以黑龙江省大庆市作为实证研究对象，运用“归纳问题—阐释机制—提出策略—总结经验”的研究思路，从区域视角研究资源型城市的空间发展战略问题[87]。郑伯红、沈镭等人认为资源型城市转型应当实施再城市化战略，调整城市发展规划，改变城市生命周期，转变城市在区域中的职能[88]。与此同时，还应实施特殊的区域开发政策，促进资源型城市与区域之间互补融合发展，加快转变资源型城市的城乡二元经济结构[89]，最终实现资源型城市的可持续发展。

② 城市空间结构系统内部优化及发展策略

我国最早的资源型城市空间结构演变及优化策略研究可以追溯到 20 世纪 90 年代初期，当时学者们对老工业基地的空间结构演变规律进行了一系列研究分析，探索了空间结构的演变动力、演变特征与影响因素，进而提出了相应的城市空间结构优化及发展策略。经过三十多年的研究探索，学者们对资源型城市空间结构的认识与理解不断深入，资源型城市空间结构系统演变的研究成果也更为丰富和广泛。目前，就资源型城市空间结构系统优化及发展策略的研究已经涉及城乡规划学、地理学、经济学、社会学、公共管理学等众多领域，采用的理论与方法也更加多元化。例如，尹怀庭等对中小煤矿城市不同发展阶段经济、社会、环境之间关系的分析评价方法进行了研究总结，提出了系列定量评价的方法。[90]。焦华富从发展模式方面对资源型城市内部的产业结构、人口结构和空间结构的特点及演变规律进行了探索，研究分析了资源型城市人口和产业的分散分布形态，以及受自然资源和区域工业化影响而总体上呈现的复合景观特征，发现资源开采区域的内部结构受到地形、资源分布、气候等自然因素的影响，而工商业区域的内部结构则主要是区域工业化的结果[91]。杨显明和焦华富还以淮南、淮北两市的城市空间扩展为例，对比分析了中兴期和枯竭衰退期煤炭资源型城市空间结构扩展的过程、特征及影响因素[92-93]。

近年来，随着资源开采形势的波动和部分城市的资源面临枯竭，资源型城市总体上面临着转型发展困境，对转型期城市空间结构布局优化与重构策略的研究也逐渐增多。如田燕等学者以黄石市为例，详细分析其城市发展阶段及空间结构演变特征，并从新城区建设、旧城区更新和生态格局构建三个方面提出了黄石未来城市空间发展优化的策略[94]。于洋、魏哲等从用地形态与类型、交通网络衔接、出入口开设等方面探索了铁路对资源型城市空间结构布局的影响，并且从城市用地和道路交通两个方面提出了一系列空间优化策略[95]。张玉民等以煤炭资源型城市空间结构的重组作为切入点，提出了建设集中紧凑型的区域空间结构模式[96]。此外，还有学者根据不同的城市类型展开差异化研究，提出了不同类型的资源型城市应当采取不同的空间规划策略，具体包括对山地城市[97-98]、干旱区城市等[99]的研究。

综合来看，这些研究多以资源型城市的产业结构转型为研究背景，基于空间规划视角，以国内众多资源型城市为实证对象，分析总结资源型城市空间结构演变及存在的问题，进而探讨适合资源型城市转型的城市空间发展模式及策略[100]，以期实现资源型城市空间与社会、经济、资源、环境的高效整合，且研究主要集中于物质空间层面和空间结构的布局层面。

2.3.3 研究成果述评及对我国的启示

（1）国内外研究总体情况

目前，国内外学者对资源型城市的研究已经涉及各个领域，理论层面的研究成果日渐丰富。但资源型城市在发展过程中仍会面临诸多难以解决的问题，这需要持续进行理论研究。

根据现有研究内容来看，国内外关于资源型城市的研究既存在一致的地方，也存在因国情差异而侧重不同的地方。在研究内容上，一致的地方主要集中于资源型城市的形成和发展机制问题、资源型城市转型问题、资源型城市区位理论及城市环境生态建设问题等。在研究方法上，国内外学者都注意结合实证案例进行研究，但在研究目的和侧重点上存在差异。国内的研究主要致力于解决资源型城市经济和产业发展面临的问题、生态环境治理的问题等，主要集中在经济社会发展领域。国外则主要侧重于资源型产业衰退后的人员就业安置、社区规划建设等社会发展领域。此外，在机制研究方面，国内主要关注城市自身的发展机制，如经济体制改革、政企合作关系等方面；国外则对城市与整个区域中其他城市的关系进行了详细研究。在空间研究方面，国内的研究多注重对物质空间的研究，国外则比较注重社区归属感营造等非物质层面的研究。

总体看来，在资源型城市的转型发展实践中，西方发达国家有比较成功的案例和经验，而我国的众多资源型城市当前仍处于探索发展阶段。

（2）对我国的启示

近年来，随着资源产量下降和资源型产业结构调整，发达国家的资源型城市大多处于转型期或已完成转型，因此学者们对资源型城市空间问题的关注热度明显降低。相比来说，我国资源型城市发展情况较为复杂，既有处于资源枯竭状态的衰退期城市，也有资源开发兴旺的成长期城市。当前，针对衰退期的资源型城市，我国学者已开展了丰富的研究，如空间发展特征及模式研究、转型期经济及社会等因素对空间结构的影响研究、城市空间结构系统优化和重构策略研究、不同类型城市空间结构系统发展特征分析等。这些研究为我国资源型城市空间结构系统的优化发展和结构调整提供了有效参考，并取得了良好效果。

然而，由于我国资源型城市形成历史较晚，发展不够充分，与国外资源型城市面临的矛盾及问题也不相同。因此，在有效借鉴国外城市已有的转型发展实践经验和成熟理论研究成果的基础上，立足中国特色，建立科学的资源型城市研究理论体系，将有助于指导我国众多资源型城市未来的发展。

总体来看，对处于成长期或成熟期的资源型城市，我国的研究相对欠缺，尤其是如何在资源型城市衰退前采取预防性措施，避免城市走向“矿竭城衰”境地的研究更为缺乏。因此，以这方面为出发点开展研究与探索，将有助于及时引导资源型城市转型，并走上健康可持续的发展路径。

第3章 资源型城市空间结构系统演变及其特征

第1章 初识资源型城市空间结构系统
第2章 资源型城市空间结构系统相关理论及成果概述
第4章 资源开发与资源型城市空间结构系统关联作用
第5章 哈密城市发展概况
第6章 哈密城市空间结构系统演变分析
第7章 哈密城市空间结构系统综合分析
第8章 资源开发对哈密城市空间结构系统的影响作用
第9章 哈密城市空间结构系统优化发展策略

3.1 资源型城市空间结构系统的类型及特征

一般而言，资源型城市的发展过程可以分为五个阶段，即导入期、成长期、成熟期、衰退期和转型期，后两个阶段也可看作是一个阶段。根据受到资源开发影响的时间节点，资源型城市可以分为“依矿建城”和“先城后矿”两种类型，但不论是哪种类型的城市，都将经历与非资源型城市不同的空间结构演变过程。

依矿建城类资源型城市是指城市是依托矿产资源开发而形成的，也称为“无依托矿城”（图 3-1），例如安徽省淮南市。对此类城市而言，其内部矿产资源开采点的建设早于城市的形成。之后，在城市发展的导入期围绕资源开采点建设矿工居住区、公共服务区及配套产业区等，并沿着连接资源开采点的交通线路发展，形成串珠状或团块状的城市空间布局。在其后的成长期发展过程中，城市空间结构布局的雏形逐渐呈现，并随着开采规模扩大、人居空间扩展而形成整个城市的空间结构系统。在成熟期，资源开采规模进一步扩大，城市空间结构系统随着矿产资源开发产业的成熟而趋于稳定。此后，当矿产资源开始枯竭时，城市空间发展动力缺失，城市开始谋求转型，期望通过寻找新的动力，延续城市经济、社会和空间的发展。

先城后矿类资源型城市指的是因为新的资源开发而使原有城市走上以资源开发产业为主要发展动力的城市，也叫作“有依托矿城”（图 3-2），如新疆维吾尔自治区哈密市。此类城市是在非矿产资源开发的其他因素主导下形成的，在矿产资源探明和开发之前，城市已经经历了长期发展，具备初始的空间结构。而新开始的资源开发会形成一股新的强势介入的力量，它会改变原有的城市空间结构系统演变路径。由于空间结构系统的发展演变受到新发展动力强有力的介入，这类城市空间通常会因多方利益主体的角力而形成数个城区板块，各板块之间相对独立且不易融合。

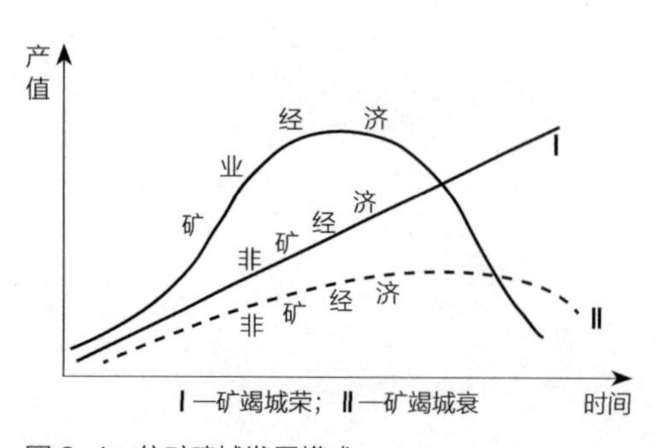

图 3-1 依矿建城发展模式

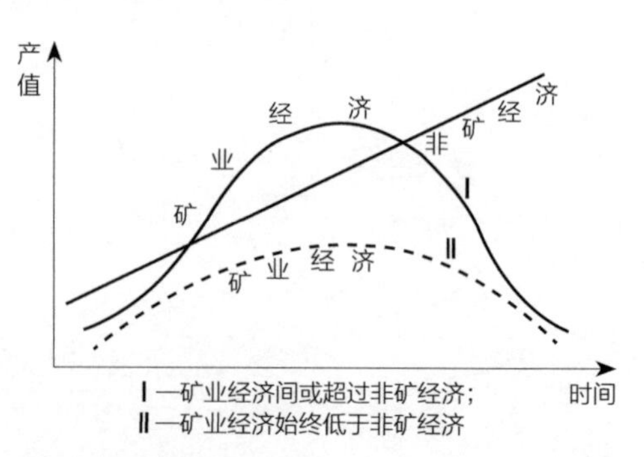

图 3-2 先城后矿发展模式

3.1.1　资源型城市空间结构系统的布局类型

受城市发展阶段、所处区位、交通条件和自然资源等多方面因素的影响，不同资源型城市的空间结构在地域上呈不同的布局类型。通过对多座资源型城市空间结构特征的分析，以及与现有研究结论结合，大致可以将资源型城市空间结构系统的布局分为集中型和分散型两种类型[101]。其中，集中型布局又可分为集中团块型和连片条带型，分散型布局又可分为双城结构型、一城多镇型和多中心组团型。

（1）集中型布局

① 集中团块型

集中团块型城市的资源集中分布，不同性质的用地和服务设施基本是围绕城市的单中心布置，从而形成紧凑集中的城市形态。形成这种空间布局类型的具体原因有多种。例如，山西省晋城市（图 3-3）西侧和南侧都因地形条件限制，难以开展大规模的城市建设。同时，其城市北部有大面积的煤田采空区，工程地质条件较差，也不利于城市建设。而城市东部虽然地势平坦，但发展空间有限[102]。总体而言，晋城市的城市空间发展受自然基底影响严重，只能依托现有城区呈集中团块式发展。又如，新疆维吾尔自治区克拉玛依市（图 3-4）的城市内部集中分布着众多与石油资源产业相关的工业、办公、居住等用地，如各油田配套产业服务区、总部办公区、职工居住及生活服务区等。其中，克拉玛依河以北的城区有超过 3/4 的用地均为各企事业单位用地[103]。这些企事业单位用地决定了城市空间发展的方向和重心，引导城市向集中团块型发展。

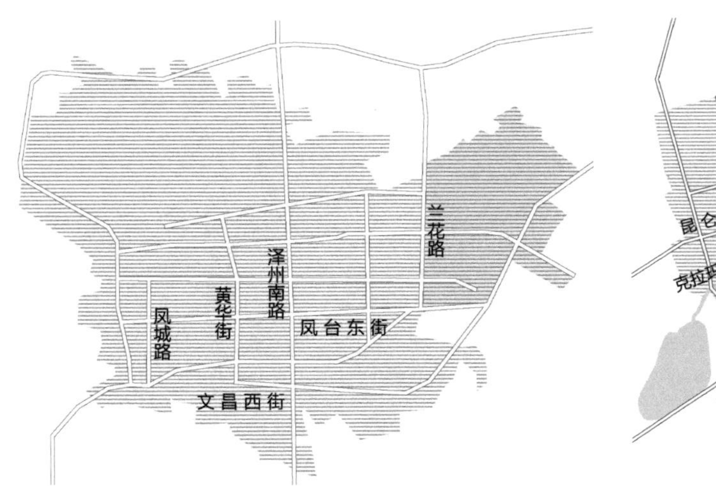

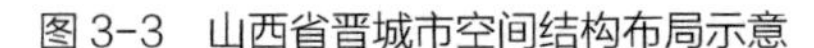
图 3-3　山西省晋城市空间结构布局示意

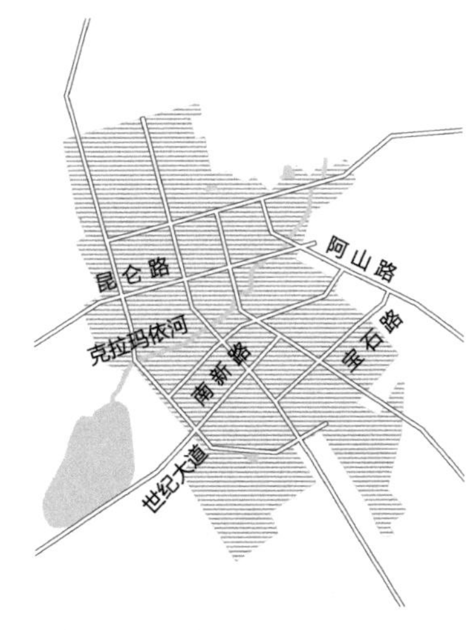

图 3-4　新疆维吾尔自治区克拉玛依市空间结构布局示意

② 连片条带型

此类城市具有连片条带状空间结构布局特征，这主要是由于其矿产资源呈条带状分布或受地形、交通线路等的强力影响而形成。例如素有“中原煤仓”之称的河南省平顶山市，由于其城市内部煤矿开采点呈东西向条带状分布，且城市东部临近漯河市辖区并同时受到铁路线路的限制，而北部则毗邻山区，故其城市空间发展演变受资源开采点分布、地形、交通、行政等多方面的影响，形成了东西向的条带状结构[104]（图 3-5）。还有一些资源型城市的空间结构演变主要受到地形和交通线路的影响，最终也会呈现连片条带型的空间布局特征。例如，贵州省六盘水市的城市空间受铁路线路和山地的双重影响，呈狭长带状布局（图 3-6），其中矿业工业区主要位于铁路以北，铁路以南则主要是政治、经济和居住片区。

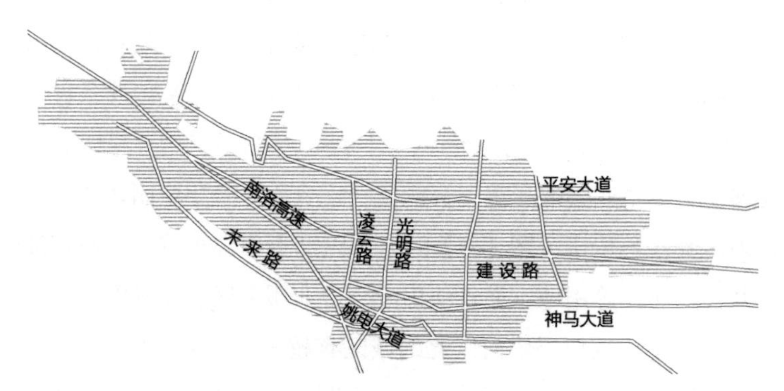

图 3-5 河南省平顶山市空间结构布局示意

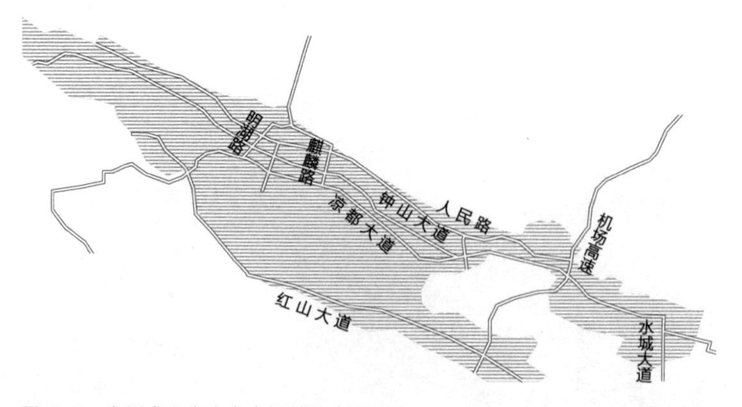

图 3-6 贵州省六盘水市空间结构布局示意

（2）分散型布局

① 双城结构型

双城结构型的城市一般拥有两个及两个以上的主城区或组团，而且几个城区或组团的规模、体量大致相当，共同形成既相互独立又集中统一的整体空间格局。大部分双城结构型城市形成的原因是受河流、山脉等自然因素的显性物理隔离影响，例如石油资源型城市吉林省松原市。松原市的主城区被松花江分隔为江南、江北两个部分，由松花江大桥连接南北城区。其中，江南城区由原来的扶余城发展而来，江北城区的前身则为前郭镇[105]。由于两大城区发展态势均衡，从而呈现出明显的双城结构布局模式（图 3-7）。

图 3-7　吉林省松原市空间结构布局示意

除此之外，还有一类双城结构城市，它们虽然不存在地理上的显性物理隔离，但由于历史发展及政策原因，在城市发展演进过程中逐渐呈现出隐性式隔离的双城结构模式，如河南省濮阳市（图 3-8）。濮阳市的繁荣与发展得益于对石油资源的开采。伴随着资源开发，大量外来人口涌入城市，并在老城区以东区域聚集，形成与老城区并列的油田生活基地——华龙区。最终形成的城市空间由市区和华龙区两个规模相当的部分组成，两部分被城市主干道——京开大道分割。

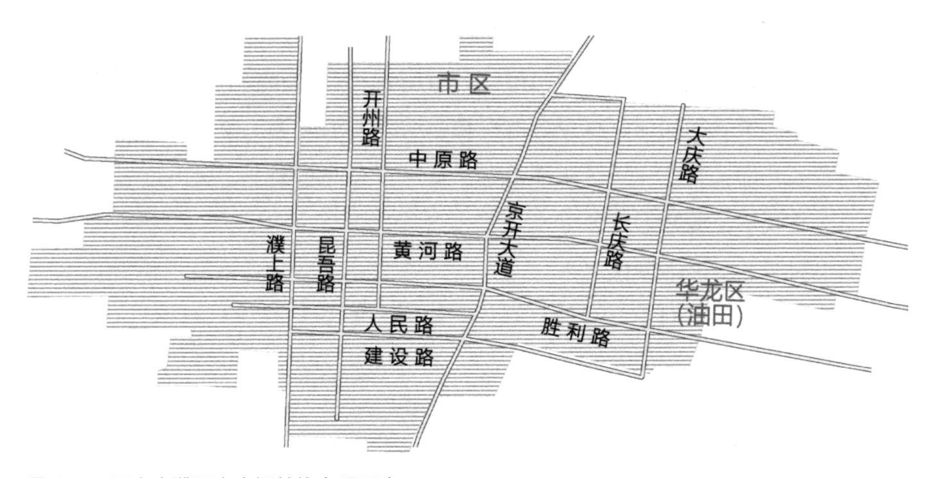

图 3-8　河南省濮阳市空间结构布局示意

② 一城多镇型

此种城市空间结构布局类型是资源型城市的常见结构类型，其城市空间结构布局由一个处于核心的主城区和分布在外围的多个规模较小的城镇矿区共同构成，典型的城市有山西省大同市和河北省唐山市。大同作为典型的煤炭资源型城市，其煤炭开采历史甚至可以追溯到北魏时期。中华人民共和国成立以后，伴随着城市工业快速发展，大同的煤炭开采规模迅速扩大，老城周围布置了大量的大型工矿企业，城市主体便依此形成。而在大同的城市外围则以资源开采区为据点，形成了多个工矿城镇，其中平旺、口泉、云冈、高山等城镇的规模较大且功能较完善。由此，其整体城市空间结构布局逐渐演变为以大同古城为主体、以多个工矿城镇为补充的一城多镇类型[106]（图 3–9）。

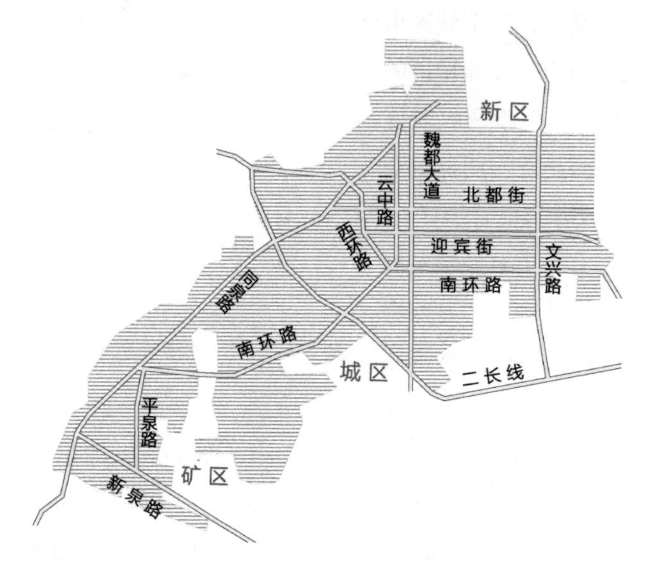

图 3–9 山西省大同市空间结构布局示意

河北省唐山市一城多镇型空间结构布局的形成主要源自城市规划的干预调节手段。在唐山震后的总体规划中，唐山市综合运用了“有机分散”的城市规划思想，在主城区向西北部发展的同时，将原有的机械、纺织、水泥等工业以及相应的配套设施迁移至主城区北部，并在主城区东部设立了新区。在此基础上，唐山市通过强化各组团之间的交通联系，最终形成了中心城区、丰润城区、古冶城区“一市三城”分散组团式空间结构布局[107]（图 3–10）。

③ 多中心组团型

多中心组团型资源城市大多由一城多镇型城市发展演变而来，其内部各个组团一般依托独立的资源开采区形成，组团之间联系紧密且规模大致相当，各组团拥有相对独立的中心。这类城市空

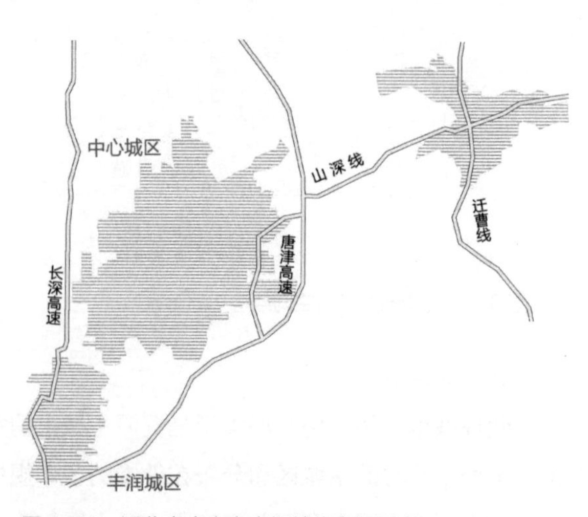

图 3–10 河北省唐山市空间结构布局示意

间布局松散，具有较强的发展弹性，但整体城市空间不经济、不紧凑。具备这种空间结构布局特征的城市有很多，如安徽省淮南市、河南省鹤壁市等。

淮南市是安徽省乃至华东地区重要的煤炭资源生产基地，是随煤炭资源开发而形成的典型的无依托资源型城市，城市表现出明显的“随矿而生”“矿兴城兴”特征。其依矿建城的发展模式促使城市空间布局形成了以田家庵、谢家集、大通区为核心的东、西、北三大组团。由于组团之间被大片非建设用地和农用地分割，城市空间呈分散蔓延式发展（图 3-11）。鹤壁市位于河南省北部，是由新旧两个城区组成的多中心组团型城市（图 3-12）。在其最新版的城市总体规划中，新城区定位为市域政治经济文化中心和先进制造业基地，老城区定位为重工业基地。通过规划整合构建了以新城区和淇县为中心，以老城区和浚县为次中心的城镇空间结构布局[108]。

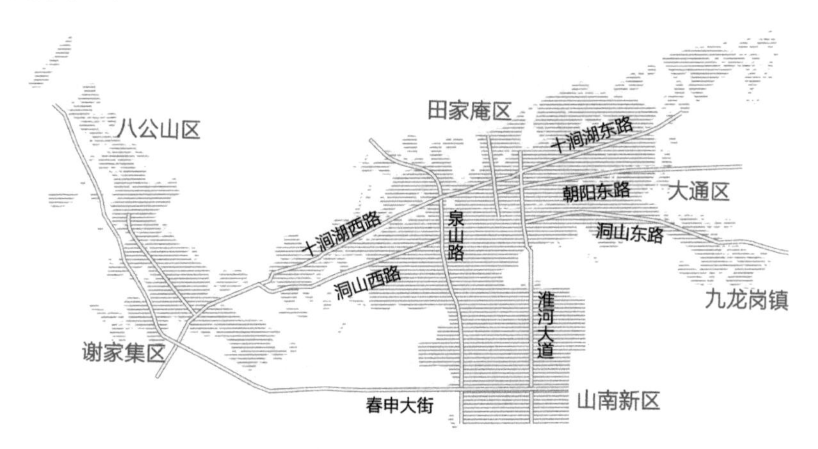

图 3-11　安徽省淮南市空间结构布局示意

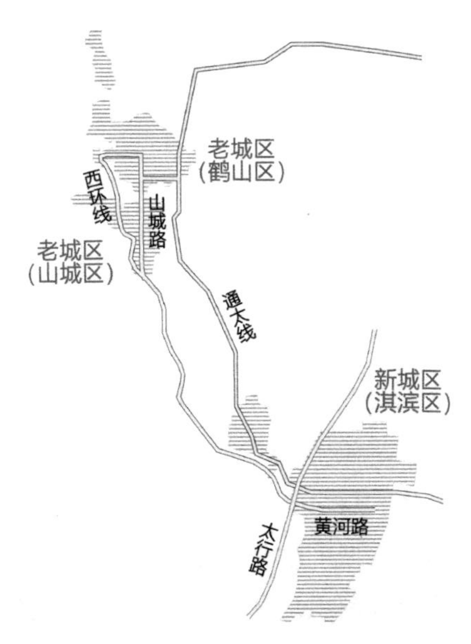

图 3-12　河南省鹤壁市空间结构布局示意

3.1.2 资源型城市空间结构系统一般特征

由于资源型城市具有独特的空间形成机制，这使其空间结构与一般类型城市相比，有强烈的空间特质属性和可辨识度，具体表现在空间布局、功能分区、用地类型和规模等多个方面。

（1）空间布局分散，紧凑度较低

资源型城市大多呈现空间布局分散、紧凑度较低的特征（表 3-1），城市一般由多个功能组团构成，组团之间由主干交通线路联系，且交通联系线路周边的开发强度远低于各功能组团内部。这种结构模式主要是由资源型城市最初的形成机制所致。以依矿建城类的资源型城市为例，它们在资源开发活动的影响下，城市最初是围绕资源开采点建设多个工人生活区，随着生活区规模的不断扩大和各区之间联系需求增强，在生活区之间会建设多条主干交通联系线路，这就形成了明显的“点—轴”开发模式。此后，城市整体空间便基于这些“点—轴”蔓延发展，进而演变形成完整的城市空间结构布局。在这种“因矿建城、矿兴城兴”的发展特点下，形成了一城多镇、多中心、分散组团式的布局模式，城市空间由多个分散的聚集区组成，各区向周边蔓延发展的现象明显。

我国主要煤炭资源型城市紧凑度数值 表 3-1

城市	紧凑度数值	城市	紧凑度数值	城市	紧凑度数值
大同	0.11	铜川	0.24	双鸭山	0.10
阜新	0.18	阳泉	0.23	七台河	0.11
鸡西	0.04	长治	0.18	萍乡	0.02
鹤岗	0.27	乌海	0.07	丰城	0.26
淮南	0.11	赤峰	0.72	新泰	0.50
淮北	0.15	北票	0.17	滕州	0.35
平顶山	0.17	石嘴山	0.03	鹤壁	0.09
枣庄	0.01	辽源	0.28	六盘水	0.47

资料来源：焦华富．中国煤炭城市发展模式研究［D］．北京：北京大学，1998.

除此以外，矿产资源尤其是煤炭资源的开采，会使地表或地下空间受到破坏，例如因地基承载力下降而形成的采矿塌陷区，以及地表虽然正常但无法进行城市建设的煤炭采空区。由于采矿塌陷区和煤炭采空区存在地表积水、地基沉降、地表土壤移动不稳定等诸多问题，不适宜作为城市建设用地，故塌陷区和采空区的存在又从另一方面制约着城市内部用地的填充式利用，以及城市空间紧凑度的提升。而且不论何种原因所导致的蔓延式、分散化城市空间发展格局，均会增加资源型城市的运营成本，降低城市的运行效率。尤其是对中小型资源城市而言，此类空间发展模式更不利于城市的健康可持续发展。

（2）功能分区明显，发展弹性大

资源型城市空间具有比较明确的功能分区，尤其是与资源开采和矿产品初加工相关的工矿产业所在的空间，与城市内部其他功能空间有明显的空间分割。出现这种现象的主要原因包括：

① 受到资源型产业布局特征的影响，城市内部同种产业功能类型的用地集聚，与其他功能类型用地区别明显，从而形成多组团式分区布局。

② 资源型城市在成长及拓展过程中，会以最初的资源开采区为支撑，逐渐发展形成多个城市级综合中心和腹地。

③ 大多数资源开采区往往布局于城市外围的独立区域，与主城区之间通过交通线路建立联系，空间分割十分明显。同时，资源开采区内部也会划分为多个功能明确的子空间，如开采区、初级加工区、集疏运区、办公区、生活区等。

综上所述，在多种因素的共同作用下，资源型城市最终表现出功能分区明确、空间相互独立的结构特征。这种明确的功能空间划分模式虽然较为粗放，但也在一定程度上增强了城市转型和优化发展的弹性，方便城市进行有机重组与布局调整，为城市空间结构布局的优化提供了便利。

（3）人均用地规模大，用地类型单一

资源型城市的经济、产业和空间发展受资源开发活动的影响巨大，而资源开发及其相关产业多属于劳动密集型产业，一般具有生产过程粗放、职能类型单一的特点。受此影响，大多数资源型城市普遍存在建设用地规模大、用地结构类型单一等特征。在建设用地规模方面，从对部分资源型城市建设用地情况的统计（附表1）可以发现，除个别城市外，不同规模的资源型城市人均建设用地面积均接近或超过国家规定的115m^2/人的上限，陕西省榆林市更是高达207.56m^2/人（图3-13）。如果将远离主城区的资源开采区一并纳入统计范畴，资源型城市的人均建设用地面积指标数值将会更大。

在用地类型结构方面，资源型城市的居住用地占比普遍偏高，这主要源自资源型城市中的建筑容积率一般较低，从事资源产业的家庭更容易获取建筑物资，会有较多自建院落和房屋。与此同时，资源型城市中的工业用地和物流仓储用地面积总量也占有较高的比重，例如湖北省黄石市的工业用地比重达到了27.1%。其根本原因在于城市空间发展演变受资源开发产业的支配作用明显，而工业用地和物流仓储用地是在为资源产业及其相关产业的生产、加工、中转、运输提供必需的运作空间。此外，表中也有部分资源型城市的工业用地占比不高，出现这一现象的原因是离城区较远的大

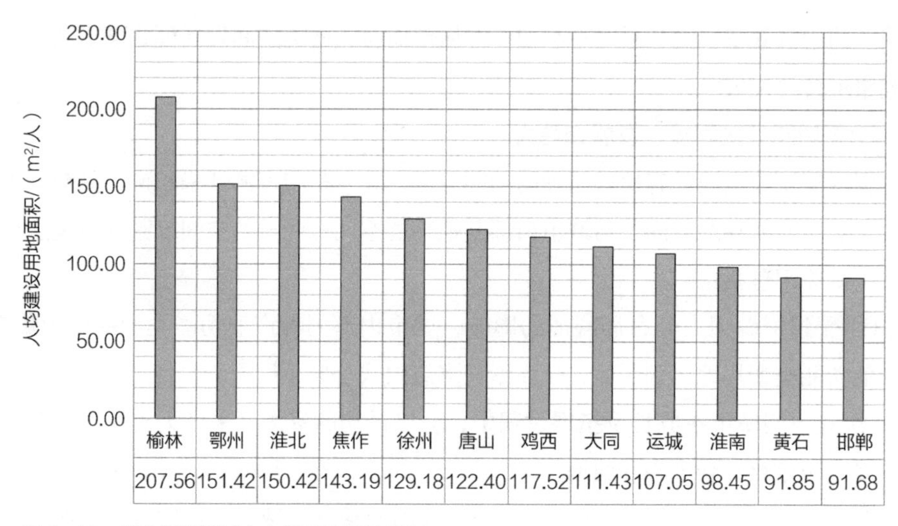

图 3-13 部分资源型城市人均建设用地面积

图片来源：根据中华人民共和国住房和城乡建设部. 中国城市建设统计年鉴 2000–2019[Z]. 绘制

规模资源开采区并未被纳入城市用地的统计范畴，城市工业用地比例未能反映实际水平。

（4）封闭的单位制用地降低城市运行效率

资源型城市的产生和发展在很大程度上受国家宏观政策与发展战略的影响，目前大多数资源型城市的产业布局是中华人民共和国成立后国家宏观规划和引导的结果。国家在短时期内调配大量的人力、物力、财力进行资源开发，并围绕资源开发来发展相关配套产业，如初级加工、深加工、仓储物流等，并完善与之相关的居住区、生活配套设施、商业服务业设施等的建设。在这个过程中，城市内部会形成一大批公有制单位，各单位在以生产为核心任务的基础上，通常还会配建一系列围绕生产部门的服务机构，承担为生产功能提供前后端服务和满足生产者对生活、福利、社会保障等方面要求的职能。在城市空间上，这些单位的用地形成了独立封闭的空间，且一般面积较大。

独立封闭的单位制地块虽在很大程度上有助于实现职住平衡，解决现代城市中常见的由于工作地与居住地距离过远而导致的远距离通勤问题，但此类地块与其外部区域的隔离效应十分影响城市的整体运行效率。首先，封闭地块形成的“丁字路”或“断头路”会阻隔城市道路交通系统，影响城市路网布局和道路交通运行的通畅；其次，单独划拨的单位制地块极易形成粗放的用地模式，导致城市土地资源低效利用甚至浪费；再次，单位制地块类似于城中之城，与城市其他片区联系较少，很难形成协同效应；最后，由于单位制地块内部通常会单独设置市政设施、公共服务设施等，这也容易造成城市基础设施的重复建设，进而产生设施利用效率低、服务半径不合理、投资不经济等问题（图3-14）。

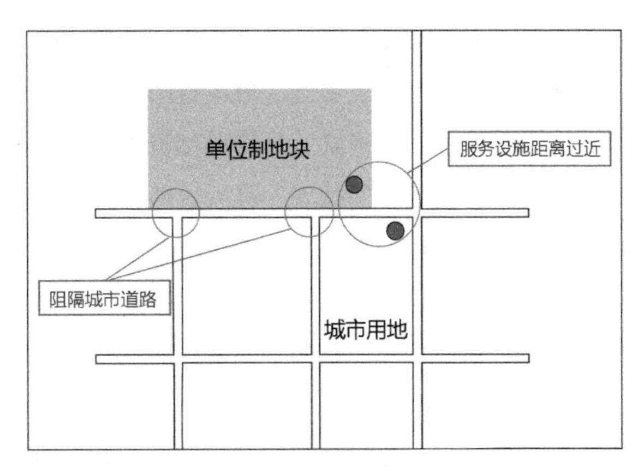

图3-14　单位制地块的不良影响

总体而言，在特定时期、特定环境产生的独立封闭式单位制地块普遍存在于我国的资源型城市中，严重影响了城市运行效率和空间发展演变的可持续性，导致城市微观尺度的空间关系复杂、城市运行不畅，并引发了多种矛盾。

（5）城乡、城矿“双二元”结构

资源型城市的空间结构系统呈现出与其他综合型城市不同的典型“双二元”结构，即城市与区域职能分割形成的“城乡二元”结构，以及城市内部矿业职能与其他产业职能分割形成的“城矿二元”结构。

其中，“城乡二元”结构的形成可以从城市、区域两个层面展开分析。在城市层面，由于资源产业及其相关上下游产业一般聚集分布在城市周边或远郊区，这导致城市与资源产业聚集地之间被非建设用地和村庄分割，形成城市范围中的“城乡二元”。而在区域层面，资源产品的销售地与产地空间分离，会削弱资源型城市与周边城市的联系，导致城市被孤立于周边区域，造成区域范围中的“城乡二元”。这种“二元”结构会降低周边区域对资源型城市发展的支撑作用，甚至会使两者产生矛盾，导致城市发展缺乏强有力的后盾与根基。

“城矿二元”结构反映的是资源型城市内部的资源型产业职能与其他城市职能的空间结合情况，可归纳为三类：完全分离型、紧密结合型和部分结合型[109]（图3-15）。完全分离型的组合形式多出现在经济社会发展程度好、交通条件便利的地区，这些地区的城市有能力承担长距离通勤成本，从而可以使城市与资源开采区域完全分离，城市布局在距离资源开采区域较远、环境条件良好的地方，城市的资源产

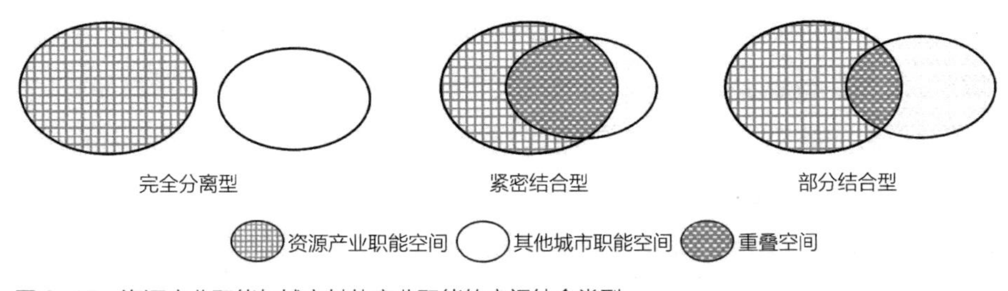

图3-15　资源产业职能与城市其他产业职能的空间结合类型

业风貌特征并不突出。紧密结合型是“城矿一体”的空间发展形式，此类城市的形成和发展围绕资源开采点展开，城市空间整体结构受资源开采产业分布的影响，呈现多中心、分散化的结构形式，具有典型资源型城市的风貌特征。部分结合型是完全分离型与紧密结合型的中间状态，具备这两种类型共有的空间特征。此类城市的资源型产业职能与其他城市职能类型有部分交叉，城市空间多呈现“一主多辅”或“多中心组团”型的空间结构布局特征。可见，完全分离型和部分结合型的城市职能空间组合形式是形成“城矿二元”空间结构系统的主要原因。

3.1.3 资源型城市空间结构系统内在属性

资源型城市空间结构系统存在明显的耗散结构特征，耗散结构理论将外界环境对系统的作用“流”称为控制参量，当控制参量达到“阈值”时，系统可由初始的无序状态突变，形成时间、空间、功能有序的耗散结构。城市空间耗散结构的形成，实质上是一个由城市各类功能活动来组织资源要素，进而形成稳定的“流”的过程[110]。资源型城市在经历系统超循环的过程中，会逐步演化为稳定形态与有序空间，稳定的城市流也是城市空间耗散结构时空动态有序的重要特征，这是由城市空间功能分异所形成的各功能要素之间的稳定流动。

城市流包括人流、物流、资金流与信息流等，如何维持城市流的循环畅通，是城市中各类功能主体的关注点，也是诸多学者的研究重点。就城市流的研究方面，泰勒·P. J.（Taylor P. J.）等学者基于流动空间理论提出了中心流理论，认为中心地之间的流是产生城市空间网络的根本原因[111]。而在国内的研究中，谷国锋等指出在区域经济系统演变中，空间流散度的变化对推进区域经济一体化进程有重要作用，散度实际上是涉及城市空间耗散结构时空有序的空间流强度[112]。除此以外，城市流也被应用于城市群的研究，如李俊峰[113]、罗守贵[114]结合空间要素的流动对城市和城市群的经济联系进行了分析。

资源型城市空间结构系统有序演变的具体体现可用“熵流”来阐释。根据熵理论，资源型城市空间结构系统的熵流为 $dS=d_iS+d_eS$，即熵流可分为两个部分：一部分是资源型城市空间结构系统自身演化中不可逆演变过程引起的熵变，称为内熵“d_iS”，且始终为正，即系统的熵增；另一部分是资源型城市空间结构系统与外界环境交换物质和能量引起的熵变，称为外熵“d_eS”，这一部分可正可负 。当资源型城市空间结构系统的熵降低至一定程度时，将会在多种因素作用下形成稳定的耗散结构。总体而言，资源型城市空间结构系统演变及形成的实质，是资源型城市空间结构系统从无序到有序、从低级到高级的演变，根本上是通过低熵结构的形成，进而发展为稳定有序的结构，具有明显的耗散结构属性。

（1）开放性

资源型城市空间结构系统内部与外部环境之间不断进行着物质、能量、信息等的交换，是开放的系统。就系统构成而言，资源型城市空间结构系统是由用地、产业、交通、社会、文化、生态等子系统组成的复杂巨系统，这些子系统并非孤立存在，它们每时每刻都在发生着相互作用。由于本书主要讨论与城市空间结构系统最为相关的用地、产业、人口和交通子系统，下面将就这四个方面作进一步分析。

用地方面。城市用地既是承载建筑、景观、道路等各类城市要素的基础载体，也是这些要素的综合体现。城市用地是有界线的，宏观层面如市辖区范围线、城市规划区范围线、城市开发边界、城市建成区范围线等，微观层面如道路红线、用地红线、城市绿线等。虽然上述各种范围线具有划定空间的作用，但物质、能量、信息的交换却可以不受这些界线的限制，也就是说城市用地系统是开放的。

产业方面。城市产业系统包括原材料、生产资料、技术、产品等各类产业要素，这些产业要素在城市内部、城市之间、区域或国家之间流动，进而支撑城市产业系统的发展，此系统同样具有开放性。

人口方面。人并非被限定于城市内部活动，而是可以流动于城市内部与外部环境之间，进而引起城市人口结构变动。资源型城市的产业具有特殊性，城市中一般会有较多数量的产业工人，这也使得资源型城市展现出比较独特的人口年龄结构、职业结构、社会文化结构等。

交通方面。交通是城市发展的重要基础，是城市内部及城市外部各要素高效流通的载体。在城市内部，交通系统连接起其他各城市子系统，实现城市系统的有效运转，并随时与城市外界环境保持联系。在城市外部，交通系统也作为纽带，实现城市与城市、城市与区域之间的有效连接。可见，交通系统是资源型城市空间结构系统内部与外界环境间进行物质、能量等交换的高度开放的系统。

此外，资源型城市空间结构系统的开放性会随着城市的发展阶段而发生变化。在导入期，城市由于规模较小，结构和功能单一，且与外部环境联系较弱，开放性也较弱；在成长期和成熟期，城市规模快速增长并逐渐稳定，最终实现结构和功能的多元化，此时具有高度的开放性；在衰退期，城市人口和各类资源要素逐渐流失，与外界间的联系逐渐减少，开放性也逐渐降低。

（2）远离平衡态

资源型城市空间结构系统的开放性为其系统内部与外界环境进行物质与能量交换提供了可能，这些物质与能量的交换是资源型城市空间结构系统演进为更加高级和有序结构的动力，也正是因为这些交换才使负熵流入城市空间结构系统，使其远离平衡态。

从宏观层面而言，单一资源型城市与其他城市在区位、资源、自然环境等多方面存在差异，而这些差异便形成了城市间的物质、能量和信息势差，这些势差又会使得资源型城市不断与其他城市产生各种“流”的交换。

从微观层面上讲，资源型城市空间结构系统的用地、人口、经济、交通、文化等多个子系统之间的差异化发展也会形成态势差，进而引起系统内部的动态发展与演变。以城市产业子系统和用地子系统为例，资源型城市的资源产业规模一般随着时间先快速扩张再逐渐稳定，最后会逐步衰减，而用地规模则普遍会持续扩大直至稳定状态，这两个系统的发展速度、走势差异会随时间推移形成明显的态势差。

资源型城市空间结构系统所处的非平衡状态在其城市生命周期的各个阶段也表现出不同的特征。在成长期，资源型产业短期的快速发展优势促进城市空间结构系统内部与外界环境形成各类负熵流，且流率较大。具体表现为城市内部产业工人、技术、装备等增多，用地、人口等子系统配合产业演进速度较快；在成熟期，资源型城市的用地、产业、人口、交通等子系统的规模逐渐增长至某个稳定状态，城市内部与外部在资源型产业系统的运行上表现出较稳定的输入输出状态；在衰退期，由于自然资源具有不可再生性，城市的矿产资源不断减少，作为城市发展主要动力的资源型产业逐渐衰落，产业从业人员数量供大于求，失业率升高，城市经济整体发展困难，城市空间结构系统内部也无法从外界得到新的负熵增量来降低其内部的熵增，整个系统逐渐从远离平衡态向平衡态移动。因此，在这一阶段，城市空间结构系统需要通过政府干预、规划引导等手段来实现产业子系统的转型升级，以吸引外部环境中的技术、人才、资金等负熵流重新流入。如果不能成功，则会因为系统内部的熵增越来越大而最终走向“无序”“衰败”“混乱”的平衡态。

（3）非线性

资源型城市空间结构系统是由多个子系统和众多要素相互交错叠加构成的复杂巨系统，这种交错叠加并非各个子系统和要素的简单线性叠加，而是具有典型的非线性特征。例如，资源型产业能够促进城市整体经济的发展，但彼此之间的作用力并不是线性关系。在资源型城市发展的前期，资源型产业的产出随着企业数量、员工数量等的增加而表现出递增趋势，但随着边际效益递减，当企业及员工数量超过一定规模后，单位产出效益反而减少。再如，资源型城市空间结构系统演变过程中单个因子的变化并非由单一元素所引起，而是多因子之间协同、竞争等综合作用的结果。

（4）涨落

资源型城市空间结构系统的涨落可分为外涨落与内涨落。外涨落是资源型城市空间结构系统之外的环境变化带来的涨落，其产生的原因是资源型城市空间结构系统并非孤立存在，它是存在于更为宏观的外部大系统中的。例如，当资源型城市周边城市的产业发展发生变化时，相关要素会以外涨落的形式作用于其城市空间，引发城市空间结构系统内部相应要素变化。内涨落则是资源型城市空间结构系统内部各子系统和要素相互作用引起的涨落变化。例如，资源型城市内部产业的扩大与企业的增多会引起产业用地的增加，并带动城市经济发展，但同时也会增加城市的负担，如带来环境污染等。

从涨落的影响来看，资源型城市空间结构系统的涨落也可分为微涨落和巨涨落。微涨落由于影响作用较小，并不能改变原有的空间结构系统。例如，资源型城市内部某企业新雇佣了一批产业工人，而这批产业工人的加入并不足以改变整个城市空间结构系统的演变进程。巨涨落则可能打破原有的资源型城市空间格局，例如城市新建一个铁路枢纽客站，而客站的建立将会影响到整个城市的综合交通可达性、区域影响力、城市定位及性质等。值得注意的是，虽然微涨落并不能改变原有城市空间结构系统，但资源型城市空间结构系统中的大量微涨落可能由于彼此之间的非线性作用而被放大为巨涨落（图 3-16）。

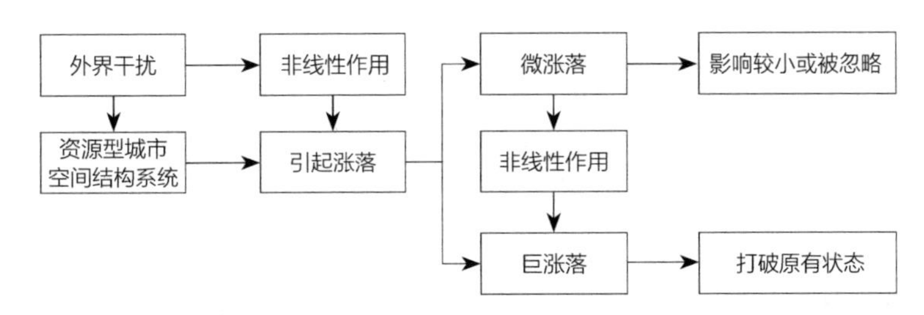

图 3-16　微涨落与巨涨落示意

此外，资源型城市空间结构系统的涨落具有客观性、相关性、双重性和随机性等多种复杂系统的特性（表 3-2）。

资源型城市空间结构系统的涨落特性　表 3-2

特性	说明
客观性	无论是系统内部还是外部环境，时刻都处于变化中，并不会因人的意志而停止，因此资源型城市空间结构系统的涨落具有客观性
相关性	资源型城市空间结构系统内部存在各类子系统、要素，这些子系统和要素并非独立存在，而是彼此之间相互作用与反馈，即存在相关性
双重性	资源型城市空间结构系统涨落引发的演变具有双重性，既可能是正向，也可能是负向
随机性	由于系统内部及外部环境的复杂性，资源型城市空间结构系统的涨落具有很多可能性，无法精确预知

3.2 资源型城市空间结构系统演变历程及规律

3.2.1 资源型城市发展生命周期规律

城市发展生命周期的概念来源于产品生命周期（product life cycle）理论，该理论是由美国哈佛大学教授雷蒙德·弗农（Raymond Vernon）于1966年在《产品周期中的国际投资与国际贸易》一文中提出，它是对商业产品从产生到进入市场，直至退出市场的整个过程的客观描述。在该理论中，弗农教授将产品在市场中的生命周期分为导入期、成长期、成熟期和衰退期四个阶段（图3-17）。其中，导入期是产品生产和初步进入市场的时期，成长期是产品逐步占领市场的时期，成熟期是产品已经占领市场、规模相对稳定的时期，衰退期是因市场需求下降导致产品市场规模萎缩并逐渐退出市场的时期。衰退期之后，周期随着另一个新产品的出现而进入新一轮的循环过程。产品生命周期理论高度概括了产品上市后的一系列流程和特征，对研究周期性发展的系统有很好的参考意义。

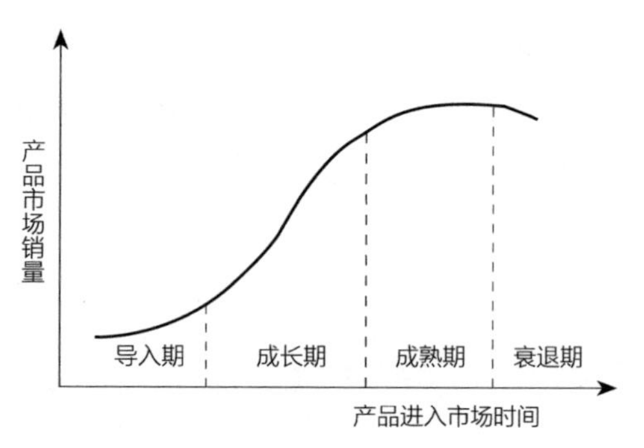

图3-17 产品生命周期

图片来源：VERNON R. International investment and international trade in the product cycle material source [J] .The quarterly journal of economics, 1966, 80(2): 190-207.

城市的基本职能之一是为其经济腹地提供各类产品，所能提供的产品种类及规模决定着城市的发展规模，由于产品有生命周期，故城市同样也有生命周期[115]。而绝大多数资源型城市是以单一资源产品开发为主导产业而形成和发展的，城市经济和社会发展状况受资源开发产业的影响十分强烈。随着资源产品的开发经历从成长、成熟到衰竭的周期性过程，资源型城市也会产生由弱小到兴盛再到衰退的同步性变化。可见，资源型城市的发展和资源产品的开发息息相关，因此，资源型城市生命周期的阶段划分也与其主要资源产品的生命周期保持很强的内在逻辑性和一致性。故本书参照已有研究结论[116]，将资源型城市的生命周期划分为导入期、成长期、成熟期、衰退期和转型期，并以此作为论述资源型城市发展生命周期的理论基础（图3-18）。

（1）导入期

导入期是资源型城市形成的初始阶段。此阶段，城市开始逐步以资源开采和加工为主导产业，围绕资源开采点进行开发建设。一般来说，在这一阶段，资源产业规模尚小，相关基础设施的配置也较不完善。

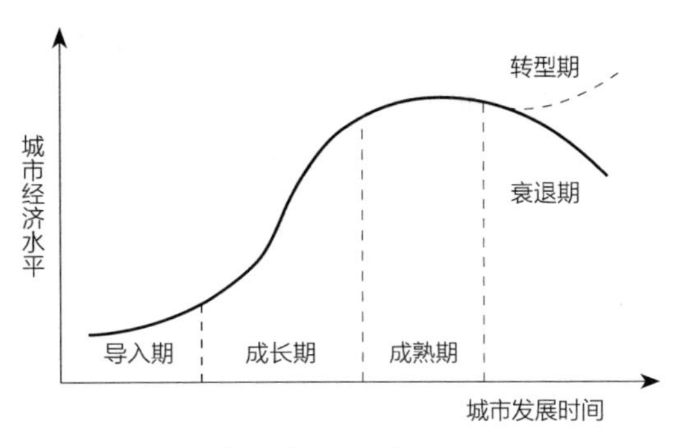

图 3-18　资源型城市的生命周期

（2）成长期

成长期是资源型城市发展的加速阶段。此阶段，城市依靠资源型产业快速发展的优势，不断吸纳外界资金、人员、技术、设备等，城市各项建设加快，城市用地、资源产业规模、人口规模等加速扩张，相关基础设施建设逐渐增多。

（3）成熟期

成熟期是资源型城市发展的稳定阶段。此阶段，城市的资源型产业生产规模达到最大状态，城市依托资源型产业得到稳定发展，各项基础设施相对成熟与完善。

（4）衰退期

衰退期是资源型城市发展的没落阶段。此阶段，由于矿产资源的不可再生性，资源在被大量开采后逐渐枯竭，资源型产业生产规模减小，产业主导地位受到影响，相关从业人员供大于求，城市难以维持经济增长，开始衰退。

（5）转型期

转型期是资源型城市发展的再生阶段。此阶段，城市通过调整现有产业结构，进行产业升级和产业的多元化发展，努力实现产业结构调整，以克服城市的发展困境，走出因高度依赖单一资源型产业而引起的城市衰退。

3.2.2　资源型城市空间结构系统演变过程

城市空间结构系统是城市经济社会发展状况及作用关系在空间上的投影，故城市经济社会发展的周期性过程也会使城市空间结构系统发生阶段性演变，这种演变也基本与城市生命周期发展保持同步。其中，成长期是城市空间结构系统发展演变的初期阶段，此时各类城市基础设施多是因矿而建，城市空间布局零散、紧凑度低。随着资源开发产业和城市的不断发展，用地需求逐渐增加，城市空间开始内聚式发展，紧凑度也得以提升，并逐渐开始进入城市发展的成熟期。最后，随着矿产资源逐渐枯竭，城市发展动力缺失，进入衰退期。可见，在此时或更早时，城市需要积极培育替代产业，防止“矿竭城衰”现象发生，引导城市产业转型升级并开始新的生命周期。综上所述，城市空间结构系统是城市发展中各种现象在空间上的映射，伴随着城市发展的各个阶段，城市空间也会呈现相应的格局和演进过程[117]，表现出不同的发展态势。

具体来看，伴随着城市的周期性发展，资源型城市空间结构系统的布局一般会经历以下几个阶段：聚点开发阶段、近域扩张阶段、组团形成或分散化阶段、内部填充阶段（图 3-19），这几个阶段分别对应着资源型城市生命周期的导入期、成长期、成熟期、衰退期和转型期等几个时期，具有较强的内在一致性。

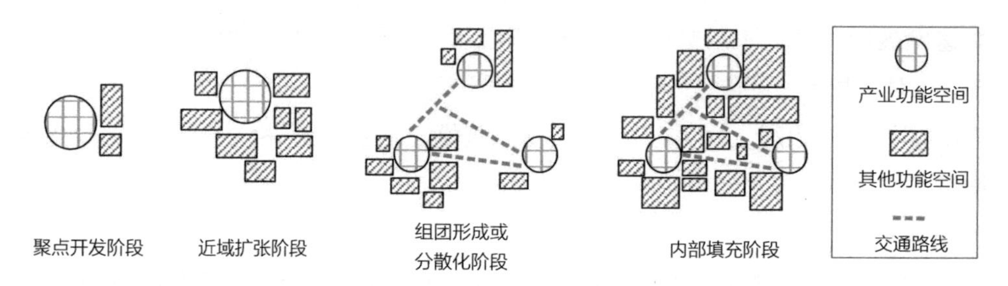

图 3-19 资源型城市空间结构布局发展阶段

（1）聚点开发阶段

对依矿建城的资源型城市而言，此阶段是城市的初步形成时期。对“先城后矿”的资源型城市来说，则是其矿业产业区和工人居住生活区的形成时期。在此阶段，城市依据前期勘测所确定的资源开采点和矿区的具体位置开始投资建矿，并以方便职工就近工作为目的，在矿区附近建设居住生活区、配套服务区等相应设施。随着矿区不断发展，人口聚集度提高，用地规模也随之扩大，逐渐形成了资源型城市的城镇建成区。对依矿建城的资源型城市来说，这一时期形成的城镇建成区是其城市发展的雏形，城市空间具有范围小、人口少、布局无序、景观风貌凌乱等显著特征。

（2）近域扩张阶段

随着资源开发产业的发展，与资源开发相关的上下游产业被逐渐引入并持续发展，城市的产业体系初步建立。基于产业发展对用地的强烈需求，城市开始向外拓展，建成区面积逐步增长。同时，各类产业部门还会吸引相关从业人口，并为这些新进人口修建起大量的住宅、商业、文化设施及公共服务设施等，这些设施的修建也需要大面积的用地，促使城区进一步向外扩张。除此以外，用地规模的扩大和用地类型的多样化还会对城市功能分区提出要求，使居住生活空间和产业发展空间分区发展。与此同时，随着其他资源点相继被开发和建设，各资源点之间会建立交通联系线路，并沿着交通线路在周边区域进行一定量的开发建设。总的来说，处于这一阶段的资源型城市，内部空间表现为分区、填充式的演变，外部空间表现为蔓延、扩张式的发展，城市周边用地不断被纳入建成区范畴。

（3）组团形成或分散化阶段

在此阶段，城市的资源产业已进入发展的成熟期，产业规模和发展速度趋于平稳，城市空间结构系统也处于相对稳定的状态。其中，交通区位条件良好的城区逐渐发展成城市中心区域，为周边城区和矿区提供综合性服务，并形成功能相对完善的城市空间结构系统。其他城区和矿区则根据与中心城区距离的远近，围绕资源开采点展开一些必要性的城市建设，整个城市形成“一城多镇”的空间模式。之后，随着各个城区和矿区进一步发展，距离主城区较近区域的城市职能将不断完善，并演变为依托主城区的次级中心。至此，城市空间结构布局便由原来的单中心紧凑型模式转变为分散的一主多辅或多中心组团模式。

（4）内部填充阶段

随着资源开发产业和相关产业的持续发展以及城市吸引力的提升，越来越多的外来人口进入城市，城市空间规模持续增长。除各城市组团规模扩大之外，组团间交通联系线路的沿线地区也在不断开发建设，这会形成较大的连续带状或多个块状城市建成区。在这一发展阶段的初期，城市空间表现为填充发展模式，城市内部空间持续优化，用地效率和紧凑度提高，并再次进入向心式发展阶段。然而，当城市的矿产资源开始枯竭，城市的发展动力开始流失时，城市便会步入本阶段的发展末期。此时，一部分城市走向衰落，经济总量下降、人口迁出，陷入“矿竭城衰”的困境。另一部分城市则积极寻求转型发展路径，利用城市原有产业基础找寻新的发展增长点，摆脱对单一资源产业的依赖，完成城市产业和职能类型的更新转换，城市空间结构系统也进入新的演变阶段。

3.2.3　空间结构系统演变的自组织作用机制

当前，系统自组织理论已逐渐成为系统科学领域新的代表性理论，学者们运用自组织理论不断探索复杂科学研究的新方向，且已延伸到自然科学、社会科学的诸多领域。城市空间结构系统演变中的自组织作用可以解释为诸多微观自主决策主体行为所表现出的集体宏观有序性演变。借助自组织理论，本书认为在资源型城市空间结构系统演变的过程中，存在着一种无形的内部力量，该力量持续推动着系统的发展演变。这股力量是基于系统内部不同子系统之间相互协作与竞争而产生的，是不受外界控制的系统自组织作用力。系统内部不同作用力之间相互影响和共同作用的自组织运行模式，会使城市空间逐步发展进而形成不同的结构类型。

（1）渐变与突变

自组织理论认为，在一个系统持续演变的过程中，连续的渐变行为有可能使系统状态生成不连续的突变结果（图 3-20）。因此，分析城市空间结构系统演变的渐变与突变时，应当将其置于一个较长的时间尺度中，即以整体观念审视空间结构系统发展演变的全过程。

图 3-20　渐变背景下的突变

资源型城市依托矿产开采点形成城镇雏形的过程便是系统渐变的连续性过程。当既有的空间结构系统适应城市发展时，城市空间便在该结构模式下缓慢演变与拓展。随着城市空间规模扩大、城市功能形式丰富，逐渐突破了既有结构模式的限定之后，便会促使空间结构系统产生突变，以重新适应城市不断发展的需求。“分散型”城市空间结构布局通常会比较明显地呈现上述形式的渐变与突变现象。例如单中心城市在城市空间与功能出现矛盾而导致单一中心发展模式难以为继时，城市便会改变空间结构发展模式，寻求多中心组团型的发展路径，借此调和系统内部各要素间的势差。

除此以外，“集中型”城市空间结构的演变过程通常属于“完全渐变”或“一般突变”形式（图 3-21）。此类资源型城市空间结构系统的发展演变轨迹或是呈现出一种基本可被预测的渐进式演变路径，或是从表面看像是渐变，但系统的某种性质或结构已然发生了突变。例如，集中团块型的空间结构系统是经历了长时间的缓慢渐变式演变后才形成的，其空间结构系统演变过程中各种内部要素的矛盾与竞争不激烈，不足以引起空间结构系统的大幅度波动和突变。

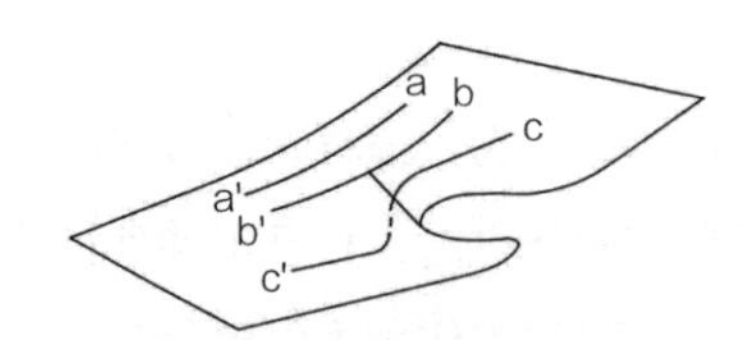

aa'—完全渐变；bb'——般突变；cc'—突跳突变

图 3-21　渐变与突变的路径结构

图片来源：吴彤. 自组织方法论研究［M］. 北京：清华大学出版社，2001.

（2）混沌与秩序

混沌与秩序是城市空间结构系统演变过程中交替出现的状态，因此城市空间结构系统演变脉络通常介于混沌与秩序之间，即混沌的边缘。这是有序和无序之间的过渡空间，这种空间被假设存在于各种各样的系统中。混沌的边缘是一个有界的不稳定区域，不断地发生着有序和无序之间的动态相互作用。

首先，从整体与局部的辩证视角分析。在整体层面，城市空间结构系统的演变过程是稳定有序的，这有利于城市系统平稳、渐进地运行和发展，以及保持空间结构系统的延续性，不致产生空间断层。在局部层面，城市空间结构系统的演变又是无序和混沌的，存在一类随机的涨落行为，打破了空间整体层面演变的秩序性与序列感，但丰富了空间的功能和形态，增强了空间的发展活力。其次，从空间结构系统的演变过程来看，资源型城市空间结构系统经历了“混沌—秩序—混沌”这一周而复始的循环过程。在城市形成初期，围绕资源开采点进行的相关服务设施建设杂乱无序，致使城市风貌混乱，脏乱差成为此时的典型特征。随着城市治理水平的提升和管理者对城市形象的重视，城市规划的制定和实施被严格执行，使城市空间结构系统演变逐渐迈向有序的发展路径。之后，随着新的增长点出现，如资源城市转型所带来的新一轮发展，城市会再次进入快速但相对无序的发展状态。正是经过这种有序与无序、混沌与秩序交替穿插的发展演变，城市空间结构系统才在不断涨落中显示其空间特质，形成各具特色的空间结构布局类型。

（3）循环与进化

自组织理论体系中的超循环理论为系统的循环与进化这一古老命题赋予了新的内涵。超循环不仅在形式上实现了多个循环系统的整合，在内涵层面也完成了多个系统的综合与交互，是对系统之间非线性发展过程的概括。

资源型城市发展过程中，不同功能性质的用地之间便存在着超循环过程。自城市围绕资源开采点建设开始，直至形成一定规模的城市空间，其不同性质用地之间都在不断发生着循环与自催化作用。例如，最早形成的工业用地是依据资源开采点的位置确定的。之后，工业用地开始内部的自催化作用，规模不断扩大，形成具有一定范围相同性质用地的集聚。工业用地的集聚又推动了居住用地的形成和扩张，并进一步引发了商业服务业设施用地的出现。受此影响，相应的道路用地、绿地与广场用地规模也不断增加。道路用地的增加提升了区域的可达性和便利性，会吸引更多人口和企业入驻，这又会增加工业用地的规模。如此一来，一个封闭的正反馈环便产生了（图3-22）。反馈环中的各个子系统既进行着自催化以不断发展完善自身，又相互作用，互为催化，促进系统整体发展。当然，这只是一个简单的正反馈模型，现实中的城市空间结构系统演变会在系统内部复杂的超循环链条影响下，不断经历着涨落起伏，从无序走向有序，并朝

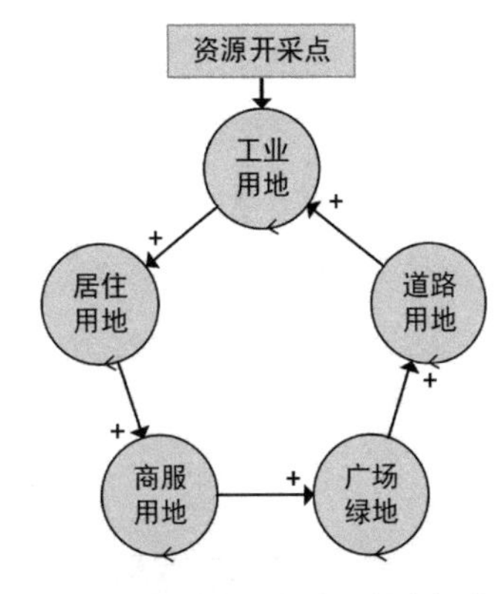

图3-22　资源型城市用地空间发展循环示意

着更复杂的系统演变。

除系统内部的自组织作用机制外，在资源型城市空间结构系统演变过程中，还存在着复杂的外部环境影响和他组织作用机制。其中，他组织作用是空间结构系统的外部力量特定地作用于系统本身，推动系统由无序与低级向有序和高级演变。虽然他组织作用和自组织作用在行为主体、作用方式、发展时序、可控度等方面存在差异，但两者互为补充，共同推动着城市空间结构系统的发展演变。资源型城市空间结构系统就是在其系统内部自组织作用机制、系统外部他组织作用机制和外部环境等多重影响下，持续进行着演变，经历不同的发展过程，并最终形成了不同的空间结构系统及布局类型。

3.3 资源型城市空间结构系统影响因素及其作用机制

3.3.1 影响因素

如前所述，资源型城市的空间结构系统是一个多维复杂的巨系统，在城市漫长的发展过程中，地形地貌、自然资源、历史文化、经济社会、政策措施等多种因素都会对城市空间结构系统产生影响[118]。陈辞等将这些影响归纳为经济、技术、人口、政策等几个主要方面[119]。石崧指出这些因素以动力主体、组织过程、多力作用（基础推动力、内在驱动力、外在动力）、外部约束等不同角色对空间结构系统产生作用[120]，形成了多样化的城市空间结构系统。同时，影响不同类型城市的空间结构系统受到的主要因素也不相同，通过分析对比多个资源型城市，并结合现有研究成果，本书将资源型城市空间结构系统的影响因素及其作用方式归纳如下（图 3-23）。

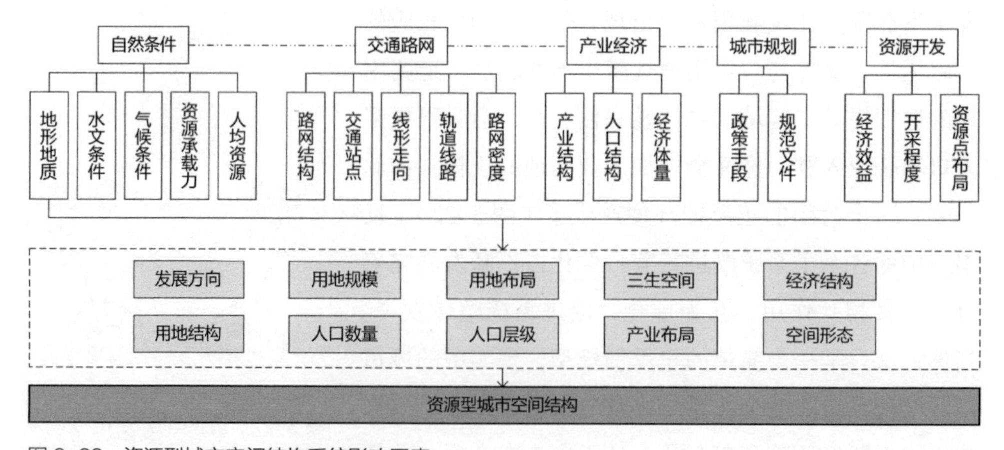

图 3-23 资源型城市空间结构系统影响因素

（1）自然条件因素

不论是否为资源型城市，自然条件因素中的地形、地质、水文、气候等均会对城市空间带来显著影响，并贯穿城市形成和发展的整个过程，决定着城市空间与形态的基本面貌。例如受地形条件影响显著的典型资源型城市——四川省攀枝花市，由于其主城区范围内分布着众多自然山体，城市只能利用相对平整的河谷用地进行建设，形成了“都市环 + 卫星组团”的特色空间结构布局。又如山前冲积扇中的绿洲城市①——乌鲁木齐市，熊黑钢等曾利用起伏度指数与分布比例指数模型研究地形对乌鲁木齐城市空间结构系统发展的影响[121]，通过此研究可以看出低起伏度的地区开发建设得更快，是城市空间拓展优先选择的对象地区。

水文条件对城市空间结构系统的影响也十分显著，历史上的众多城市均与水系有着紧密的关系，逐水而居、因水而兴的例子更是数不胜数。例如，三面环水、空间形态独特的四川省阆中市，被长江、汉江分隔形成武昌、汉口、汉阳三镇隔江鼎立格局的湖北省武汉市，沿黄河、五泉山、白塔山等形成带状城市空间的甘肃省兰州市等。对资源型城市来说，水系的意义尤为重大，因为除了对物质空间结构的显性影响，水资源的丰裕度还会直接影响资源产业的产能规模、产业类型和集疏运通道。

综上可知，自然条件因素对资源型城市空间结构系统的影响是显著和持久的，这些影响不仅仅体现在城市空间拓展方面，城市赖以发展的经济产业基础也会受到自然条件的极大影响。

（2）交通路网因素

不同的主导交通方式会形成不一样的城市空间发展模式，如小汽车时代的郊区化趋势、轨道交通时代的多中心模式。可以说，随着科技的进步，交通对城市空间结构系统的影响日益显著，两者相互影响、交替作用。对资源型城市来说，由于资源产业对交通运输系统强烈依赖，其空间结构系统演变与城市交通的作用关系也更为密切。为便于说明，下面将从道路交通和轨道交通两种方式展开分析。

道路交通对资源型城市空间结构系统的影响主要体现在空间结构形态、功能分区和空间拓展方向三个层面。在结构形态上，不同的道路交通网将促使城市形成不同的空间结构形态，例如“方格网”状的道路网促进了块状城市空间形态形成，“方格网 + 放射”状的道路网促进了星形城市空间形态的发展，“方格网 + 环 + 放射”状的道路网促进了城市空间形态向圈层式转变[122]。在功能分区上，交通的指引性会引导城市各个功能分区合理布局，如商业区位于各个方向的交通均十分便捷的地区，工业

---

① 绿洲城市是指依托绿洲发展起来的城市，这类城市具有水资源指向性、生态环境脆弱等典型特征。

区、仓储区则位于城市外围便于集疏运的地区。在空间拓展上，城市空间向外拓展的过程也与道路交通建设联系紧密，“城市开发、道路先行”的观念就直接凸显了道路交通在城市空间拓展过程中的重要作用。

轨道交通线路具有封闭性的特征，对城市空间结构系统的影响主要体现在站点的集聚力和运行线路对空间的分割方面。在集聚力上，轨道交通客运站点具有强大的人流集聚力，往往成为城市或片区发展的触媒，会促进城市商业、商务等功能空间的发展。而轨道交通货运站点则具有强大的物流集聚力，但因物流仓储作业具有货车多、场地大、客流少等特点，往往会抑制居住、商业、商务等城市功能的发展。在空间分割上，轨道交通线路与城市其他交通方式相互独立、缺乏联系，会切割城市空间、用地和城市道路。例如湖北省黄石市市区内部因为汉冶萍铁路的存在，形成了多条“丁字路”“断头路”（图 3-24），导致铁路线两侧的城市空间被割裂，联系不畅。

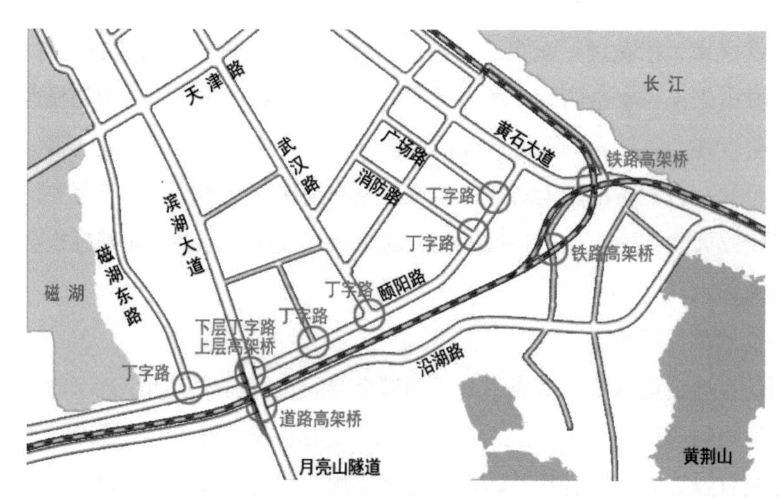

图 3-24　汉冶萍铁路对沿线城市道路的影响

图片来源：于洋，魏哲，赵博．转型期资源型城市主城区铁路沿线用地与交通优化研究：以黄石汉冶萍铁路磁湖南岸段为例［J］．西部人居环境学刊，2018，33（3）：61-68.

（3）产业经济因素

城市的产业构成及经济状况会直接投射到城市空间结构系统上，影响城市空间结构各子系统的组合状态及相互关系，产业经济与城市空间结构两者相互影响、作用。首先，产业经济的发展及转型调整是以城市空间结构为物质和社会基础的，合理的城市空间结构系统能够支撑各类生产活动顺利进行，为城市经济的增长提供保障[123]。其次，产业经济结构及其发展状况是城市空间结构系统演变的动力，它直接影响空间形态、用地布局和用地结构等，在城市形成初期、城市快速发展期、城市转型期均发挥着极为重要的作用。

在资源型城市形成初期，资源开采和相关产业发展吸引人口聚集，形成产业聚集区，这些聚集区逐渐演变为资源型城市城区的雏形。随着资源开发活动持续深入，资源产业及相关产业规模扩大，城市建成区会不断向外扩张。在这一时期，资源产业是城市经济发展的主导产业类型，也是城市空间向外拓展的主要推动因素。当城市进入转型期后，城市会被迫改变单纯依赖资源型产业的发展模式，产业结构类型逐渐丰富，尤其会注重对第三产业的培育和发展。此时，产业结构的调整会大幅影响城市空间结构系统的演变，如工业用地外迁、城市旧城区改造、商业服务业设施规模扩大并集聚在城市中心区等。这一阶段，城市空间为满足产业的转型需求而进行优化调整[124]，一般会从明显的工矿特征属性转变为综合发展属性。

（4）城市规划因素

城市规划的意图在于通过干预城市发展过程，形成一个既满足人类发展需求，又符合城市发展规律的宜居宜业的城市空间环境[125]。作为一种强有力的公共政策手段，城市规划在城市空间结构系统的形成与演变过程中发挥着不可替代的作用。

首先，城市空间扩展过程受资本和经济驱动的影响十分显著，存在盲目性和不确定性。尤其是在城市边缘区，其生长的自发性很强，极易形成无序、低效的空间扩展模式。而合理的城市规划能够有效地规范城市空间扩展方向、边界和规模，引导城市空间高效、有序、可持续地发展。其次，城市空间结构系统中各部分具有独立性，并且表现出相当的自组织机制。如果仅依靠这种自组织机制，各城市中心、片区中心等都将以自身发展为首要目标，而忽略其他相邻中心的发展需求，形成恶性竞争局面，不利于城市空间整体协调发展[126]。但城市规划可通过发挥自身政策优势，协调多个城市中心，使其结合自身特色确立不同的发展目标，形成互补互助型的发展格局，促进城市空间结构系统的良性、有序发展。

（5）资源开发因素

非资源型城市空间结构系统的演变受到自然条件、交通路网、产业经济、城市规划等的综合影响较大，相比之下，资源型城市的空间结构系统受到资源开发的单独影响十分显著。细化来看，资源开发活动涉及的因素众多，这些因素对城市空间结构系统演变的影响极大。例如，与资源开发有关的矿区建设、矿业相关产业发展、原材料及产品运输、从业人口变化等，均会直接或间接地影响城市空间结构系统演变。

在资源型城市发展初期，受矿产开采点建设的影响，一些居住、公共服务设施等用地围绕资源开采点形成，这些用地会随着产业规模的扩大而扩大，形成城区雏形。在城市发展的成长期和成熟期，资源开发活动则会支撑城区范围扩大或在城区外围形成飞地，降低城市的紧凑程度，直接影响城市空间的发展。同时，资源的产量及产值会影响城市经济和产业结构，资源及相关产业从业人口会影响城市人口和城市化水平，资源开发涉及的交通运输会影响城市交通基础设施布局。这些经济和社会活动投射到城市空间上，便会影响城市空间结构系统的发展演变。

3.3.2 作用机制

资源型城市空间结构系统的演变是多因素、长时间、多方面综合作用的结果。从宏观尺度上看，资源禀赋、地形地貌、气候条件等作为长时性的先天作用因素，会从根本上影响资源型城市的外部空间形态和内部空间结构。而从微观尺度来看，城市空间结构系统演变主要受城市规划、交通路网、产业经济、资源开发等因素的影响。其中，城市规划是一种人为的政策性影响因素，它通过对城市规划、建设、发展过程的干预，直接或间接地作用于城市外部空间形态和内部空间结构。交通路网既是城市空间结构系统的影响因素，也可以认为是空间结构系统的表征形式，该因素一方面引导着城市空间结构的演变，另一方面又显示了空间结构的布局骨架。产业经济则是城市空间结构系统演变的内在动力，在不同的生命周期，资源赋存量不同、资源经济效益有别、产业结构相异、不同产业要素对空间的需求不同，这些均会使得城市内部各类功能用地的布局、面积、组合方式不同，进而推动资源型城市内部空间结构发展变化。而资源开发在资源型城市发展过程中占有核心地位，是产业经济发展的强劲内部作用力，直接影响着城市空间结构系统的演变进程。

除此以外，上述各因素在发挥直接或间接影响作用的同时，相互还存在影响。其中，自然条件、城市规划分别作为先天因素和政策因素，会直接影响其他因素的发展。而资源开发、产业经济、交通路网之间存在的强相关性及影响力，在对人为规划形成反馈作用的同时，也会反向作用并改变部分自然条件因素（图3-25）。但就整体而言，在影响资源型城市空间结构系统的各类因素中，资源开发因素是独特性、引领性的因素，因此本书将集中探讨资源开发对资源型城市空间结构系统的影响作用。

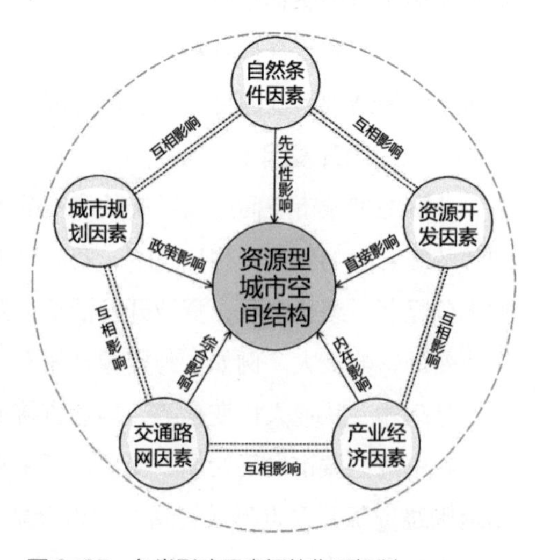

图3-25 各类影响因素间的作用机制

3.4 资源开发对资源型城市空间结构系统的影响作用

3.4.1 对经济方面的影响作用

首先，资源开发是一类经济属性极强的城市发展行为，其开发过程本身属于城市产业经济活动的范畴，产量、产值等指标也隶属于城市经济指标体系，这些数据的变化会使其他各类指标产生变化。其次，资源开发过程中的货物运输、物流仓储，以及上下游相关产业的发展都需要各类城市系统的支撑，这些也都与经济因素有强关联性。例如矿业产品物流仓储业的发展，会影响到城市物流系统整体格局的变化[127]，矿业产业的发展形势会改变城市经济结构等。总体而言，资源开发对资源型城市经济的影响可以从经济总量水平、经济增长速度两个方面进行分析。

（1）经济总量水平

刘国栋以 2004—2009 年新疆维吾尔自治区五个地市的矿产资源开发量与 GDP 总量的关系为例，分析了新疆矿产资源开发对当地经济的影响[128]。根据表 3-3 中矿产资源总产量和 GDP 总量的数据变化，可以看到随着矿产资源总产量的增加，城市经济总量也开始逐步增长，两者呈明显的正相关关系。

2004—2009 年新疆五个地市矿产资源开发量和 GDP 总量　　表 3-3

地区	年份	原煤产量 / 万吨	原油产量 / 万吨	天然气产量 / 万 m^3	折算成标准煤后矿产资源总产量 / 万吨标准煤	标准产量增长率 /%	GDP 总产量 / 万元	GDP 增长率 /%
乌鲁木齐	2004	894.08	358.17	49003	1209.83	—	4842599	—
	2005	957.44	420.01	52000	1347.07	0.113437	5625007	0.162
	2006	1178.95	472	87105	1622.19	0.340841	6543023	0.351
	2007	1706.68	536.25	95250	2100.83	0.736467	6543023	0.351
	2008	2197.53	600.13	127170	2581.46	1.133738	10203500	1.107
	2009	2326.41	660.01	134502	2682.25	1.217047	10875000	1.246
克拉玛依	2004	7.28	1115.35	255031	1908.27	—	2692019	—
	2005	3.06	1165.37	289542	2018.63	0.057832	3857256	0.302
	2006	1.99	1191.66	288148	2053.73	0.076226	4732562	0.598
	2007	0	1217.06	290477	2019.42	0.095977	4732562	0.598
	2008	0	1222.49	342431	2162.26	0.1331	6612100	1.232
	2009	0	1089.02	360025	1992.95	0.044375	4802900	0.621

续表

地区	年份	原煤产量/万吨	原油产量/万吨	天然气产量/万 m^3	折算成标准煤后矿产资源总产量/万吨标准煤	标准产量增长率/%	GDP 总产量/万元	GDP 增长率/%
吐鲁番	2004	151.08	225	132646	590.42	—	972095	—
	2005	169.84	209.84	153207	607.13	0.028302	1197738	0.232
	2006	316.06	205.73	165403	720.52	0.220352	1482271	0.525
	2007	517.82	207.99	173008	87.71	−0.85144	1482271	0.525
	2008	733.31	200	151008	992.89	0.681667	2012300	1.07
	2009	1465.08	162.01	150010	1460.11	1.473002	1545800	0.59
昌吉	2004	886.29	0	0	633.08	—	2119163	—
	2005	822.33	0	0	587.39	−0.07217	2516925	0.188
	2006	950.74	0	0	679.11	0.072078	2959704	0.397
	2007	742.52	0	0	530.38	−0.16222	2959704	0.397
	2008	1256.73	0	0	897.68	0.417957	3881500	0.832
	2009	1689.53	0	0	1206.83	0.906284	4447100	1.099
巴州	2004	116.18	554.38	138125	1042.7	—	2294733	—
	2005	79.81	612.76	571688	1698.03	0.628493	3256885	0.419
	2006	164.55	605.35	1101443	2319.82	1.22482	4097582	0.786
	2007	66.15	643.01	1541361	2837.53	1.721329	4097582	0.786
	2008	252.62	645	1738305	3212.72	2.081155	5857600	1.553
	2009	296.32	554.01	1809053	3199.85	2.068812	5259400	1.292

资料来源：刘国栋. 新疆矿产资源开发对当地经济的影响[J]. 佳木斯大学学报（自然科学版），2013，31（1）：157-160.

（2）经济增长速度

在经济增长速度方面，刘国栋以表 3-4 中的各地市五年矿产资源增长率和 GDP 增长率为基础，分析得到矿产资源增长率和 GDP 增长率之间的关系图（图 3-26）。

通过关系图可以看出，新疆五个地市的矿产资源开发量变化和 GDP 增长量整体存在着正相关关系。虽然偶尔出现背离情况，但总体而言，GDP 增长率和矿产资源开发量增长率的发展趋势一致。即随着矿产资源开发量增多，GDP 总量也会上升，反之，GDP 总量会减少。可见，资源开发会引发城市经济增长速度的变化。

资源开发对资源型城市经济影响巨大的原因主要有以下几点：首先，资源型城市的形成和发展大多依托于资源开发产业的发展，发展成熟度愈高，资源产业自身对其他相关产业的集聚能力就越强，对城市经济规模的拉动作用也越明显。其次，在城市经济结构方面，当资源赋存丰富、易于开发、市场情况良好时，资源开发产业及相关产业将蓬勃发展，这会对其他一些类型的产业产生挤出效应，使城市第二产业产值

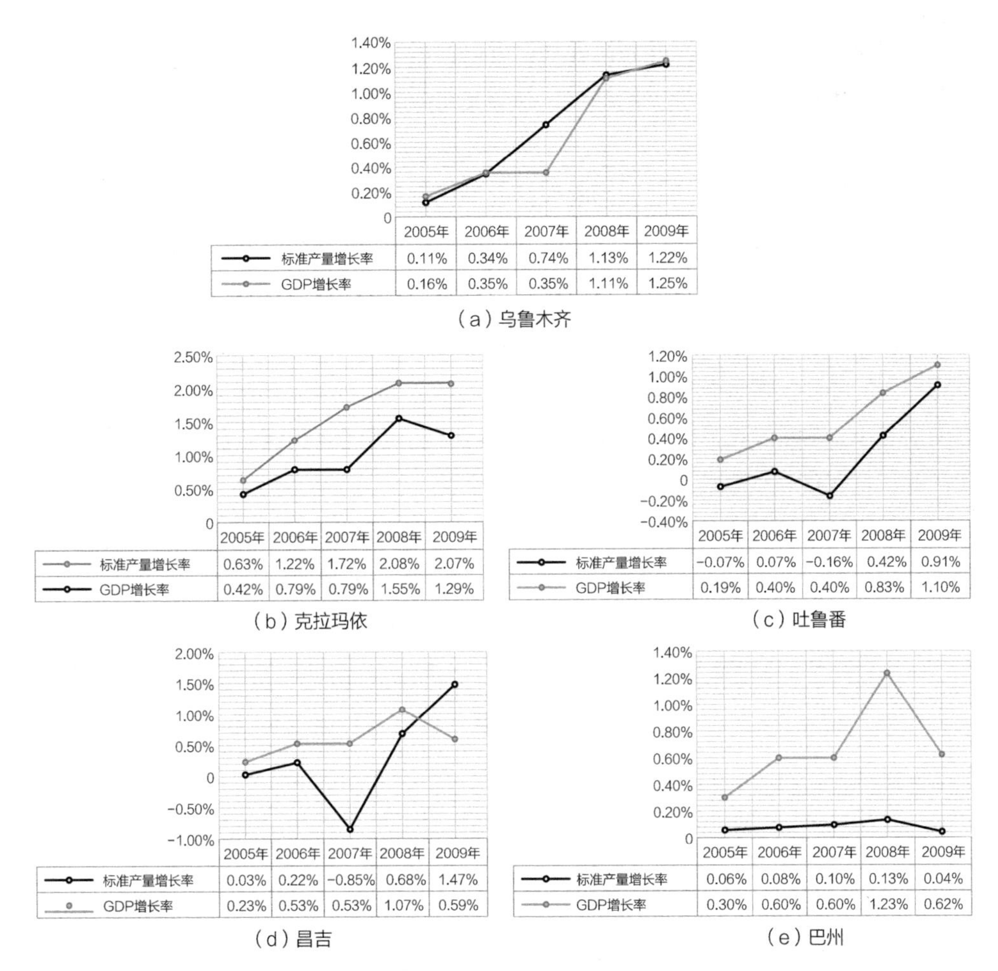

图3-26　GDP 增长率和矿产资源增长率的关系

图片来源：刘国栋. 新疆矿产资源开发对当地经济的影响［J］. 佳木斯大学学报（自然科学版），2013，31（1）：157-160.

扩大，占比增加。而当资源产业市场遇冷，资源开发业的产值下降时，城市经济发展也会遇阻，城市经济结构有可能会作出相应调整。最后，因资源开发而集聚的产业、人口等对城市其他服务性行业也有较大的影响作用，如仓储物流业、商业服务业、生活服务业等。资源开发相关产业的重资产特性决定了它对城市经济有巨大的影响作用[129]，随着开发程度不断深入，城市经济因素将会受到不断深化的影响，这些影响会直接或间接地引起城市空间结构系统发生相应变化。

3.4.2　对社会方面的影响

城市社会系统是由人口、文化、就业、居民收入、价值观念等多类型要素组成的复合系统，系统中各类要素通过直接或者间接的方式作用于城市空间。因此，分析资源开发对资源型城市空间结构系统在社会方面的影响，应当围绕各社会要素展开。主要包括社会人口构成、社会空间结构、社会文化关系等方面。

（1）社会人口构成

资源开发对社会人口构成的影响包括人口规模总量、性别结构、年龄结构、劳动就业结构等。在规模总量上，由资源开发衍生的相关产业大多为劳动密集型产业，受产业的聚集效应影响，无论是先城后矿的城市还是依矿建城的城市，都会在短时期内集聚大量人口，使人口规模迅速扩张。例如依矿建城的典型城市攀枝花，通过相关文献记载[130]可知，攀枝花建城以前只有7户人家，而1965年在国家“三线”建设战略的引领下，5万多职工从全国各地汇集到攀枝花从事铁矿开采、钢铁冶炼等资源开发产业，这直接导致攀枝花城市人口井喷式增长。

在人口性别结构、年龄结构上，资源开发产业会吸引大量男性青壮年流入资源型城市，使得整个城市人口结构中男性所占比例远高于女性，成年组所占比例远高于少年组和老年组，直接造成城市人口性别结构、年龄结构的显著变化。例如，20世纪70年代的重工业城市株洲市和马鞍山市。当时两市均处于资源开发的前期阶段，人口年龄构成中的少年儿童组、成年组、老年组所占比例分别为30.47%、64.74%、4.79%以及32.3%、63.4%、4.3%（图3-27），性别构成中的男女比例分别为59.3%、40.7%以及69.4%、30.6%（图3-28）。而综合全国60个城市的平均水平来看，该时

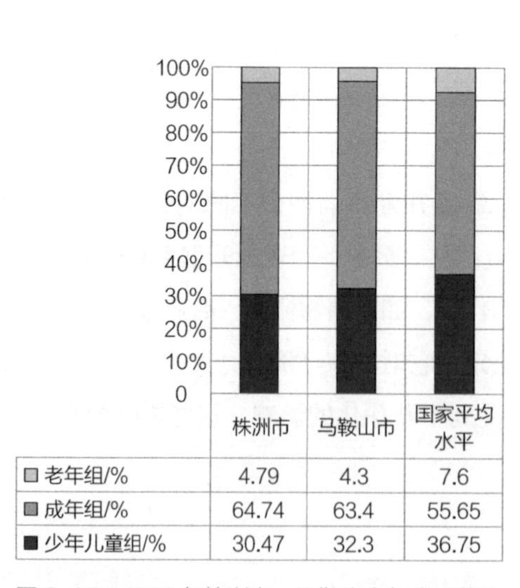

	株洲市	马鞍山市	国家平均水平
老年组/%	4.79	4.3	7.6
成年组/%	64.74	63.4	55.65
少年儿童组/%	30.47	32.3	36.75

图3-27　1978年株洲市、马鞍山市与全国的人口年龄结构

图片来源：周启昌. 新建重工业城市的人口结构问题：对株洲、马鞍山两市当前一些人口问题的调查［J］. 人口研究，1980（3）：56-58.

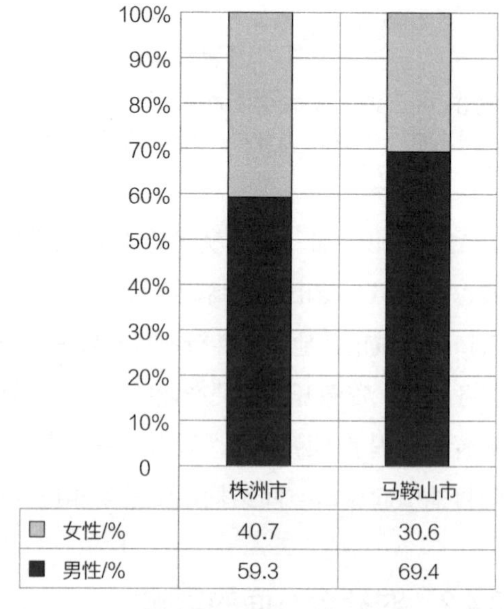

	株洲市	马鞍山市
女性/%	40.7	30.6
男性/%	59.3	69.4

图3-28　1978年株洲市、马鞍山市城市人口性别构成

图片来源：周启昌. 新建重工业城市的人口结构问题：对株洲、马鞍山两市当前一些人口问题的调查［J］. 人口研究，1980（3）：56-58.

期全国城市的人口年龄构成大概为少年儿童36.75%、成年55.65%、老年7.6%，性别构成也处于较为均衡的状态[131]。此外，资源开发对城市人口年龄结构的作用还是一个长期过程。在资源开发初期，整个城市人口年龄结构中青壮年组占比较高，年龄结构表现出典型的“成年型”特征。其后，这些资源开发初期流入的大量男性青壮年逐渐找到配偶组成家庭，城市人口中少年儿童组人数增加，人口年龄结构开始由成年型向年轻型转变，男女比例也开始缩小。而在资源开发接近尾声时，资源相关产业对人口的需求量急剧下降，城市人口迁入率快速降低，有的城市开始出现人口流失的情况，尤其是青壮年开始向外流动，因此城市年龄结构开始向老年型转变[132]，老龄化问题逐步显现。

而在劳动就业结构方面，资源开发对不同类型资源型城市劳动就业结构的影响存在一定的差异。在依矿建城的城市中，资源开发对人口劳动就业结构的影响是直接、快速、巨大的。受资源开发的影响，城市中产生了大量的工作岗位需求，迅速催生多种类型的职业。但总体而言，整个劳动就业结构以工矿业生产为主，商业、生活等服务业和科学文教卫生事业占比较小。而在先城后矿的城市中，资源开发会为城市第二产业的发展注入新的动力，并由此对城市内部人口的劳动就业结构进行调整。

（2）社会空间结构

城市社会空间结构是人类社会行为活动在城市空间上的投影，为人类不同社会行为提供活动场所的各社会区是社会空间结构的直观体现。因此，资源开发对城市社会空间结构的影响主要体现在社会区的变迁上。其中，在资源开发初期，资源开发活动促进了工业生产区、工人聚居区等相关社会区的出现，直接推动了城市社会空间结构的形成与发展。在资源开发的中晚期，城市发展步入成熟阶段，社会区明显增多，城市社会空间结构呈多元化发展趋势。许吉黎、焦华富以安徽省淮南市为例，从社会区划分和整体社会空间结构模式两个方面对成熟期煤炭城市淮南市的社会空间结构进行了研究[133]。研究表明，受矿产资源开发的持续影响，淮南市整体社会空间结构呈“城—矿—乡”的模式，空间分异显著，城区、矿区和乡村区域的社会空间特征有较大的差异。而从社会区划分来看，整个城市的社会区可划分为6个分区，包括煤炭资源开采与勘测从业者聚居区、煤炭资源深加工从业者居住区、煤炭资源初加工从业者聚居区、工薪阶层及退休人员居住区、低学历与农业及贫困人口居住区、非资源型产业从业者居住区。

（3）社会文化关系

资源开发活动对城市社会文化关系的影响主要集中在先城后矿的城市中。在未进行资源开发时，城市一般以“内生化”的方式发展，城市规模各异，发展加速度较慢，但发展过程比较稳定，城市居民也有着相对一致的社会观念和价值认同，社会文化关系相对和谐。但在资源开发活动兴起之后，大量外来人口的迁入打破了城市的内在平衡，人口快速增长，社会分区开始复杂化，社会关系也有可能产生冲突并逐渐趋于复杂。同时，由于外来人口的生活习惯、文化信仰等与城市原住民之间存在差异，城市文化在向多元复合型转变的同时，也面临传统文化消失等诸多风险。

3.4.3 对用地方面的影响

用地是城市空间结构系统中最容易被感知的因素，用地不仅能体现城市内部各子系统的静态功能关系，更是城市空间结构系统在地域上的直接反映。在资源型城市中，资源开发对用地的影响主要体现在用地规模、用地形态和用地结构等方面。

（1）用地规模

首先，资源开采点和配套区域的建设影响着城市用地规模，会直接促使城市用地空间拓展和建成区范围扩大，例如哈密市吐哈油田生活基地的建设对城市既有建成区有拓展作用。其次，资源开发活动能够带来巨大的经济效益和人口红利，促使城市扩大用地规模，以承载更多的产业和人口。例如，项清等以典型资源型城市攀枝花市为例，从经济因素、社会因素、人口因素等方面分别选取了城市常住人口、城市化率、三产比重、工业增加值、国内生产总值、城镇居民人均可支配收入、社会销售品零售额等 9 个指标，采取灰色关联分析法探讨了城市用地规模扩张的关键影响因素。结果表明，在选取的 9 个指标中，工业增加值、国内生产总值和第二产业所占比重与城市用地规模扩张的关联度最强[134]（表 3-4）。由此可见，资源开发活动对城市用地规模的影响十分显著。

攀枝花市城市用地扩张与其影响因素的关联度　　表 3-4

影响因素	关联度	关联度排序
城市常住人口 / 万人	0.77993	4
城市化率 /%	0.75231	5
第一产业所占比重 /%	0.38476	7
第二产业所占比重 /%	0.83739	3
第三产业所占比重 /%	0.37399	8
工业增加值 / 亿元	0.95298	1
国内生产总值 / 亿元	0.84131	2
城镇居民人均可支配收入 / 元	0.40730	6
社会销售品零售额 / 亿元	0.37198	9

资料来源：项清，阚瑷珂，刘飞，等. 基于产业用地拓展的山地资源型城市空间形态演变特征：以攀枝花市为例［J］. 资源与产业，2019，21（1）：80-87.

（2）用地形态

资源开发对城市用地形态的影响可以从宏观、微观两个层面展开分析。宏观层面是以城镇体系为对象，重点探讨区域中的城市组合关系。在资源开发之前，城镇体系中各城市联系薄弱，整体呈现散点分布与串珠状的形态特征。而在资源开发后，城镇体系中开始出现新的经济增长极[135]，在新的增长极的极化效应和扩散效应的影响下，城镇间出现了明显的分工与合作，各要素流的流动速度及效率加快，形成“点—轴”开发模式，并逐渐引导形成网络状的城镇用地形态。以新疆维吾尔自治区的城镇体系为例，资源开发和商贸活动是新疆现代城镇发展的强大动力。在未进行大规模资源开发前，新疆城市发展受地形等地理因素影响较大，城镇体系沿山前冲积扇绿洲呈串珠状分布格局[136]。此后，随着油气、煤炭等资源的勘探、开发和交通基础设施的大规模建设，城镇体系布局形态开始向带状和网状发展。

从微观的具体城市来看，在不同的资源开发阶段，城市用地形态也存在较大不同。以依矿建城的城市为例，在资源开发前期，城市围绕资源开发兴起一系列产业，包括采掘、电力、水泥、运输等，各产业对环境的需求有较大的差异。这些产业投影在城市地域平面上便形成一个个零散分布的工业区，整个城市的用地形态则呈组团状的分布格局。例如，攀枝花在建市初期[137]，沿金沙江河谷地带，由攀密、弄弄坪、河门口、大渡口—仁和、宝鼎、金江、炳草岗和格里坪八大组团组成了“长藤结瓜”形的城市用地形态（图 3-29）。

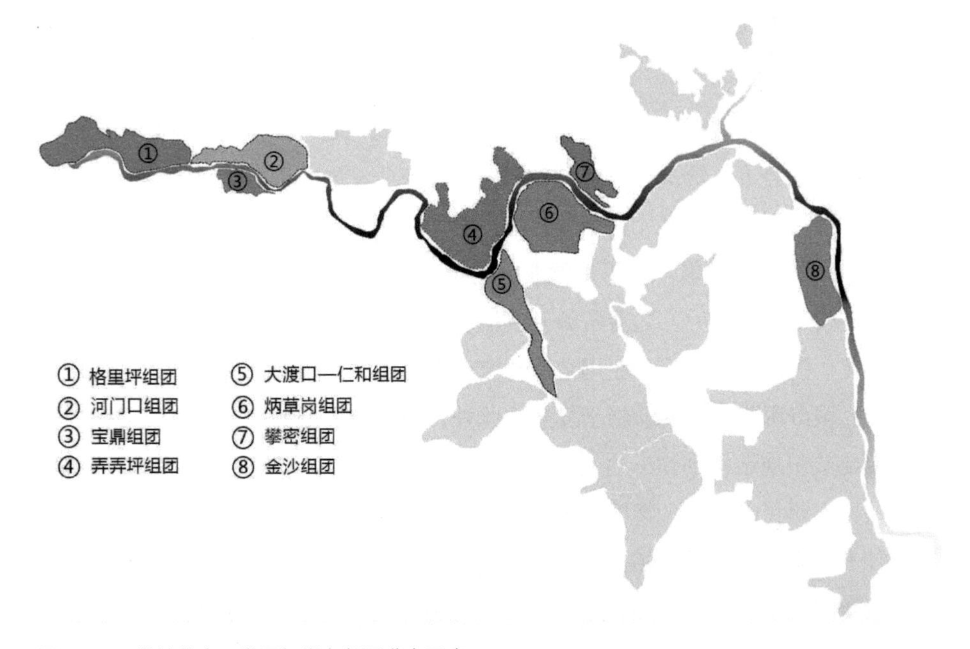

图 3-29　攀枝花市区发展初期各组团分布示意

在资源开发中期，为满足产业工人社会生活各方面的需要，城市中商业、文化、教育、医疗等相关行业迅速兴起，整个城市的服务职能开始向多元化发展。人口流、物质流、交通流等要素流在资源开发前期形成的各组团之间快速流动，城市各组团间联系的紧密性得到加强，这促使城市用地形态由“散点状”向“簇状”或“带状”组团发展。而到了资源开发后期，为促进资源综合利用并克服资源枯竭引起的衰退等问题，城市不再以资源工业生产为发展重点，而是根据自身发展情况积极引进相关产业以谋求转型，此时城市用地形态向网络化演进。以贵州省六盘水市为例[138]，资源开发初期城市用地形态简单，呈散点状分布，此后在矿产资源开发的持续作用下，城市产业结构不断调整，用地形态也由简单分散型向多元复合型演进（表 3–5）。

贵州省六盘水市城市用地形态演变情况　　表 3–5

阶段	资源开发初期	资源开发中期	资源开发末期
用地形态	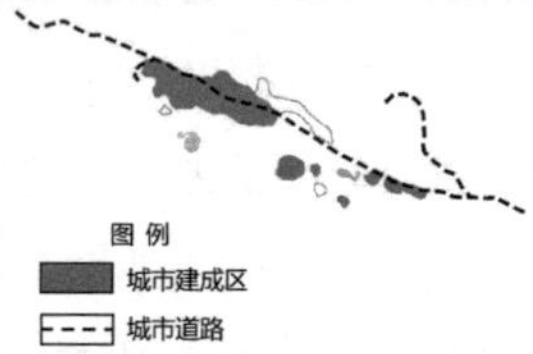 图例 城市建成区 城市道路	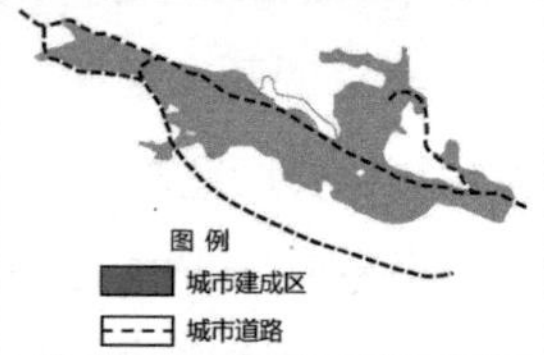 图例 城市建成区 城市道路	 图例 城市建成区 城市道路
	完全依托资源型产业，形成一定数量的煤炭基地，在地形和交通条件的引导下，城市用地形态呈散点状分布	城市基础设施不断完善，在原有基础上形成新的城市组团，用地形态呈带状组团分布	城市由单一产业结构的工业城市向多元综合型城市转变，城市产业结构不断调整，呈现一心多片的用地形态

资料来源：姜楠. 资源型城市产业调整对空间形态的影响研究［D］. 长春：吉林建筑大学，2016.

（3）用地结构

资源开发活动对城市用地结构的影响主要包括变化趋势和结构特征两个层面。在用地结构变化趋势上，资源开发会带动相关配套产业发展，引发城市不同类型用地比例的变化，促使用地结构多元化和复合化。例如，在发展初期，资源型城市普遍存在支柱产业单一、所有制单一、职工就业结构及就业方式单一等特点[139]，这也导致了城市用地结构单一。此后，随着资源开发活动持续深入，城市会吸引越来越多的上下游相关产业，引起城市内部工业用地、物流仓储用地、道路交通设施用地的比例发生明显改变，城市用地结构逐渐趋于复杂。此外，由于资源型城市具有明显的生命周期特性，因此其用地结构的演变也与生命周期息息相关[140]。以转型成功的资源型城市为例，在导入期和成长期，其城市规模较小，集聚效应不强，用地结构类型单一，基本以居住和工业用地为主；在成熟期和转型期，城市具有一定规模，城市产业多样化，用地类型复杂化，用地结构趋于合理；而到了再生期，产业结构得到优化提升，城市功能愈发完善，城市用地结构也更为合理。

而在结构特征方面，资源开发会导致城市工业用地和居住用地的比例偏高，城市用地结构独特性尤为显著。从 11 座资源型城市用地结构的具体实例来看（表 3-6），除了再生期的鞍山、马鞍山和成熟期的金昌、大庆等市，其他城市居住用地比例均较高，居住用地占比最高的鹤岗市达到了 58.46%。同时，除了部分处于衰退期的城市外，其余绝大部分城市的工业用地比例均在 30% 以上。

11 座资源型城市用地结构数据　　表 3-6

类型	城市	所处生命周期	人均建设用地/（m²/人）	居住用地/%	工业用地/%	公建用地/%	道路用地/%	绿地/%
煤炭城市	鹤岗	衰退期	103.80	58.46	19.04	6.03	6.52	5.43
	双鸭山	衰退期	101.03	44.96	15.21	7.58	11.46	7.83
	淮北	衰退期	99.22	34.96	19.86	9.84	15.97	12.42
	抚顺	衰退期	84.53	19.83	33.08	6.65	12.66	7.98
石油城市	大庆	成熟期	165.30	24.47	27.01	16.65	10.51	3.78
	松原	再生期	117.30	51.00	20.70	8.00	8.60	3.10
冶金城市	攀枝花	成熟期	95.87	35.19	39.22	6.91	5.83	3.63
	本溪	成熟期	71.90	34.00	33.00	—	7.00	6.00
	马鞍山	再生期	114.60	22.70	34.60	9.40	13.40	12.20
	鞍山	再生期	91.75	22.33	35.57	6.75	7.37	12.84
	金昌	成熟期	121.38	19.97	32.82	17.97	7.59	7.24
《城市用地分类与规划建设用地标准》GB 50137—2011 中的推荐范围		—	65 ~ 110	23 ~ 40	15 ~ 30	—	10 ~ 30	10 ~ 15

资料来源：姚琼. 资源型小城市用地布局优化研究［D］. 西安：西北大学，2018.

除此以外，工业用地还会直接受到资源开发的周期性影响，其根本原因在于资源型城市所处的发展阶段不同，其所需的工业用地比例也会不同。例如，处于成长期的资源型城市，工业用地占比较低；到了成熟期，工业用地占比显著提高；进入衰退期后，工业用地占比因资源产业衰退而逐渐下降；最终，在经历产业转型后，再生期的工业用地占比会根据城市转型方向继续变动。

3.4.4　对交通方面的影响作用

交通具有导向性，能有效地引导城市空间发展演变，故交通因素受到的各种影响也都能够直观地作用于城市空间结构系统。而资源开发对城市交通方面的影响主要可分为对交通流的影响和对道路网的影响。

（1）对交通流的影响

资源开发对资源型城市交通流的影响主要源于城市交通运输吸引量和发生量的改变。在资源开发过程中，由于工业基地间货物运输往来频繁，所以企业一般会在基地内部设置货运场站、枢纽等物流节点，这些节点主要负责大宗货物的装卸与转运，会对周边地区的其他交通流造成一定阻碍[141]，进而改变区域交通流现状。同时，资源开发形成的大量货物产品需要在城市空间范围内完成集、疏、运等物流作业，这会使城市的整体交通联系情况发生明显变化，促进城市整体交通量显著提升。此外，为应对增加的交通运输量，城市将通过拓宽道路、提高道路密度等多种形式提升运输能力，以改善城市交通容量。

（2）对道路网的影响

资源开发对资源型城市道路网的影响主要包括路网密度、线形走向和道路布局等。例如，为加强资源开采区与城区的联系，城市中会修建大量交通线路，这些交通线路会直接提升城市的道路网密度，同时也会间接影响城区内部道路的线形走向等。此外，由于铁路运输具有长距离、全天候、低运价等优势，资源型城市对铁路运输的依赖性普遍高于其他城市，城市铁路货运线路和场站的分布也会更为广泛。这些广泛分布的铁路线会分隔城市空间并对城市道路交通线网造成阻碍，导致“断头路”“丁字路”产生，影响着城市道路网的布局形式（图 3-30、图 3-31）。

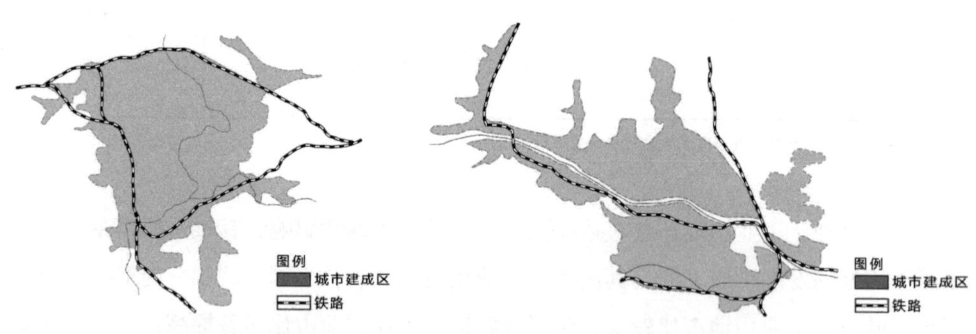

图 3-30 萍乡建成区范围内铁路布局示意　　图 3-31 阳泉建成区范围内铁路布局示意

除了影响城市道路网之外，这些铁路线在很大程度上会对城市用地造成严重分割，导致城市空间结构布局形式较为分散。赵攀通过构建系统动力学模型分析了铁路里程与土地碎片化程度之间的关系，发现铁路里程与土地碎片化程度呈正相关关系[142]。换言之，市内铁路里程增加越多，城市土地碎片化程度越高，城市空间结构布局形式也就越分散（图 3-32）。

综上所述，在资源型城市发展过程中，资源开发是影响城市空间结构系统演变的首要因素。在经济方面，资源开发将推动城市经济总量显著提升，并加快城市经济的

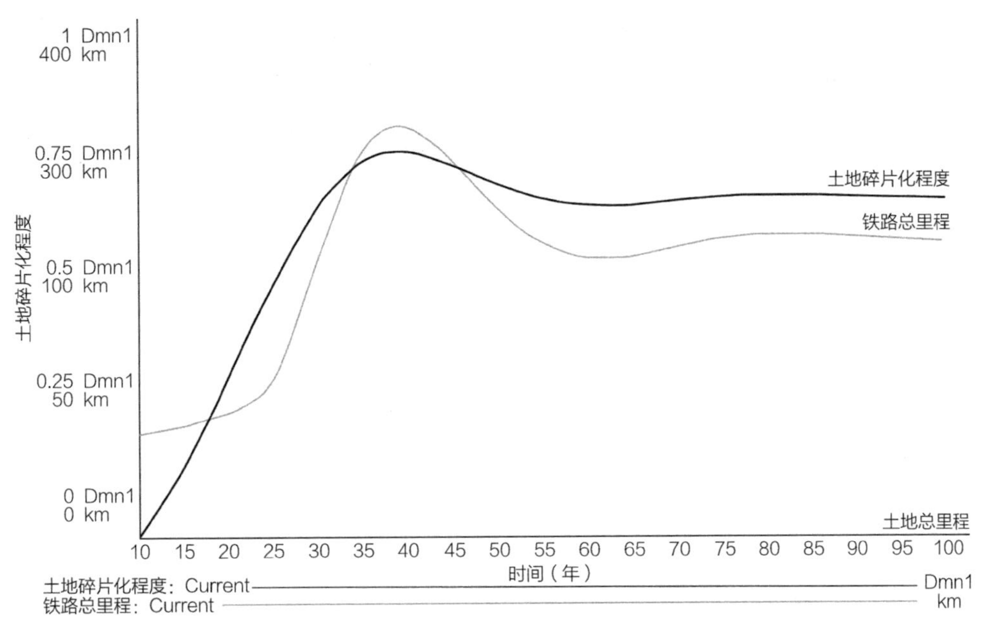

图 3-32　土地碎片化受铁路总里程影响的系统动力学仿真

图片来源：赵攀．铁路物流系统建设对煤炭城市空间结构的影响研究［D］．成都：西南交通大学，2016.

增长速度；在社会方面，资源开发除了使人口总量迅速增加外，还会使城市人口的性别、年龄、劳动就业等结构发生变化，并进一步使城市社会空间结构、城市社会文化关系产生变化；在用地方面，资源开发与城市用地规模扩张保持明显的正相关关系，并在很大程度上决定了城市的用地形态和用地结构。此外，资源开发也从交通流、道路网等方面对城市空间结构系统的交通子系统产生影响。总体而言，在资源型城市发展过程中，资源开发是城市形成及发展的关键要素，同时也是城市空间结构系统转型优化、可持续发展的先决条件。因此，在经济社会不断发展、生态可持续发展观不断强化的新时代背景下，资源型城市空间结构系统优化发展是必走之路，而要实现空间结构系统优化的前提是要明晰资源开发活动对城市空间结构系统的作用机制，并因地制宜提出相应的发展策略。故本书接下来将构建资源开发与资源型城市空间结构系统的关联作用模型，为城市空间结构系统优化策略的提出提供理论基础。

第4章 资源开发与资源型城市空间结构系统关联作用

第1章 初识资源型城市空间结构系统
第2章 资源型城市空间结构系统相关理论及成果概述
第3章 资源型城市空间结构系统演变及其特征
第5章 哈密城市发展概况
第6章 哈密城市空间结构系统演变分析
第7章 哈密城市空间结构系统综合分析
第8章 资源开发对哈密城市空间结构系统的影响作用
第9章 哈密城市空间结构系统优化发展策略

4.1 资源开发与资源型城市空间结构关联作用模型构建

4.1.1 指标选择

资源型城市空间结构系统涉及因素众多，可供选取的指标范围也十分广泛。为保证所选指标具有典型性和代表性，本书采取文献研究、频度分析、理论分析、专家打分等多种方法，选择并确定最终的指标体系（图 4–1）。

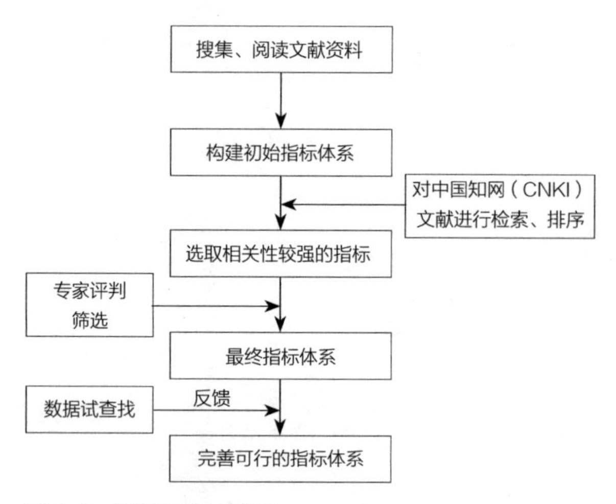

图 4–1　指标体系构建步骤

首先，通过综合与归纳代表性文献资料的研究内容，提取表征城市空间结构系统的系列指标元素，并根据资源型城市空间结构系统的属性特质对指标元素进行初步筛选。选取的相关文献及其基本信息和初始指标如表 4–1、表 4–2 所示，这些文献和指标是从大量已有的研究文献中选取的，具有较强的代表性和覆盖性。其后，借助中国知网文献资料数据库，以每个指标因子为关键词在数据库中进行全文检索，将检索到的文献数量作为分子。再以每个指标因子与“城市空间”组成两个关键词进行全文检索，将各次检索到的文献数量加总后作为分母。计算所得的比值即可认为是该指标因子与资源型城市空间结构相关性强弱的量度（表 4–3）。

文献来源及基本信息　表 4-1

序号	作者	文献名称	文献来源
1	车志晖、张沛	《城市空间结构发展绩效的模糊综合评价——以包头中心城市为例》	《现代城市研究》
2	季珏、高晓路	《北京城区公共交通满意度模型与空间结构评价》	《地理学报》
3	宋代军、杨贵庆	《城市空间结构与就业岗位分布差异的定量描述——以上海市青浦新城为例》	《城市规划学刊》
4	付莉莉	《城市商业中心区空间结构发展影响因素评价——以武汉市鲁巷商业中心为例》	《城市时代，协同规划——2013 城市规划年会论文集》
5	渠立权	《淮海经济区区域空间结构评价与重构》	《地理与地理信息科学》
6	马彦强	《兰州城市空间结构演变分析及绩效评价》	兰州大学学位论文
7	杜志平、穆东	《构建矿城耦合系统协同发展体系的研究》	《中国软科学》
8	陈丹	《矿业城市生态文明评价体系的构建与实证研究》	中国地质大学学位论文
9	王小完	《西部矿产资源可持续开发评价指标体系研究》	西安建筑科技大学学位论文

原始指标因子　表 4-2

序号	指标因子	序号	指标因子
1	地区生产总值	17	道路交通设施用地比例
2	人均国民生产总值	18	第二产业比重
3	交通运输、仓储和邮政业增加值占 GDP 比重	19	第三产业比重
4	城市道路面积率	20	万元产值能耗
5	年人均货运量	21	工业总产值
6	市辖区人口数	22	城市形态紧凑度
7	物流仓储用地比例	23	人口密度
8	工业用地比例	24	铁路运营里程
9	城镇登记失业率	25	建成区面积
10	城镇居民人均可支配收入	26	城市分形维数
11	公路货运周转量	27	人均城市建设用地面积
12	空间建筑密度	28	基尼系数
13	人均通勤时间	29	人均收入年增长速度
14	总资产贡献率	30	固定资产投资总额
15	人均公园绿地面积	31	生活垃圾处理率
16	建成区绿化覆盖率	32	人均住房面积

表征指标与城市空间的相关性统计　表 4-3

序号	表征指标因子	知网篇数 / 篇	相关性数值
1	地区生产总值	46558	0.1052
2	人均国民生产总值	29256	0.0661

续表

序号	表征指标因子	知网篇数 / 篇	相关性数值
3	交通运输、仓储和邮政业增加值占 GDP 比重	1393	0.0031
4	城市道路面积率	2112	0.0048
5	年人均货运量	3601	0.0081
6	市辖区人口数	2199	0.0050
7	物流仓储用地比例	2463	0.0056
8	工业用地比例	56743	0.1282
9	城镇登记失业率	3397	0.0077
10	城镇居民人均可支配收入	16238	0.0367
11	公路货运周转量	2503	0.0057
12	空间建筑密度	15921	0.0360
13	人均通勤时间	1726	0.0039
14	总资产贡献率	1629	0.0037
15	人均公园绿地面积	20100	0.0454
16	建成区绿化覆盖率	6539	0.0148
17	道路交通设施用地比例	18438	0.0417
18	第二产业比重	25546	0.0577
19	第三产业比重	36222	0.0819
20	万元产值能耗	5840	0.0132
21	工业总产值	15300	0.0346
22	城市形态紧凑度	2090	0.0047
23	人口密度	35414	0.0800
24	铁路运营里程	8542	0.0193
25	建成区面积	15039	0.0340
26	城市分形维数	5194	0.0117
27	人均城市建设用地面积	17860	0.0404
28	基尼系数	6067	0.0137
29	人均收入年增长速度	1077	0.0024
30	固定资产投资总额	6413	0.0145
31	生活垃圾处理率	5767	0.0130
32	人均住房面积	25333	0.0572
	合计	442520	1.0000

最后，对各个指标因子的相关性强弱进行排序（图 4-2），并选取相关性较强的指标，通过邀请城市空间规划领域的专家学者对这些指标进行筛选与调整，得到初选的指标因子集（表 4-4）。

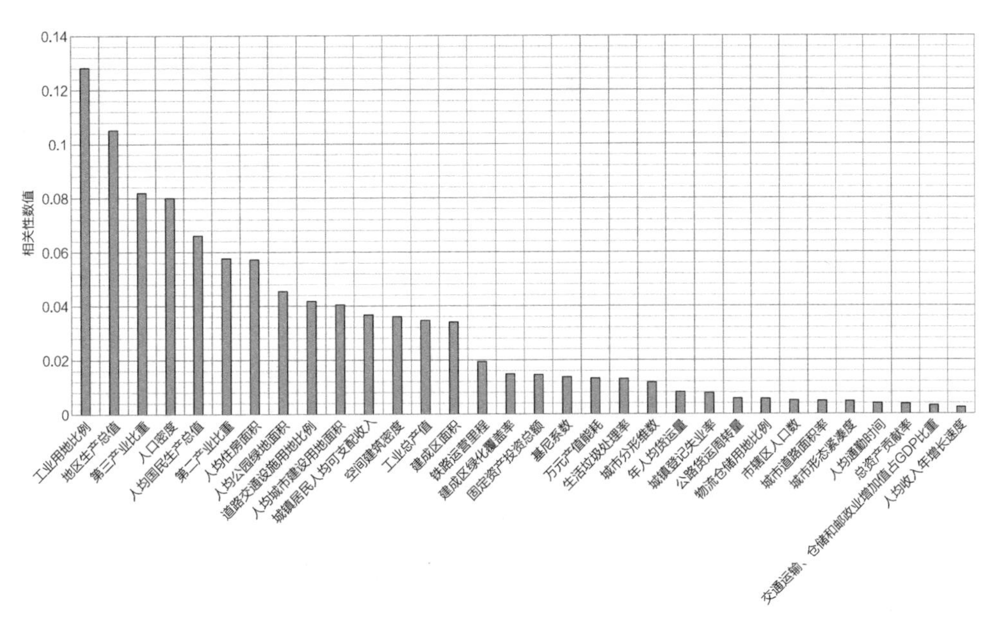

图 4-2　表征指标因子相关性强弱排序

初选指标因子集　　表 4-4

序号	指标因子	序号	指标因子
1	地区生产总值	13	道路交通设施用地比例
2	人均国民生产总值	14	第二产业比重
3	城市道路面积率	15	第三产业比重
4	年人均货运量	16	万元产值能耗
5	市辖区人口数	17	工业总产值
6	物流仓储用地比例	18	人口密度
7	工业用地比例	19	铁路运营里程
8	城镇登记失业率	20	建成区面积
9	城镇居民人均可支配收入	21	城市分形维数
10	公路货运周转量	22	人均城市建设用地面积
11	空间建筑密度	23	基尼系数
12	人均公园绿地面积	24	固定资产投资总额

初选指标因子之后，还要考虑后期建立关联分析模型并进行计算的实际可行性，这就需要对初选指标因子的数据进行查找与收集，并剔除无法获得数据的部分指标。以此作为对初选指标因子集的反馈和修正，达到确定最终指标体系的目的。这样，经过一系列调整与合并，并结合本书第 3 章的理论分析，最终构建出基于“目标层—准则层—因子层”3 个层级的资源型城市空间结构系统指标体系，共包含 4 方面因素和 16 项指标因子（表 4-5）。

城市空间结构系统指标体系 表 4-5

目标层	准则层	因子层
城市空间结构（S）	经济层面（S_1）	地区生产总值 S_{11}
		人均国民生产总值 S_{12}
		第二产业比重 S_{13}
		第三产业比重 S_{14}
		工业总产值 S_{15}
		年人均货运量 S_{16}
	社会层面（S_2）	市辖区人口数 S_{21}
		人口密度 S_{22}
		城镇登记失业率 S_{23}
		城镇居民人均可支配收入 S_{24}
	用地层面（S_3）	建成区面积 S_{31}
		人均城市建设用地面积 S_{32}
		物流仓储用地比例 S_{33}
		工业用地比例 S_{34}
		道路交通设施用地比例 S_{35}
	交通层面（S_4）	城市道路面积率 S_{41}

与城市空间结构系统类似，资源产业的发展状况也可以通过多种类型的指标进行表征，如矿产业从业人口数量、矿业产值占 GDP 比重、矿业产值增长率等。但由于难以获取部分城市的矿业产值及其增长率数据，本书尝试以矿产业从业人口这一指标进行替代。为此，本书以新疆维吾尔自治区哈密市为例，对两项数据之间的一致性进行检验，以证明可以使用矿产业从业人口进行替代。

对哈密市矿产开采业增加值和矿产业从业人口两组数据（表 4–6）进行皮尔逊（Pearson）相关性分析，结果显示两个变量间存在线性关系（表 4–7），夏皮罗—威尔克（Shapiro-Wilk）检验符合正态分布（$P>0.05$），并且不存在异常值。矿产开采业增加值和矿产业从业人口间存在正相关关系，$r(7)=0.745$，$P=0.021$。由此可知，两项指标数据之间存在一致性，可以使用矿产业从业人口指标作为资源产业发展程度的表征指标，故本书将使用矿产业从业人口与空间结构系统相关指标因子进行关联度运算和分析。

哈密市矿产开采业增加值和矿产业从业人口[①] 表 4-6

年份	矿产开采业增加值 / 亿元	矿产业从业人口 / 万人
2007 年	14.33	1.12

① 哈密市矿产开采业增加值和矿产业从业人口这两项数据数值大且变动频繁，有助于得到相对客观的分析结论。

续表

年份	矿产开采业增加值 / 亿元	矿产业从业人口 / 万人
2008 年	16.65	1.17
2009 年	16.57	1.26
2010 年	23.41	1.35
2011 年	32.59	1.4
2012 年	42.62	1.44
2013 年	41.98	1.46
2014 年	40.6	1.57
2015 年	30.18	1.69
2016 年	—	1.26
2017 年	—	—
2018 年	—	—

注：表格中的“—”表示因行政区划调整而使统计口径发生改变，相关数据无法更新。

资料来源：中华人民共和国住房和城乡建设部．中国城市建设统计年鉴 2000–2019［Z］．哈密地区统计局．哈密地区统计年鉴［Z］．

皮尔逊相关性检验结果　表 4–7

		矿产开采业增加值 / 亿元	矿产业从业人口 / 万人
矿业开采业增加值（亿元）	皮尔逊相关性	1	0.745*
	显著性（双侧）		0.021
	N	9	9
矿产业从业人口（万人）	皮尔逊相关性	0.745*	1
	显著性（双侧）	0.021	
	N	9	9

注：* 表示相关性在 0.05 层上显著（双侧）。

4.1.2 指标权重确定

上述城市空间结构系统指标体系中各个指标因子的权重可利用熵值法确定。熵值法是一种客观赋值方法，它通过计算指标的信息熵，根据指标相对变化对系统整体的影响程度来确定各项指标的权重，相对变化程度大的指标具有较大的权重。在城市空间结构系统指标体系中，各项指标历年数据持续变化，且变动程度各异，具有较好的区分度，故很适合采用熵值法确定各指标因子的权重，具体方法和步骤如下：

假定某指标体系的准则层指标为 x_i、因子层指标为 x_{ij}，其中 $i=1, 2, \cdots, m$; $j=1, 2, \cdots, n$。则有判断矩阵：

$$\boldsymbol{A}=\begin{bmatrix} x_{1,1} & \cdots & x_{1,n} \\ \vdots & \ddots & \vdots \\ x_{m,1} & \cdots & x_{m,n} \end{bmatrix}$$ 式（4–1）

对矩阵中各数据进行归一化处理：

$$P_{i,j}=x_{i,j}/\sum_{i=1}^{m}x_{i,j}$$ 式（4–2）

可得出决策矩阵为：

$$\boldsymbol{B}=\begin{bmatrix} P_{1,1} & \cdots & P_{1,n} \\ \vdots & \ddots & \vdots \\ P_{m,1} & \cdots & P_{m,n} \end{bmatrix}$$ 式（4–3）

计算第 j 列指标的信息熵值为：

$$e_j=-k\sum_{i=1}^{m}P_{i,j}\ln P_{i,j}$$ 式（4–4）

其中，$j=1, 2, \cdots\cdots, n$, $k=1/\ln m$。

由公式（4–4）可知，$0\leqslant e_j\leqslant 1$，则每个 e_j 指标的差异性系数为：

$$d_j=1-e_j$$ 式（4–5）

则指标 x_j 的权重值为：

$$W_j=d_j/\sum_{j=1}^{n}d_i$$ 式（4–6）

选取样本资源型城市，并收集相关基础指标数据，依据上述步骤计算各个指标因子的权重值。为使所选样本城市具有较为广泛的代表性，本书根据《全国资源型城市可持续发展规划（2013—2020 年）》划定的不同类型地级行政区资源型城市的数量比例，分别选取了此规划基础统计年时处于不同发展阶段的 20 座资源型城市（表 4–8）。之后运用熵值法计算指标体系中各因子的权重，个别缺失数据利用相近年份数据插值补齐（附表 2）。通过对初始数据的无量纲处理、指标信息熵值计算和信息效用值计算等过程，最终得出各项指标的权重系数。据此，可以获得各因子在指标体系中所占的权重（表 4–9）。研究中用于分析各城市空间结构系统的数据来源于《中国城市建设统计年鉴》以及各城市历年的国民经济和社会发展统计公报，用于测度资源开发的矿产业从业人口数据来源于《中国城市统计年鉴》。需要说明的是，《全国资源型城市可持续发展规划（2013—2020 年）》对全国资源型城市的城市规划建设、城市经济发展等目标设立了 2015 年、2020 年两个目标验收时间点。由于 2015 年以后榆林、邯郸、大同等多个城市的行政区划有所调整，造成了一些统计数据存在突变及不匹配的现象。同时，受 2019 年底流行的新冠肺炎影响，各城市的经济、社会等指标数据异常，有些数据也难以获得。因此，在考虑数据可获得性和有效性的基础上，选取第一个目标验收时间点 2015 年的数据进行计算。

样本城市名单　　表 4-8

综合分类	分类总数（地级行政区 / 个）	城市选取数量 / 个	具体城市
成长型城市	20	3	南充、咸阳、榆林
成熟型城市	66	11	平凉、邯郸、大同、晋城、运城、鸡西、淮南、平顶山、鄂州、达州、宝鸡
衰退型城市	24	4	淮北、焦作、濮阳、黄石
再生型城市	16	2	唐山、徐州
合计	126	20	—

资料来源：国务院关于印发全国资源型城市可持续发展规划（2013—2020）的通知（国发〔2013〕45 号）[Z].

城市空间结构系统各指标权重　　表 4-9

因子层	信息熵值 e_j	差异性系数 d_j	指标因子权重 /%
地区生产总值 S_{11}	0.8907	0.1093	18.22
人均国民生产总值 S_{12}	0.9857	0.0142	2.37
第二产业比重 S_{13}	1.0102	0.0102	1.71
第三产业比重 S_{14}	1.0060	0.0061	1.02
工业总产值 S_{15}	0.8587	0.1413	23.55
年人均货运量 S_{16}	0.9506	0.0494	8.23
市辖区人口数 S_{21}	0.9622	0.0378	6.30
人口密度 S_{22}	0.8892	0.1108	18.47
城镇登记失业率 S_{23}	1.0084	0.0084	1.41
城镇居民人均可支配收入 S_{24}	1.0156	0.0156	2.60
建成区面积 S_{31}	0.9724	0.0276	4.59
人均城市建设用地面积 S_{32}	0.9994	0.0006	0.10
物流仓储用地比例 S_{33}	0.9491	0.0509	8.49
工业用地比例 S_{34}	0.9958	0.0042	0.70
道路交通设施用地比例 S_{35}	0.9881	0.0119	1.99
城市道路面积率 S_{41}	1.0015	0.0015	0.24

4.1.3　关联作用模型构建

资源开发和资源型城市空间结构相关因子的信息量少、不确定性强，且存在指标突变现象，这些特征很适合采用灰色关联分析法进行研究。灰色关联分析法是灰色系统理论中的一项重要的分析方法，其基本思想是根据不同数据序列曲线的几何形状来判断序列之间的联系是否紧密[143]。序列曲线的几何形状相似度越高，对应序列间的关联度就越大，反之就越小。灰色关联的实质是反映各个变化系统在自身发展过程中的数值关系 [144]，该方法对动态数据的分析有较明显的优势，而且对所选指标样本数量要求不高，也不需要服从特定的统计分布。

构建灰色关联模型的基本思路是将表征矿业发展的指标与前述城市空间结构系统指标体系中的因子层指标进行两两关联运算，求出各个指标因子的相互关联度。之后，再结合指标因子的权重对各因子的相互关联度加权求和，最终计算出该城市的总体关联度。

构建模型的具体过程如下：

第一步，选取评价因子 S_i 和 M_j，S_i 和 M_j 分别为城市空间结构系统和资源开发的因子层代码。确定评价因子数据年份 k，建立评价行为数列。

$$S_i=\{S_i(k),k=1,2,3,\cdots,n\} \quad 式（4\text{-}7）$$

$$M_j=\{M_j(k),k=1,2,3,\cdots,n\} \quad 式（4\text{-}8）$$

第二步，对数据进行无量纲处理。本书运用灰色关联分析中的初值像算子作用，将数据转化为数量级相近的无量纲数据。

$$S_i'=S_i/S_i(1)=(S_i'(1),S_i'(2),S_i'(3),\cdots,S_i'(n)) \quad 式（4\text{-}9）$$

$$M_j'=M_j/M_j(1)=(M_j'(1),M_j'(2),M_j'(3),\cdots,M_j'(n)) \quad 式（4\text{-}10）$$

第三步，计算不同年份指标因子间的灰色关联系数。

$$\xi(k)=\frac{\min_i \min_k \left|S_i'(k)-M_j'(k)\right|+\rho \max_i \max_k \left|S_i'(k)-M_j'(k)\right|}{\left|S_i'(k)-M_j'(k)\right|+\rho \max_i \max_k \left|S_i'(k)-M_j'(k)\right|} \quad 式（4\text{-}11）$$

其中，$\rho\in[0,1]$，一般取 $\rho=0.5$。

第四步，计算灰色关联系数的平均值，即所要计算的关联度。

$$\gamma_{ij}=\frac{1}{n}\sum_{k=1}^{n}\xi(k) \quad 式（4\text{-}12）$$

最后，将所有因子间的关联度与指标因子权重进行加权求和，计算资源开发与城市空间结构系统的总体关联度。

$$\gamma_z=\sum_{i=1,j=1}^{n}\gamma_{ij}(i,j)\cdot W_{si}\cdot W_{mj} \quad 式（4\text{-}13）$$

其中 W_{si} 和 W_{mj} 分别为空间结构、资源开发各指标因子的权重，此处取 $W_{mj}=1$。

4.1.4 模型应用说明

灰色关联模型中指标因子的历年基础数据可以通过国家、省、市的城市统计年鉴以及国民经济和社会发展统计公报、城市总体规划、相关政府部门统计资料等渠道获取。根据研究需要确定合理的评价年份后，将数据代入模型展开计算和评价。通过比较计算出的多个城市的总体关联度数值大小，可以分析资源开发对各城市空间结构系统演变的影响程度。之后，依据影响程度的高低对各城市进行分类，并针对不同类别的城市提出相应的发展建议和规划响应措施，以促进城市合理有序发展（图 4–3）。

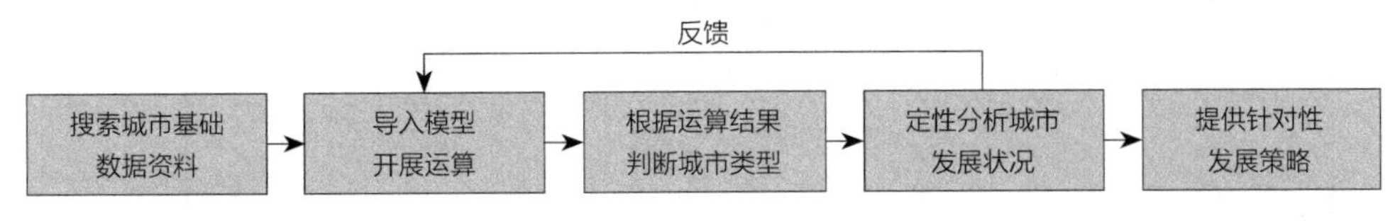

图 4–3　关联模型应用过程

4.2 资源开发与资源型城市空间结构系统关联度评价

4.2.1　评价对象

本书选取了 20 座发展情况不同的资源型城市作为样本对前述所建模型进行初步应用和检验反馈，并依据评价结果界定关联程度的区间范围，为后文专门以哈密市为例进行实证研究奠定基础。所选取的 20 座资源型城市分布范围广泛，覆盖了我国绝大部分地域。20 座城市的规模和发展程度也有较大差异，其中包括河北省唐山市、江苏省徐州市等大型城市，也包括河南省濮阳市等小型城市。综合来看，选取的样本城市具有广泛性和代表性。

所用到的基础数据来源于《中国城市统计年鉴》《中国城市建设统计年鉴》，以及各城市历年的国民经济和社会发展统计公报。数据时间跨度为 2007—2018 年，共 12 年。

4.2.2　评价过程和结果

首先根据评价模型中的指标因子类型收集数据，其后运用前文构建的灰色关联作用模型对 20 座样本城市展开评价，计算各分项指标因子的关联度数值，并根据公式（4–13）对计算结果进行加权运算，得出资源型城市空间结构系统和资源开发的分项指标关联度与总体关联度（表 4–10、图 4–4）。最后，对总体关联度进行排序。关联度越高，表明城市空间结构系统受资源开发产业的影响越大，城市对资源开发产业的

表 4-10

样本城市分项指标关联度和总体关联度

城市/指标因素	地区生产总值	人均国民生产总值	第二产业比重	第三产业比重	工业总产值	年人均货运量	市辖区人口数	人口密度	城镇登记失业率	差异性系数 d_j	建成区面积	人均城市建设用地面积	工业用地比例	物流仓储用地比例	道路交通设施用地比例	城市道路面积率	总体关联度
南充	0.691	0.687	0.516	0.516	0.7269	0.6147	0.5175	0.5178	0.4966	0.6646	0.6206	0.5819	0.5123	0.5349	0.5412	0.5165	0.621
咸阳	0.9019	0.8917	0.6675	0.5758	0.6702	0.8172	0.6383	0.638	0.6344	0.8978	0.7243	0.651	0.5998	0.6588	0.6959	0.6083	0.728
榆林	0.92	0.9235	0.7143	0.6934	0.9112	0.7891	0.7009	0.7272	0.6704	0.925	0.8149	0.869	0.7261	0.4452	0.5898	0.8317	0.795
平凉	0.783	0.8095	0.5144	0.818	0.7215	0.6494	0.6996	0.6997	0.7118	0.7049	0.6477	0.6336	0.4173	0.5283	0.5712	0.7631	0.695
邯郸	0.997	0.998	0.9983	0.9985	0.9865	0.9971	0.9988	0.9991	0.9984	0.9975	0.999	0.9982	0.9392	0.9465	0.9225	0.9982	0.989
大同	0.6882	0.7474	0.8423	0.8397	0.7133	0.85	0.8437	0.8429	0.8254	0.6679	0.7744	0.7824	0.519	0.8291	0.7783	0.8152	0.770
晋城	0.988	0.9945	0.9813	0.989	0.9897	0.9883	0.9903	0.9909	0.9459	0.9901	0.9938	0.9778	0.9419	0.5729	0.79	0.9941	0.949
运城	0.7038	0.7099	0.7641	0.7781	0.7022	0.7255	0.7668	0.7685	0.8056	0.7122	0.6933	0.7858	0.7481	0.7692	0.561	0.7431	0.727
鸡西	0.8605	0.9304	0.9522	0.9246	0.9175	0.9419	0.9496	0.9496	0.9498	0.9004	0.943	0.9444	0.941	0.9177	0.9634	0.911	0.920
淮南	0.6181	0.6384	0.8316	0.7246	0.6171	0.4651	0.8503	0.8778	0.7769	0.522	0.8201	0.7628	0.6561	0.6014	0.5829	0.6574	0.680
平顶山	0.7818	0.758	0.6358	0.6293	0.7001	0.5994	0.8999	0.9173	0.8015	0.648	0.9101	0.9026	0.8069	0.8067	0.8914	0.8545	0.783
鄂州	0.5278	0.5274	0.5768	0.5886	0.5183	0.5553	0.5805	0.5846	0.6345	0.5294	0.5561	0.559	0.5929	0.5536	0.7316	0.5607	0.553
达州	0.9904	0.9958	0.9978	0.9971	0.9954	0.9952	0.9899	0.9909	0.9978	0.9944	0.9902	0.994	0.927	0.9499	0.9231	0.9898	0.987
宝鸡	0.6795	0.7019	0.7256	0.6263	0.6676	0.7086	0.732	0.7293	0.6209	0.657	0.7025	0.7941	0.5831	0.6276	0.6778	0.7125	0.687
淮北	0.7405	0.7427	0.9584	0.8722	0.7415	0.6512	0.9411	0.939	0.9842	0.8503	0.896	0.8756	0.9351	0.6935	0.5606	0.9526	0.796
焦作	0.8659	0.8913	0.86	0.9292	0.5682	0.9084	0.9123	0.8824	0.913	0.8916	0.9254	0.9236	0.8693	0.8881	0.894	0.8895	0.813
濮阳	0.5583	0.5908	0.7445	0.4761	0.4779	0.567	0.6927	0.679	0.626	0.5136	0.6254	0.6377	0.6099	0.7896	0.6191	0.6153	0.598
黄石	0.5425	0.5676	0.5818	0.5825	0.5344	0.5939	0.553	0.553	0.7285	0.5342	0.5546	0.6059	0.5744	0.5684	0.5826	0.5687	0.555
唐山	0.916	0.927	0.945	0.9638	0.9218	0.9214	0.97	0.6153	0.9447	0.9156	0.9855	0.9422	0.7438	0.8049	0.6082	0.9555	0.854
徐州	0.7902	0.8322	0.9633	0.9358	0.7522	0.8471	0.8618	0.8946	0.8269	0.8521	0.8869	0.8627	0.7663	0.7581	0.5604	0.802	0.814

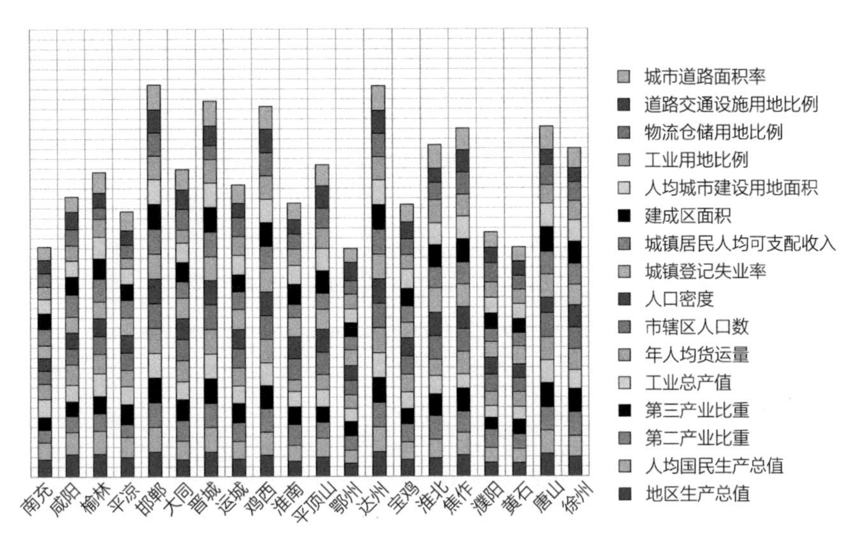

图 4-4　样本城市关联度评价结果

依存度也越高；关联度低，则表明城市的资源开发产业处于发展不充分阶段，或者处于趋向衰退的阶段。具体评价结果如表 4-11 所示。

样本城市关联度评价结果排序　表 4-11

排名	城市	关联度数值	程度	排名	城市	关联度数值	程度
1	邯郸	0.9890	较高	11	大同	0.7696	一般
2	达州	0.9872	较高	12	咸阳	0.7275	一般
3	晋城	0.9493	较高	13	运城	0.7274	一般
4	鸡西	0.9202	较高	14	平凉	0.6954	一般
5	唐山	0.8538	一般	15	宝鸡	0.6870	一般
6	徐州	0.8143	一般	16	淮南	0.6804	一般
7	焦作	0.8130	一般	17	南充	0.6206	一般
8	淮北	0.7956	一般	18	濮阳	0.5982	较低
9	榆林	0.7952	一般	19	黄石	0.5554	较低
10	平顶山	0.7828	一般	20	鄂州	0.5527	较低

由评价结果可以看出，不同资源型城市的资源开发与城市空间结构系统间的关联度存在较大差异，关联度最高的城市是河北省邯郸市（0.9890），它与关联度较低的城市湖北省鄂州市（0.5572）之间的数值差达到 0.4318。可见，资源开发产业对不同资源型城市空间结构系统的影响作用差别较大。但总体而言，根据评价结果可将影响作用的层级划分为三类（图 4-5）：较高（0.9 以上）、一般（0.6～0.9）、较低（0.6 以下）。

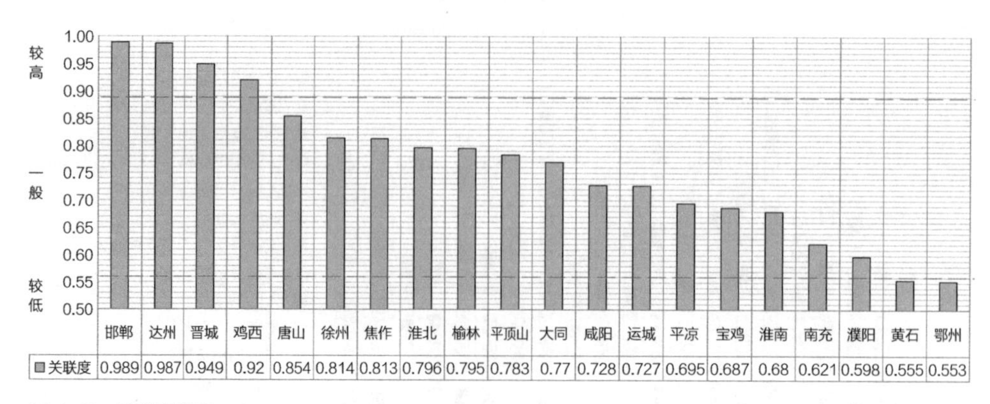

图 4-5　关联度范围

除了对总体关联度进行评价外，本书还对资源开发与城市空间结构系统指标体系中各分项指标的关联度进行了分析，并将不同城市的分项指标关联度绘制成曲线（图 4-6）。可以看出，各城市分项指标关联度曲线波动情况不一，借助方差与标准差进行曲线波动率的定量分析，可将波动情况大致分为稳态和非稳态两类（表 4-12）。处于稳态的城市中，有些是波动幅度始终有限，有些则是整体平稳但存在个别指标的突

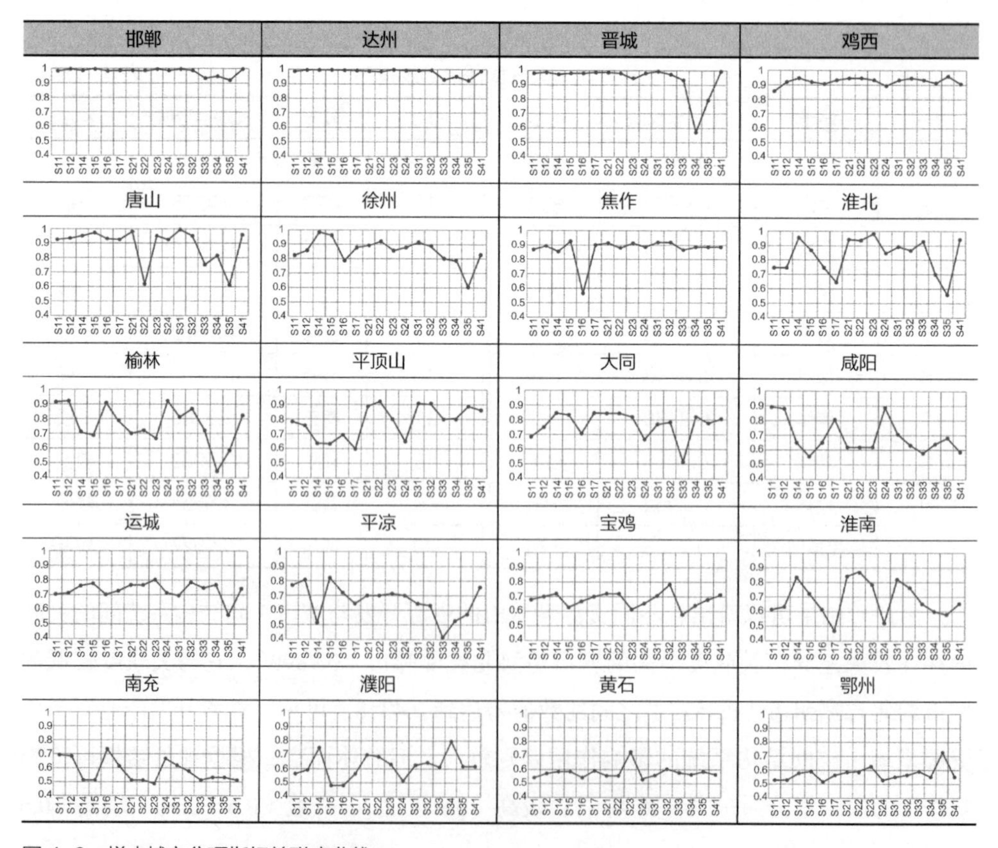

图 4-6　样本城市分项指标关联度曲线

变；处于非稳态的城市情况比较复杂，各项指标的波动性都较大。

样本城市分项指标关联度曲线波动分类　　表 4-12

稳态（波动率≤0.05）		非稳态（波动率>0.05）			
城市	波动率	城市	波动率	城市	波动率
达州	0.024279	南充	0.075169	晋城	0.107814
邯郸	0.024463	焦作	0.082001	平凉	0.109035
鸡西	0.024741	濮阳	0.083902	唐山	0.11742
黄石	0.043935	大同	0.086539	淮南	0.118687
鄂州	0.050071	徐州	0.089828	淮北	0.123908
宝鸡	0.051246	咸阳	0.106811	榆林	0.130171
运城	0.055386	平顶山	0.10759		

为了进一步全面准确地判断资源开发对城市空间结构系统演变的影响作用，对总体关联度和分项指标关联度的波动情况进行交叉分析（表 4-13）。

总体关联度与分指标关联度波动率交叉分析　　表 4-13

波动率	关联度		
	关联度较高（>0.9）	关联度一般（0.6~0.9）	关联度较低（<0.6）
稳态（波动率≤0.05）	邯郸、达州、鸡西	宝鸡、运城	黄石、鄂州
非稳态（波动率>0.05）	晋城	南充、焦作、大同、徐州、咸阳、平顶山、平凉、唐山、淮南、淮北、榆林	濮阳

根据分析结果可知，关联度较高与较低的城市多数处于稳态，关联度一般的城市更多地处于非稳态。而不论关联度高低，处于稳态则表示城市各项指标受到资源开发的影响作用较为均衡、单一，缺少其他类别因素的驱动，制约了城市的多元化和综合性发展，这显然不利于资源型城市的健康可持续发展。

4.2.3　空间发展建议

城市是复杂的经济社会系统，其内部经济、社会、交通等各种子系统的活动均会影响城市空间的演变方向。城市空间结构系统的优劣又影响着城市功能的实现，城市形态和空间布局则是城市空间结构系统的外在表征。城市空间结构系统的演变是多种因素综合作用的结果，全面科学地评价城市空间结构系统的影响因子，有利于发现城市在发展过程中存在的问题，这对其未来的空间结构系统优化及空间合理拓展具有积极作用。研究发现，通过有效选取评价指标，建立关联度评价体系有利于对城市空间结构系统进行全面的分析考量。

不同类别的城市拥有不同的城市属性及特征，不同发展状况和阶段也对应着各不相同的发展路径。应客观分析资源型城市的属性，合理定位城市性质与职能，尽最大可能为城市选择最合适的可持续发展路径。本书选取了全国20座典型资源型城市，并对这些城市进行分类，运用理论研究与实证分析相结合的方法，探寻资源开发与城市空间结构系统发展演变的关联情况。研究表明，处于稳态的城市，关联度的高低与产业结构的构成直接相关。处于非稳态的城市，在空间功能提升及产业结构优化等方面仍面临较大挑战。对此，下面将立足城市空间结构视角，从用地、经济、产业、社会等方面对处于稳态及非稳态的城市提出发展建议，同时也为后文针对哈密城市空间结构系统的研究打下基础。

（1）处于稳态的城市

对于评价结果中处于稳态的资源型城市，关联度的高低从一定程度上说明了资源开发在城市发展中是否具有主导性。因此，应根据关联度的高低来合理调整、优化城市产业结构，制定科学的城市空间发展策略，从而促进城市可持续发展。

对于处于稳态而关联度水平较高的城市，其城市发展的影响因素过于单一，缺乏多样化的空间结构演变动力因素，这容易导致城市在资源开始枯竭时日渐衰退。以矿业为主导产业的城市均具有共同的发展弊端，即过于单一的产业结构，这种发展模式会导致城市缺乏维持持续发展的动力，最终逐渐走向衰退。

矿产资源是有限的且不可再生，资源型城市在发展过程中不可避免地会遇到资源衰竭问题。对于关联度水平较高的城市，其城市空间结构系统受资源开发活动影响较大。因此，在资源开发产业快速发展阶段，需警惕城市过度依赖资源开发产业。审慎地评估矿产资源的储备量，积极优化产业结构，避免只发展单一资源产业，才有可能避免未来走上“矿竭城衰”的道路。在经济产业层面，要积极培育资源产业上下游相关产业和延伸产业，如发展高端装备制造产业、环境保护产业等，通过调整产业结构、延伸产业链条、提升第三产业比重等，减少对单一采矿业的依赖，提升城市发展的综合性和稳定性。

在空间结构系统层面，资源型城市空间结构系统的演变多以资源开发产业为主导影响因素，从业人员的流入和集聚也增加了对公共服务的需求，如医疗、教育、商业等，城市功能空间随之变得复杂。然而过度的功能集聚会增加城市的负荷，应该正确引导城市“相对聚集，分区布局”，避免形成以资源开发产业用地为核心去引导布局其他各类功能空间的结构模式。在用地结构方面，矿产资源的大规模开发衍生了一系列人员的职住问题，伴随的是交通、居住、公共服务等用地的增加，故应在满足居民生活需求的基础上，协调好城市用地与矿区用地之间的关系，避免城市空间的无序蔓延。

在交通运输方面，矿区有大规模货物运输的需求，同时，矿区作为资源型城市的一个组成部分，与城市各部分功能的联系也十分紧密。因此，合理的路网密度、紧密的公共交通联系、便捷的对外交通运输条件等应在规划策略中有所体现。

对于处于稳态而关联度较低的城市，其资源开发产业的活力及发展潜力不足，难以带动城市蓬勃发展。矿产资源禀赋作为资源型城市的发展优势，其产业发展不应被忽视，应保持资源开发产业的稳定发展态势，提高产业的技术水平，不断提升矿产开发效率，从而将矿产资源的经济效益最大化。此外，资源开发产业作为主导产业时具有较强的带动力，应及时借助这一力量带动其他产业发展，如非矿第二产业和第三产业的发展。延伸产业链条形成若干支柱型接续产业，推进产业结构升级等发展策略，有利于城市综合性发展。还有一类处于稳态而关联度较低的城市是处于资源型城市生命周期的衰退阶段，此时需积极结合城市发展基础谋求转型，避免城市经济社会进一步衰落。

（2）处于非稳态的城市

处于非稳态的资源型城市在其空间结构系统演变过程中受到更多因素的影响，这些因素有助于城市实现综合性及多元化发展，降低城市仅依赖单一矿产业的风险，是一种良性的、较为积极的发展状态。在这种状态下，资源开发产业的衰退或成长较难对城市发展产生决定性的影响，城市内部的自我调节功能较强。例如，当城市在遭遇某单一产业经济衰退的冲击时，可通过内部其他产业实现自我调节与平衡，城市的总体损失和衰退风险会降低，仍能维持相对稳定的发展态势。因此，对于这类城市，在保持既有发展状态时，可通过进一步优化产业结构、完善城市空间功能等措施，提升城市发展的品质和潜力。

资源型城市大力发展接续产业的目的是促进城市经济社会长期健康发展。在选择哪种接续产业方面，不同城市的发展情况和资源储备状况不同，应对城市发展条件及资源进行充分的考量，从可持续发展、经济效益、建设规模、市场导向等多方面进行评估[145]。可持续性是选择接续产业的首要条件，也是城市发展的重要原则。其次是接续产业应该具有较好的经济规模与产业规模，保证接续产业具有成为主导产业的潜力，从而推动城市乃至区域经济持续发展。此外，只有接续产业具有良好的经济效益和稳定性，才能保证城市发展的稳定和经济效益最大化。最后，还应关注市场的导向需求，因为市场需求是经济发展方向最敏锐的指标，只有紧跟市场导向才能充分发挥其资源配置的作用。

在城市空间发展方面，许多资源型城市都出现了基础设施老旧落后、生态环境破坏、城市街道缺乏活力等问题，城市内部功能和人居环境亟待更新改善。当城市发展到一定阶段的时候，城市更新实质上是对城市的产业结构、空间肌理、物质风貌的重新塑造[146]，及时对城市的空间进行更新是延续城市活力的重要方式之一。通过开展城市体检，找准城市问题关键症结，解决老旧城区更新改造、矿山生态环境修复、公共服务设施均等化等空间优化手段，解决城市快速发展过程中重速度轻质量的问题，治理“城市病”，实现城市“质”的提升。旧城更新方面，资源型城市在建设初期经济快速发展，城市建设一般缺乏合理规划，存在一系列乱搭乱建、违规建房的现象，城市风貌不协调、空间肌理缺乏延续性、道路交通系统不畅、场所文化感缺失等导致城市人居环境不佳、历史与文化内涵不足，难以在时代更迭中焕发活力。而城市街道的更新、工业遗址的保护再利用等改造措施将重新赋予城市生机，源源不断地为城市注入发展的活力。

在生态环境方面，空气污染、水体污染、土壤污染、垃圾污染等导致的整体环境质量下降问题不容忽视，不仅如此，早期矿山开发较为粗放，山体、植被均破坏严重。宜居性的缺失导致城市居民对生活环境的满意度逐渐降低，在经济回报不高时，资源型城市的人口便开始快速流失。“绿水青山就是金山银山”，城市环境、生态系统的修复对资源型城市生态重塑和增强人口吸引力具有重要意义。在未来的生态修复工作中，只有解决历史遗留问题，提高生态保护意识，完善相关法律法规，保障生态修复的资金链，才能让资源型城市的生态保护与修复有序进行，进而给城市带来持续的活力。

在公共服务方面，医疗、教育、休闲娱乐等基础服务设施过于薄弱，是绝大多数资源型城市难以留住人才的重要原因。随着人民的物质和精神文化需要日益增长，城市配套设施建设应从发展经济和服务资源开发，向完善城市功能、改善人居环境、提高生活品质和促进社会公正转变[147]。例如，在我国老龄化的大背景下，对适老设施的需求势必增加，提高公共服务的可达性、建立步行友好的城市环境，才能使老年人更好地融入城市生活，提升老年人对城市的归属感。

与其他类型的城市不同，资源型城市在矿产资源开发后，会遗留大批废弃的工矿业用地、建筑和相关设施，这些遗存下来的工业遗产是城市发展历史的见证，保有着城市的文化与精神内涵。对于其中有保护和再利用价值的，需要城市在政策与资金方面大力支持，通过投入政策性资金和引入社会资本，进行合理的改造和更新。可从城市发展的宏观策略出发，为工业遗产的保护利用制定分层次的目标。积极探寻工业遗产的多种利用方式，如建设创意园区、主题公园、工业博物馆等，将工业遗产与包括休闲娱乐旅游等在内的城市各项事业发展结合起来，加强文化产业的交流碰撞，提高城市的多样性。

总体而言，对于处于非稳态的资源型城市，应结合各城市具体的发展情况，借鉴上述系列策略，循序渐进地对城市空间进行优化，从而实现城市发展层级的跃升。

（3）关联度评价小结

资源型城市为国家工业体系的完善和国民经济发展作出了突出贡献，在建设与发展过程中也耗费了大量的人力物力，然而传统的资源型城市发展模式会面临资源枯竭、城市衰败等问题。正因如此，如何实现资源型城市的可持续发展显得尤为重要。无论处于稳态还是非稳态的资源型城市，其产业发展竞争力的提升和可持续性是不相冲突的，对城市空间结构的演变机理与合理扩展模式还需进一步深入研究。新疆维吾尔自治区哈密市作为典型的资源型城市，拥有种类多样的矿产资源，开发潜力很大。在哈密城市发展演变的过程中，矿产资源的开采影响着城市的用地规划，矿产资源的运输决定了城市的交通线网布局，矿产资源的产量也与城市整体经济走向息息相关。总体而言，矿产资源的开发对其城市空间结构系统演变起着重要的影响作用。后文将以前述理论研究和构建的关联模型为基础，以哈密市为例开展实证研究，分析其空间结构系统演变，以及矿产资源开发给其城市空间结构系统带来的积极和消极影响，剖析其间存在的矛盾，并提出针对性的优化发展策略。

下篇

资源型城市空间结构系统演变实证研究

第1章 初识资源型城市空间结构系统
第2章 资源型城市空间结构系统相关理论及成果概述
第3章 资源型城市空间结构系统演变及其特征
第4章 资源开发与资源型城市空间结构系统关联作用

第5章 哈密城市发展概况

第6章 哈密城市空间结构系统演变分析
第7章 哈密城市空间结构系统综合分析
第8章 资源开发对哈密城市空间结构系统的影响作用
第9章 哈密城市空间结构系统优化发展策略

5.1 新疆城市发展背景

新疆维吾尔自治区地处我国西北地区，区域发展历史悠久、文化璀璨，早在新石器时期便出现了人类活动的踪迹。西汉以来，新疆地区正式步入华夏文明的发展篇章，并随着丝绸之路的兴起而迅速成长，由此留下诸多城市文明。此后，因受到地理、技术、社会等因素变迁的影响，丝绸之路逐渐衰落，新疆地区城市的发展也受到影响。直至中华人民共和国成立以后，在党和国家的领导下，新疆的城市才进入新的快速发展时期。截至 2022 年，新疆维吾尔自治区下辖 4 个地级市、5 个地区、5 个自治州，共 14 个地级行政单位。因为受区位、经济、交通、社会等诸多因素的制约，新疆城市发展与东中部地区城市存在较大的差距。近年来，为缩小东西差距，促进区域协调发展，国家积极探索实施相关发展战略，新疆城市迎来了巨大的发展机遇。

（1）“一带一路”倡议下的经济发展背景

“一带一路”是“丝绸之路经济带”和“21 世纪海上丝绸之路”的简称，是我国全面推动经济社会发展的重要举措。在“一带一路”倡议中，地处亚欧大陆腹地的新疆维吾尔自治区被确定为“丝绸之路经济带”的核心建设区。在此背景下，新疆将获得与包括德国、意大利、荷兰、俄罗斯、哈萨克斯坦等国在内的欧亚国家，以及我国内陆发达省市的大量合作机会，从而注入新的、强有力的发展动力。尤其是乌鲁木齐、哈密等城市最具代表性，它们一方面作为“一带一路”倡议中的重要节点，另一方面本就具有交通区位优势，这均有利于其推动城市经济、社会、产业等加速发展。

（2）西部大开发背景

区域间产业转移是优化生产要素布局、推动资源合理与高效利用的重要战略措施。我国东西部地区的发展存在明显差距，并且已成为我国全面协调发展、实现共同富裕的重要攻坚性问题。为实现东西部地区健康协调发展，国家从全局层面考虑，实施西部大开发战略部署，并推动东部产业要素合理向中西部转移，加速中西部地区现代化、城镇化进程（图 5-1）。

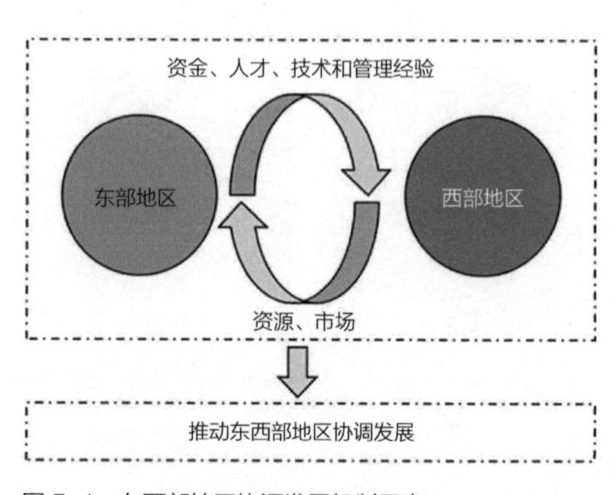

图 5-1　东西部地区协调发展机制示意

新疆维吾尔自治区具有良好的自然资源条件，是国家深入实施西部大开发战略的关键经济区，地位突出。自西部大开发战略推进以来，新疆的社会、经济、文化、生态等各个方面均得到快速发展，如各项基础设施建设的推进速度提高，民生、公共服务设施水平明显改善等。新时代下新的发展格局将会为新疆城市带来良好的发展机遇，进一步助推新疆城市经济社会高质量发展。

（3）对口援疆政策背景

十多年来，国家将援疆工作作为西部地区发展的重点方向，如“中央新疆工作座谈会”、“新一轮援疆战略部署”、“十四五”规划等一系列工作的开展或政策的发布，均表明了国家对新疆发展的大力扶持（表 5-1）。

援疆相关部分政策、会议及内容　表 5-1

时间	政策	内容
2010 年	第一次中央新疆工作座谈会	深刻分析新疆工作面临的形势和任务，对推进新疆跨越式发展和长治久安作出了战略部署
2010 年	第一次全国对口支援新疆工作会议	进一步加强和推进对口支援新疆工作
2011 年	“十二五”规划	提出把西部大开发战略放在区域发展总体战略优先位置，加大支持新疆地区发展力度
2011 年	第二次全国对口支援新疆工作会议	提出全面实施援疆工作
2012 年	第三次全国对口支援新疆工作会议	加快沿边开放、向西开放，拓展开放发展、合作发展的空间
2013 年	第四次全国对口支援新疆工作会议	提出抓住打造丝绸之路经济带的历史机遇，深入推进新疆跨越式发展
2014 年	第二次中央新疆工作座谈会	明确新疆工作的指导思想、基本要求、主攻方向
2015 年	第五次全国对口支援新疆工作会议	提出认真谋划和推进“十三五”对口援疆工作
2016 年	“十三五”规划	全方位加大对新疆的支持
2017 年	第六次全国对口支援新疆工作会议	总结对口援疆工作，并从脱贫、教育、产业、民族团结、基层建设、人才培养方面对下一步的工作作出具体安排
2019 年	第七次全国对口支援新疆工作会议	全面部署新时代对口援疆工作
2020 年	第三次中央新疆工作座谈会	依法治疆、团结稳疆、文化润疆、富民兴疆、长期建疆
2021 年	“十四五”规划	推进西部大开发战略形成新格局，推动新疆建设“一带一路”核心区
2021 年	第八次全国对口支援新疆工作会议	努力解决影响新疆长治久安的深层次矛盾和问题，进一步提升对口援疆综合效益

5.2 哈密城市发展

5.2.1 地理区位

哈密市是新疆维吾尔自治区的东部门户，古称“昆莫”，是典型的绿洲城市和资源型城市，总面积约 14.21 万 km^2。哈密市最东在星星峡东北处，最西在七角井以西，最南为白龙山，最北在大哈甫提克山，南北最宽相距约 440km[148]，东西最宽相距约 404km。哈密市设有国家一类季节性开放口岸——老爷庙口岸，是为发展新疆与蒙古国边境贸易而设立的重要开放口岸之一。与依矿建城类资源型城市依托资源开采区发展建设的模式不同，哈密市是先城后矿的发展模式，其城市的形成和发展历史远远早于资源开发的历史。近年来，随着资源开发形势不断变化，其城市空间结构系统也受到了较大的影响，处于持续演变的过程中。

5.2.2 地形地貌

哈密市市域总面积的 3/5 为山地，地形中间高、南北低，地势差异较大。市域中部是呈东西走向延伸的东天山山脉——巴里坤山、喀尔里克山和莫钦乌拉山等高大山地。其中喀尔里克山的主峰托木尔提峰为市内海拔最高峰，海拔约为 4886m。市域南北两侧是中低山区，包括位于中蒙边界的东准噶尔山地，以及哈密盆地以南久经侵蚀、起伏平缓的觉罗塔格山。这些山体高程低且分布散乱、顶部浑圆，相对高度一般在 200m 左右。

5.2.3 水文气候

哈密市位于亚欧大陆腹地，属温带大陆性干旱气候。受天山山脉的影响，区域内各处气候差异明显，山南干热，降水很少，山北则阴凉，降水稍多。哈密市年平均降水量为 33.8mm，年蒸发量为 3300mm，无霜期为 182 天。哈密市年平均温度为 10.3℃，1 月平均温度为 -9.8℃，7 月平均温度为 26.8℃，极端最高气温为 43℃，极端最低气温为 -32℃，且昼夜温度变化很大。哈密市日照充沛，空气干燥，大气透明度好，年均日照达 3358h[149]，是中国日照最充足的城市之一。

5.2.4　发展定位

哈密市既是新疆面向内地开放的门户，也是我国向西开放的重要枢纽，战略位置十分重要，具有东联、西出、南通、北拓的地缘优势。近年来，受益于“一带一路”倡议的实施，哈密迎来了新的发展契机。2016 年初，哈密地区撤地设市，城市政府行政管理层级减少、管辖权扩大，对城市经济社会及空间发展的调控能力增强，城市发展进入快车道。目前，根据《哈密市国民经济和社会发展第十四个五年规划和 2035 年远景目标纲要》[150]，哈密市发展定位为国家煤电油气风光储一体化示范基地、新疆高质量发展的重要增长极、丝绸之路经济带重要枢纽、新疆生态文明建设样板区、展示新疆稳定发展改革成效的重要门户，定位清晰，发展优势显著。

5.3　哈密产业发展

煤炭、油气等哈密市的优势资源已被国家确定为能源开发重点，新疆维吾尔自治区已把哈密市确定为新疆“疆煤东运”的战略能源基地，多家大央企、大集团入驻哈密，共同参与对其优势资源的开发。

5.3.1　哈密矿产业现状

（1）哈密矿产业发展概况

哈密市是新疆矿产资源最丰富的市（地区）之一，市域内矿产资源具有矿种多、矿床勘查程度相对较高、大中型矿床多、矿种配套比较齐全的特点。其中，以煤炭资源的储量最为丰富，居于全疆首位，其次是油页岩、泥炭、石油、天然气等。截至 2019 年，已探明的煤矿工业矿床有 135 处，其中大型矿床 28 处、中型矿床 35 处、小型矿床 72 处。煤炭资源主要分布在三道岭—沙尔湖—大南湖—野马泉一带、巴里坤石炭窑—伊吾盐池一带、三塘湖—淖毛湖一带。

根据新疆维吾尔自治区政府提出的加快推进“疆煤东运”煤炭基地建设的要求，哈密市按照“疆煤东运”吐哈煤炭基地建设目标实施了一系列措施，将其煤炭资源输送到甘肃、四川、重庆乃至华中地区，以满足西北、西南及华中市场的煤炭需求。这些措施主要包括调整煤炭基地建设规划、合理布局矿井规模和开采顺序、建设大型煤矿并扩大煤炭产能等。此外，哈密市还依托兰新铁路进出疆大通道建设煤炭物流中心，并协调铁路、公路、电力、给排水及通信等相关主管部门做好配套基础设施的建设工作。未来，哈密市将成为“疆煤东运”的重要原煤产地和物流中心，城市内部的资源开发及相关产业也将迈入新的发展阶段。

（2）哈密矿产类型

哈密市矿产资源丰富，截至2019年，全市已发现矿产88种，占全疆的63.8%。其中能源矿产6种，黑色金属矿产5种，有色金属矿产8种，贵金属矿产4种，稀有金属矿产5种，稀土、稀散元素矿产4种，非金属矿产56种[151]，可见其资源产业发展潜力巨大。

① 煤炭

哈密市煤炭预测资源量为5708亿吨，占全国煤炭预测资源量的12.5%，占新疆煤炭预测资源量的31.7%，居全疆第一位。

② 铁矿

截至2019年，哈密市已发现数百处铁矿（化）点，重点矿区有26处，预测资源量为29亿吨，累计探明储量4.2亿吨，保有储量3.21亿吨，均居全疆第一位。

③ 石油

中国石油天然气集团吐哈油田横跨哈密市与吐鲁番市，东西长600km，南北宽130km，共发现14个油气田，探明油气面积178.1km^2，累计探明石油储量2.08亿吨，其中三塘湖等油气田位于哈密市境内。

④ 天然气

天然气资源主要分布在哈密红台区域和巴里坤三塘湖盆地。红台区域油气田预测天然气储量500多亿m^3，探明储量200多亿m^3，可采储量130多亿m^3。

⑤ 镍矿

截至2019年，哈密市已发现镍矿产地8处，查明镍资源储量118.24万金属吨，预测资源量为1584万金属吨，居全疆第一位，仅次于镍都金川，居全国第二位。

⑥ 铜矿

截至2019年，哈密市已发现铜矿产地14处，查明资源储量148.97万金属吨，预测铜资源量1200万金属吨以上，居全疆第二位。

⑦ 石材

哈密市石材丰富，资源储量大、分布广、埋藏浅、品种多、质地优，截至2019年，已探明的石材保有资源量高达6939多万m^3。主要开发利用的品种包括“天山翠”“天山白麻”“小白麻”“天山兰”“星星兰”“双井花”“双井红”“紫星云”“黑冰花”等，其中有7种入选了全国65个名优石材品种。此外，市域内还广泛分布有石英石、石灰石、石盐、钾盐、石膏、白云石、膨润土等多种矿物资源[152]，开发利用优势十分突出。

（3）哈密煤炭资源勘探现状

哈密市煤炭资源储量大、品种多、易开采，具有低硫、低磷、低灰分、高发热量的“三低一高”特点，主要分布在三道岭、沙尔湖、大南湖、巴里坤西部、三塘湖、淖毛湖、野马泉等矿区，适合建设亿吨级煤炭生产和深加工基地。其中富油、特富油煤约占总资源量的 50% 左右，总量达 2500 多亿吨，低温干馏焦油产率按平均 10% 计算，焦油资源总量可达 250 多亿吨，相当于 20 多个三塘湖油田。截至 2019 年，已有 30 多家大中型企业与哈密市签定了合作开发煤炭资源及精深加工的协议，且已基本完成资源配置，部分深加工项目已开工建设。

此外，哈密市煤层气预测资源量达 5000 亿 m^3 以上，沙尔湖、大南湖—梧桐窝子、三塘湖等三块煤田煤层气开发规划区已被列入自治区规划，规划面积 11955km^2，预测资源量 4460 亿 m^3。

2009 年兰新铁路第二双线（后称兰新高速铁路）获批并开建以后，根据新疆维吾尔自治区的统一安排，开展了“疆煤东运”煤田地质勘探会战，勘探面积约 17570km^2。截至 2019 年，累计千米以浅探求资源量达 2013.96 亿吨，其中富油、特富油煤炭资源量为 975.6 亿吨。累计完成详查以上地质勘探报告（不包括重复完成的精查报告）42 处，获取详查资源量 1171.66 亿吨，其中可供露天煤矿开采资源量为 226.39 亿吨，已完全具备开工建设总能力 5 亿吨以上煤矿的建井条件。

① 三道岭矿区

位于哈密市西北 85km 处，获取详查资源量为 16.53 亿吨，可供露天开采资源量为 0.25 亿吨。煤种为长焰煤和不黏煤，洗精煤发热量 5740～6460kcal，挥发分为 28%～32%，灰分小于 9%，低温干馏焦油产率 5% 左右，是优良的煤电、煤化工用煤，是哈密市的优质煤区之一。

② 大南湖矿区

位于哈密市南部 80km 处，探求千米以浅资源量 744 亿吨，可供露天开采资源量约 29 亿吨，其中达到详查以上资源量为 216.63 亿吨，露天开采资源量 12 亿吨。煤种以长焰煤为主，褐煤次之（占总量的 12%～15%），洗精煤发热量 4100～7188kcal，其中大南湖东部矿区洗精煤发热量在 5700kcal 以上，挥发分 31.46%～51.49%，灰分 3.87%～31.55%，低温干馏焦油产率 4.60%～8.69%，富油煤约占总资源量的 22%，约为 163.68 亿吨。适合作为煤电、煤化工用煤，其中大南湖东区煤质优良，整体适合大型机械化煤矿开采。

③ 巴里坤西部矿区

位于巴里坤县城西北约 80km 处，获取详查以上资源量 29.8 亿吨，可供露天开采资源量 2 亿吨。煤种为长焰煤、1/3 焦煤、气肥煤和气煤，其中动力煤约 17 亿吨、配焦煤12.8亿吨，发热量6200～7465kcal，挥发分36.6%，灰分7.6%，低温干馏焦油产率7.5%左右，属于富油煤，是优良的工业及煤化工用煤。

④ 淖毛湖矿区

位于伊吾县北部约70km处的淖毛湖镇，探求千米以浅资源量223亿吨，可供露天开采资源量约40亿吨，其中达到详查以上资源量101.97亿吨。煤种为41号长焰煤，洗精煤发热量5299～6385kcal，挥发分48.4%，灰分7.4%，低温干馏焦油产率8.2%～19.11%，属于富油、特富油煤，是优良的工业及煤化工用煤。矿区内水平、近水平煤层多，适合大型机械化露天和井工煤矿开采。

⑤ 三塘湖矿区

位于巴里坤县北部约80km处的三塘湖盆地，探求千米以浅资源量为585.81亿吨，其中达到详查以上资源量为577.12亿吨，可供露天开采资源量15亿吨。煤种为长焰煤、不黏煤，发热量6098～6395kcal，挥发分29.6%～31%，灰分7.47%，低温干馏焦油产率0.4%～18.14%，富油、特富油煤约占总资源量的90%以上，约为527.23亿吨，是优良的工业及煤化工用煤。矿区大部区域为水平、近水平煤层，适合大型机械化煤矿开采。

⑥ 沙尔湖矿区

位于哈密市区西南约130km处，探明储量为892亿吨，可供露天开采资源量达70%。煤种以长焰煤为主，褐煤次之，洗精煤发热量4100～6900kcal，挥发分34.8%～48.6%，灰分5.6%～36.6%，低温干馏焦油产率0.70%～14.60%，富油、特富油煤约占总资源量的15%左右，约为67.5亿吨，适合作为煤电、煤化工用煤。矿区水平、近水平煤层多，且具有煤层厚、埋藏浅的特点，可采16层，总厚达173.7m，适合特大型露天煤矿开采。

⑦ 野马泉矿区

位于哈密市区以东约150km处，探求千米以浅资源量0.43亿吨，可供露天开采资源量0.05亿吨，矿区地质构造较复杂。煤种为中灰、低硫的弱黏煤、不黏煤和少量的1/3焦煤及瘦煤，洗精煤发热量5600～9200kcal，是优良的工业及煤化工用煤。

5.3.2 其他产业现状

（1）农牧业情况

近年来，哈密市农牧业产业结构持续优化，林果业、设施农业和现代畜牧业等特色农业在农村经济中的比重明显提升。全市现有耕地面积42万亩[①]、天然草场2360万亩。截至 2019 年，全年农作物播种面积 103.43 万亩，园林水果种植面积 29.04 万亩，其中葡萄种植面积 11.48 万亩，红枣种植面积 10.9 万亩。

2019 年哈密市全年粮食产量 11.56 万吨，棉花产量 4.49 万吨，油料产量 0.4 万吨，瓜类产量 19.59 吨，蔬菜产量 7.66 万吨，薯类产量 1.02 万吨，果类产量 19.61 万吨。其中葡萄产量 17.05 万吨，红枣产量（干果）1.13 万吨。

2019 年哈密市全年肉类总产量 3.32 万吨，其中牛肉产量 0.72 万吨，羊肉产量 1.54 万吨，猪肉产量 0.62 万吨。年末牛羊猪存栏 98.29 万头，全年牛羊猪出栏 100.64 万头。此外，牛奶产量 2.11 万吨，禽蛋产量 0.32 万吨。

（2）可再生能源资源情况

① 风能

哈密市风能资源十分丰富，风功率密度不小于 150W/m^2，资源总量面积为 17562km^2，技术开发量达到 2652.4 万 kW。

② 太阳能

哈密市年平均太阳辐射量为 6214.66MJ/m^2，全年日照时数为 3170～3380h，是全国日照时数最充裕的地区之一。哈密市的东南部和星星峡片区全年日照时数达 3500h，比有“日光城”之称的拉萨还多 350h。

（3）旅游业资源情况

哈密市旅游资源类型全、特色浓、潜力大，融大漠、绿洲、雪山、松林、山川和草原等南北疆风光于一地，有“游哈密，走遍天山南北”“一日游四季，十里不同天”的赞誉，被誉为“新疆缩影”。截至 2024 年 8 月，哈密市共有 A 级旅游景区 17 家，其中 AAAA 级旅游景区 8 家，AAA 级旅游景区 7 家，AA 级旅游景区 2 家；共有星级酒店 8 家，其中 4 星级酒店 4 家，3 星级酒店 2 家，2 星级酒店 2 家；共有星级农家乐 173 家，其中 4 星级农家乐 15 家，3 星级农家乐 79 家，2 星级农家乐 76 家，1 星级农家乐 3 家；共有旅行社 25 家；共有民宿 95 家；国家级乡村旅游重点村 1 个，自治区级乡村旅游重点村 5 个。

5.3.3　产业发展方向

（1）能源产业

“十四五”期间，哈密市立足现有的煤化工产业基础，进一步加强对现有煤化工

---

① 1 亩≈666.7m^2。

产业的环保治理和改造升级，提高资源综合利用率和能源效率，积极推进甲醇产业的再延伸加工业。依托丰富的富油煤资源，大力引进先进的煤炭分质分级利用技术，逐步实现“分质分级、能化结合、集成联产”的煤、化、电、热一体化煤炭洁净开发利用。构建以富油煤热解为基础，煤焦油加氢及热解煤气甲烷为主的煤化工循环经济体系。到 2025 年，哈密将形成直接投资 2000 亿元以上、实现产值 2000 亿元、带动就业 10 万人以上的能源基地，成为新疆名副其实的高质量发展重要增长极。

（2）交通及物流产业

当前，哈密市正在加快推动“一中心、两园区”建设，全力打造新疆第二大铁路枢纽，并依托交通优势，致力于形成各类专业商贸市场。未来，随着哈密市公路、铁路、航空、口岸等干线通道及枢纽能力的充分释放，其运输结构会更加合理，产业布局会更加优化。哈密商贸物流规模化、组织化、网络化、信息化、智能化水平的全面提高，将有效提升其区域经济竞争力，这对构建“一带一路”互利共赢产业链，建设对外开放大通道有重大意义。

（3）制造业

“十四五”期间，哈密市围绕培育新材料产业集聚区和构建特色优势产业链，加快推进钛及钛合金、镁及镁合金、硅基新材料、环保材料等新材料及制品业的发展。同时，围绕新型综合能源基地建设，大力发展石油及石化装备制造业、新能源和节能环保装备制造业、矿山和工程机械装备制造业、精细化学品加工制造业等，加快推进制造业和现代服务业深度融合，进一步提升装备制造业研发能力和制造水平，不断加快升级制造业的延伸产业链。

① 合金材料产业

新疆是全国最大的电解铝生产基地，哈密依托丰富低价的电力优势和区位优势，正重点发展铝材加工、镁铝合金材料、钛和钛合金及铜镍下游深加工产业。

② 有机硅材料产业

哈密市石英岩资源丰富，具有储量大、质量好、纯度高的特点，是疆内各硅厂的主要原料采购地，未来将大力发展有机硅新材料及硅基橡胶等深加工产业。

③ 高端环保吸附材料产业

巴里坤西部矿区的煤炭主要是 42 号长焰煤，属“三低一高”（低灰、低硫、低磷，高热值）的富油煤，具有抗碎强度高、煤灰不易结渣、化学活性强、炭化料产率高、可选性好等特点，是国内少有的用于生产活性炭的优质原料煤，属稀缺煤种，巴里坤循环经济产业集聚区将重点发展煤制活性炭等环保材料产业。

④ 纤维材料产业

哈密市粉煤灰资源丰富，为发展粉煤灰玻璃纤维、纸浆纤维等提供了丰富的原材料。此外，哈密市玄武岩资源丰富，分布广、储量大、品质好，具备大规模开发条件，为发展玄武岩纤维材料产业提供了充足的原料。

⑤ 节能板材产业

哈密市石材资源储量大、质量好、品种多，已探明储量 6940 万 m^3，居全疆第一。丰富的石材资源，结合粉煤灰、玄武岩等资源，为发展新型外墙节能保温板材制造产业提供了完美的资源组合。

（4）“疆电东送”建设

哈重直流是“疆电外送”的第三条直流通道，起始于新疆哈密，终点是重庆渝北区，投资达 286 亿元，线路全长约 2290km，途经新疆、甘肃、陕西、四川、重庆五省市。2024 年 11 月，“疆电外送”第三条电力通道新疆段全线贯通，进一步巩固和提升了哈密作为新疆“疆电外送”中心的地位。

（5）旅游业

哈密市在“十四五”规划中提出，要持续推进旅游基础设施建设，重点建设 11 个文化旅游项目，计划总投资 11.64 亿元，重点打造哈密市文创园、东天山景区、大海道景区、白杨河汉唐古城（拉甫却克古城）遗址、伊吾县伊水园景区（新疆迎客厅）等旅游项目，以此推动哈密市文化旅游产业的高质量发展。

（6）信息及大数据产业

近年来，哈密市高度重视智慧城市、数字哈密和大数据产业发展工作，完成了哈密大数据中心（东天山云）建设。下一步，哈密市将构建以哈密市大数据中心（东天山云）为依托，以智慧城市、数字哈密为抓手，深度融合云计算、大数据、物联网、区块链、人工智能等新技术，规划和建成一批骨干信息化基础工程和示范平台，助推哈密市经济社会稳定发展，增强惠民服务，繁荣网络文化。

第6章 哈密城市空间结构系统演变分析

第1章 初识资源型城市空间结构系统
第2章 资源型城市空间结构系统相关理论及成果概述
第3章 资源型城市空间结构系统演变及其特征
第4章 资源开发与资源型城市空间结构系统关联作用
第5章 哈密城市发展概况
第7章 哈密城市空间结构系统综合分析
第8章 资源开发对哈密城市空间结构系统的影响作用
第9章 哈密城市空间结构系统优化发展策略

6.1 用地演变分析

6.1.1 用地发展脉络

由于哈密市城市用地发展演变历程久远，本书将先梳理其整体演变过程，厘清演变基础，再对用地演变的态势、机制、特征、影响因素等进行详细分析。根据历史发展脉络及演变速度，哈密城市用地的演变过程可分为 4 个阶段。

（1）演变第一阶段：起源至清代

哈密市是典型的先城后矿类资源型城市，在资源开采之前，城市已具有相当程度的建设规模。哈密由于地处干旱区，非常缺乏对生产、生活至关重要的地表水源，故在城市形成之初，城市先民多居住、农牧于哈密河东西河坝两侧（图 6-1）。而从汉代开始，哈密地区成为屯垦戍边的重要地区，城市发展基础逐渐增厚。但由于受功能单一、生产技术方式落后、生产环境条件差、资源利用率低等诸多因素限制，长期以来城市发展动力不足，发展低速、低效，直至清代仍保持着低紧凑度、低用地规模、

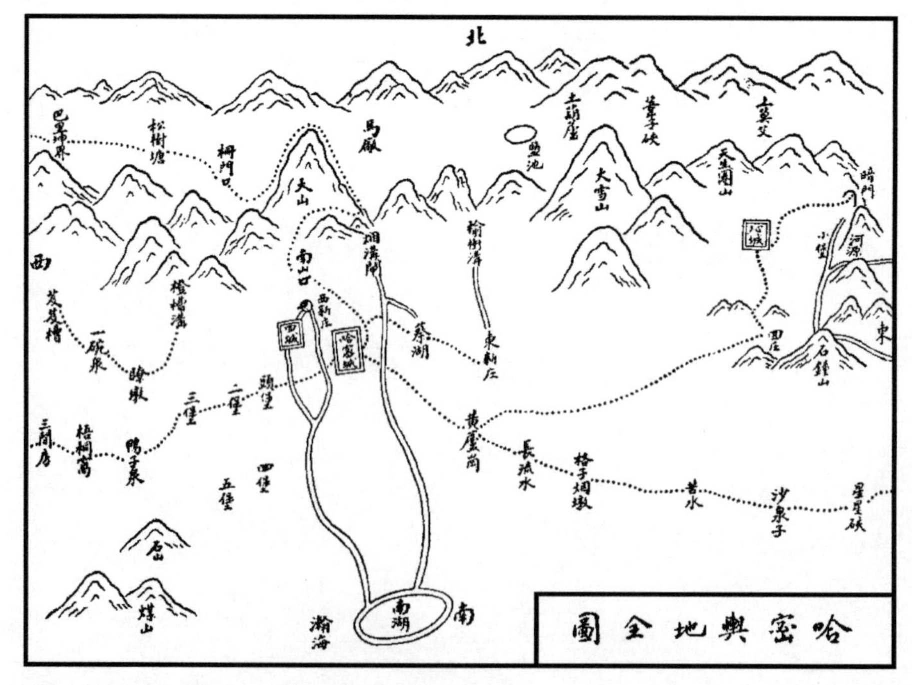

图 6-1 哈密舆地全图（19 世纪 40 年代）

图片来源：钟方. 哈密志［M］. 台北：成文出版社，1846：7.

低建设密度的状态。

根据《马达汉西域考察日记》及相关资料，并对照最新卫星地图对哈密城市格局的演变过程进行还原（图 6–2）。可以看出，哈密自起源至清代，共经历了“单城”“双城”“三城”三个发展阶段[153]。单城阶段以现今环城路以南的回城作为主城，双城阶段以回城、汉城两城为主体，三城阶段以回城、汉城、满城①（又称新城）构成“三城鼎立”的整体空间格局，三城之间相距约 2km。

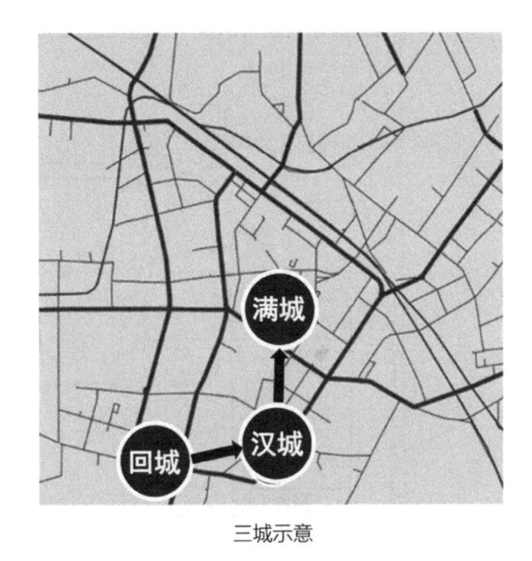

图 6–2　哈密城市空间格局演变过程

（2）演变第二阶段：清末至中华人民共和国成立前

清末至中华人民共和国成立前，哈密城市用地具有明显的阶段性扩张特征，整体以回城、汉城、满城为中心进行自由式用地扩张，以三城之间区域最为明显（图 6–3）。

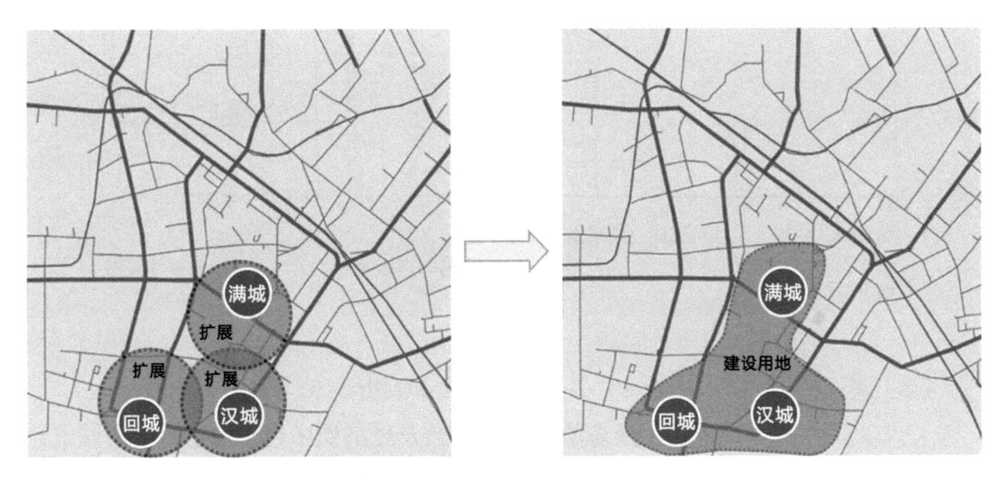

图 6–3　清末至中华人民共和国成立前哈密城市用地扩张示意

这一阶段，哈密在原有旧城的基础上划定并建立了新市区，新市区的建立考虑哈密固有地形地貌、河流水系、自然气候等环境条件，建成后整体形态规整，道路交通总体上以棋盘式路网为主要骨架[154]，并结合部分不规则地形进行布置（图 6–4）。

① 根据《中国少数民族史大辞典》《满族大辞典》等资料，回城是清代新疆地区维吾尔族、回族等族群的聚居区，汉城主要指清代新疆地区汉族和绿营兵的聚居区，满城是清代专为满蒙八旗官兵及其家属修筑的军事化聚居区，后世对此称谓有习惯性延续。

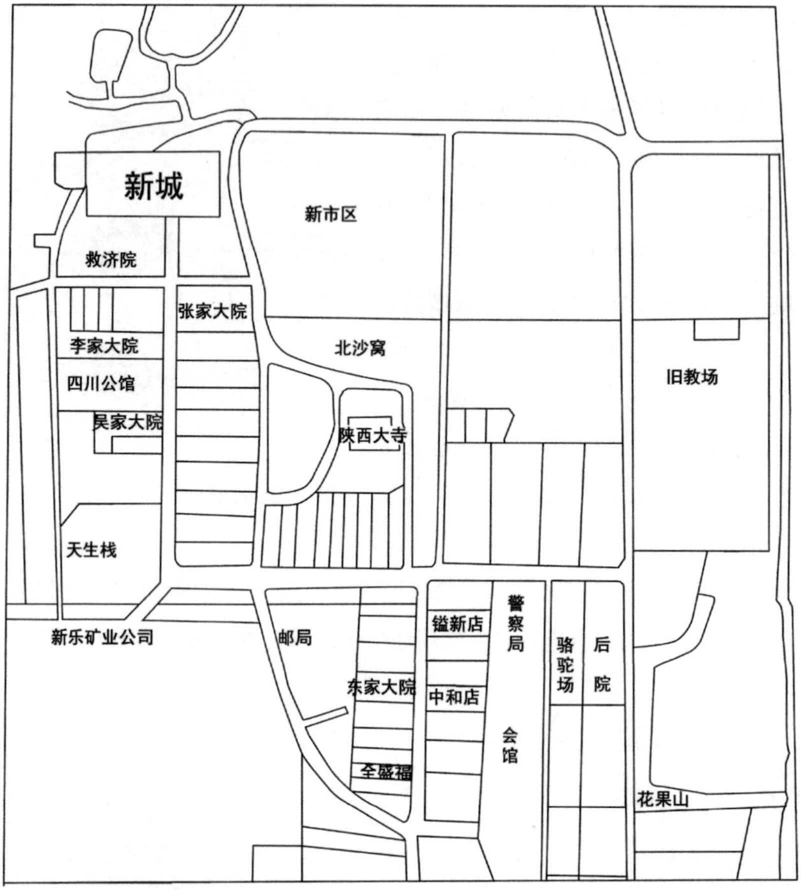

图 6-4 中华人民共和国成立前哈密新市区平面图

图片来源：改绘自赵柏伊. 丝绸之路绿洲城市空间形态演变研究 [D]. 西安：西安建筑科技大学，2018.

（3）演变第三阶段：中华人民共和国成立至 20 世纪 80 年代

中华人民共和国成立后，随着哈密地区社会及经济秩序趋于稳定，哈密城市建设发展速度明显加快。1950 年，设哈密专区行政督察专员公署，驻哈密县，辖哈密、镇西、伊吾三县和七角井中心区。1961 年，以哈密县城镇为基础，包括火车头、铁龙、钢铁、先行、红旗等五个城镇公社和火箭农场，成立哈密市，由哈密专区行政督察专员公署领导。1962 年，国家撤销哈密市，将其并入哈密县。1970 年，哈密专区改称哈密地区，地区行署驻哈密县，辖哈密县、伊吾县和巴里坤哈萨克自治县。1971 年，原来由自治区直辖的鄯善县被划入哈密地区，哈密地区管辖范围扩张。1975 年，哈密行政范围又因鄯善县被划入吐鲁番市的缘故而有所缩减，仅辖哈密县、伊吾县和巴里坤自治县。1977 年，国家成立哈密市（县级市），哈密地区此时辖 1 市（哈密市）、2 县（哈密县、伊吾县）和 1 自治县（巴里坤哈萨克自治县）。1983 年，哈密县并入哈密市，哈密地区下辖哈密市、伊吾县以及巴里坤自治县[155]。这一阶段，国铁干线兰新铁路对哈密城市空间结构的影响逐渐显现，在铁路交通的催化作用下，哈密城市空间扩张速度逐渐加快，且由沿河流水系发展转变为沿铁路与主要交通道路发展（图 6–5）。

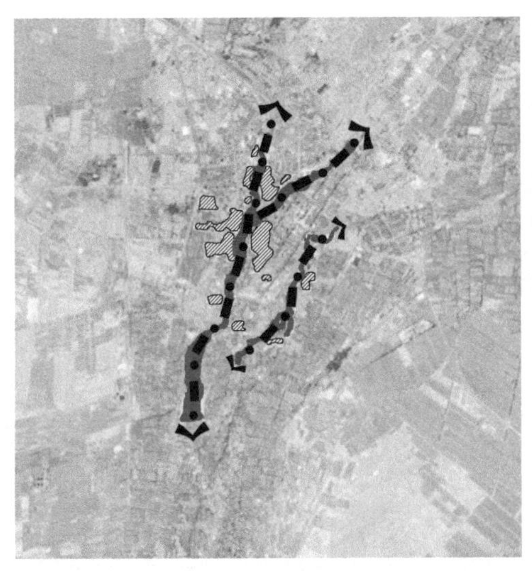

中华人民共和国成立前：沿水域发展

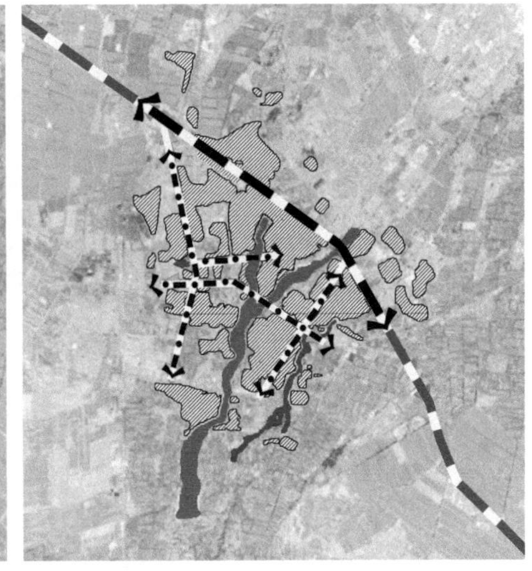

1981 年：沿铁路及主要道路发展

图 6–5　中华人民共和国成立前与 1981 年哈密城市用地扩展情况对比

图片来源：改绘自哈密市人民政府．哈密市城市总体规划（2012—2030 年）[R]．

总体而言，由于政策原因，哈密在 20 世纪 60 到 80 年代辖区范围不断发生较大变动，城市的行政区划也在“专区”“市”“地区”之间变换。另一方面，新疆生产建设兵团农五师哈密管理处（简称“哈管局”，2000 年改建制为兵团农十三师）于 1963 年成立（图 6–6），其后哈密在城市土地开垦及规划管理制度方面，一部分土地由哈密地方政府管理，而另一部分则由兵团哈管局管理。这一时期，哈密地方政府和兵团哈管局开展的各项建设使城市用地快速向外扩张，用地范围快速增大。除此以外，城区内部的开发建设强度显著提高，空间紧凑度明显提升。例如 20 世纪 80 年代新建及改扩建了建国路、广东路、八一大道、人民路等多条交通线路（图 6–7）。

图 6–6　兵团十三师师部大门

（4）演变第四阶段：20 世纪 90 年代至今

1991 年 2 月，中国石油天然气总公司吐哈石油勘探开发指挥部成立，并将总部和后勤生活基地设于哈密（图 6-8）。随着吐哈石油基地进驻，很多上下游相关企业也陆续进入哈密，哈密的劳动力数量迅速增长，产业实力显著提升，城市建设发展速度也明显提高。尤其是在工业及居住方面的快速发展，使哈密市西北部片区成为以石油化工、电力和其他大型工业为主，兼有居住及配套设施的综合新城区。另一方面，位于哈密市区内的兵团农场管理局（即今兵团农十三师）开始建设大营房城，这使哈密形成了“老城—农十三师（哈管局）—吐哈石油基地”三大板块组合的城市空间结构布局，构成了以哈密老城为核心的分散组团式城市格局（图 6-9）。

此外，通过对比不同年份的城市土地利用情况（图 6-10、图 6-11），可知从 1981 年到 2005 年，哈密市土地利用碎片化现象严重，其主要原因是由于城市用地盲目扩张。而且城市新区与老城相距约 5km，空间跨度较大，致使哈密城区紧凑度明显降低，内部空间相互之间的联系减弱。例如，吐哈石油基地板块与哈密市中心区的联系就明显不足。

2005 年以后，二道湖工业园区、广东工业园区（后重命名为

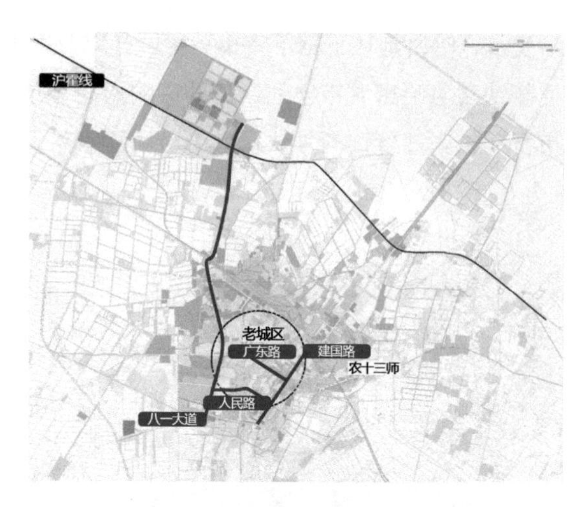

图 6-7　20 世纪 80 年代哈密新建及改建道路示意

图 6-8　吐哈石油基地大门

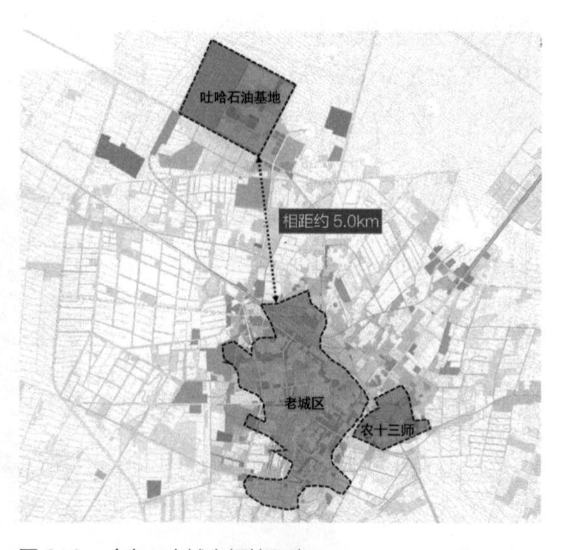

图 6-9　哈密三大城市板块示意

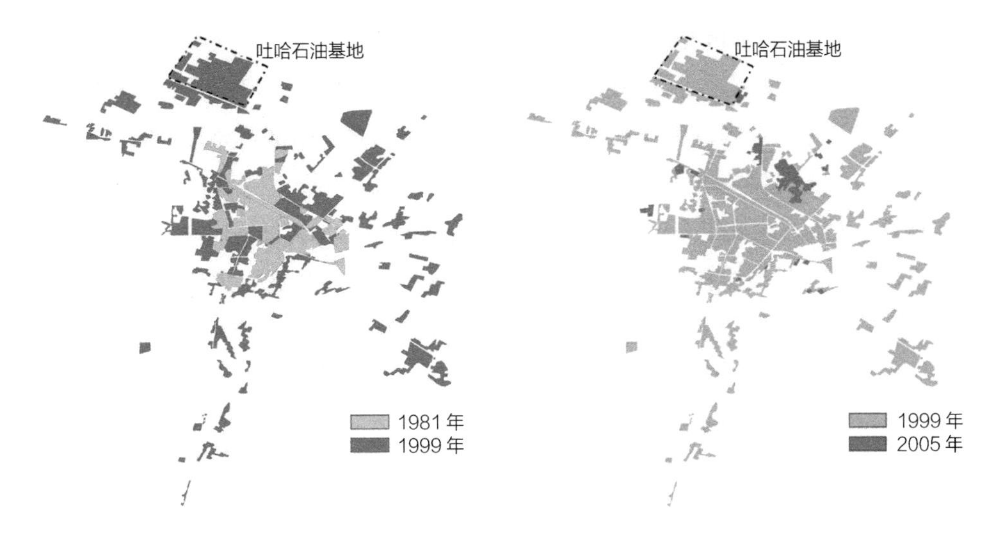

图 6-10　1999 年哈密城市用地情况

图 6-11　2005 年哈密城市用地情况

“哈密工业园区广东工业加工区”)、哈密重工业园区(后重命名为“哈密工业园区南部循环经济产业园”)等相继进行开发建设。此外，哈密市政府为打破原有三大板块分隔明显的城市格局，一直致力于促进城市整体空间均衡合理发展，并实现新区老区功能互补，意将老城区建设为以行政办公、金融商贸、文化科研、生活居住等功能为主的综合性城市中心区，将新区开发为以吐哈石油基地为核心的副中心型综合性城区。这样，哈密城市空间逐渐展现出新的格局(图 6-12、图 6-13)。

总体而言，这一阶段哈密城市用地的开发建设呈高速发展状态，并呈现以下特征：

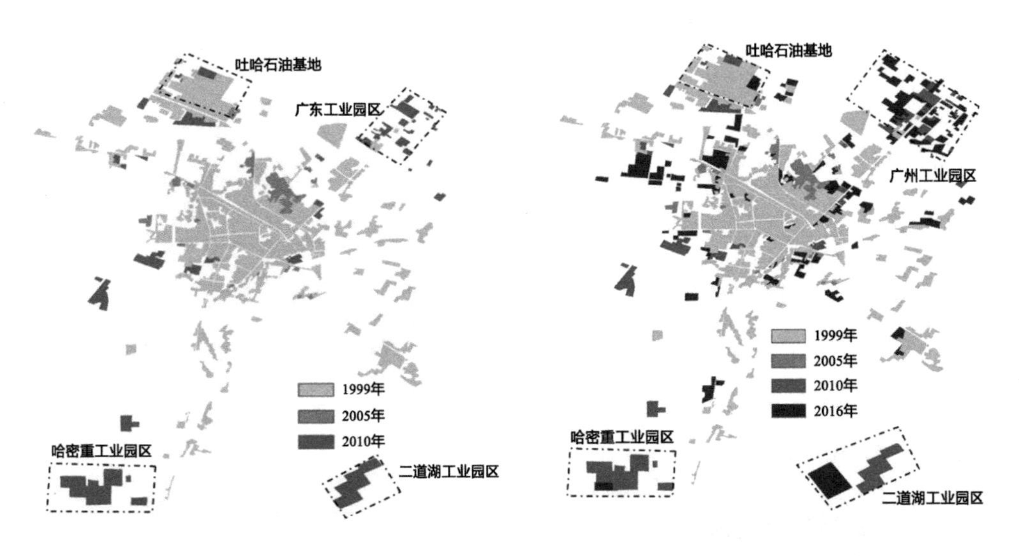

图 6-12　2010 年哈密城市用地情况

图 6-13　2016 年哈密城市用地情况

①“跳跃式＋内部填充式”结合的用地扩展模式

此阶段，哈密以吐哈石油基地、农十三师城区大营房、广东工业园区、哈密重工业园区、二道湖工业园区为支点，进行了多次“跳跃式＋内部填充式”的用地扩张（图6–14）。吐哈石油基地和兵团师部的跳跃式飞地使哈密城市整体呈现三大板块的空间格局；而后，内部填充式的用地扩张使三板块间的联系逐渐趋向紧密；接着，众多工业园区的开发再次促使哈密形成以“老城区＋大营房城区”为核心，以广东工业园区、哈密重工业园区、二道湖工业园区为飞地的跳跃式开发建设模式。

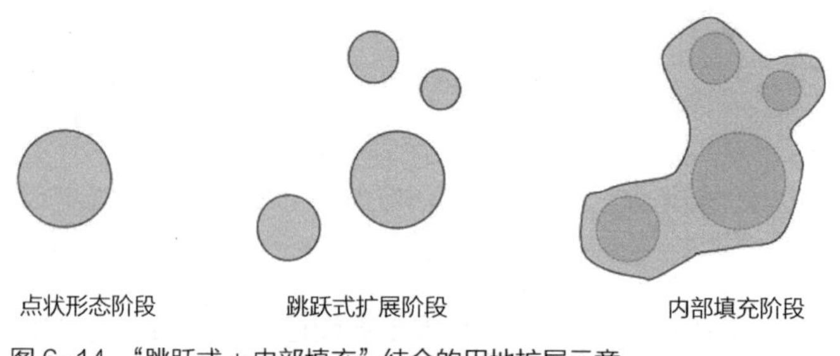

图6–14 “跳跃式＋内部填充”结合的用地扩展示意

目前，哈密市三大城市板块逐渐开始实现连片发展，板块之间的城市用地空间趋向连续与协调，城市用地由分散逐渐变得紧凑，但主城区周边又新衍生出较多碎片化、不集约的用地空间（图6–15）。

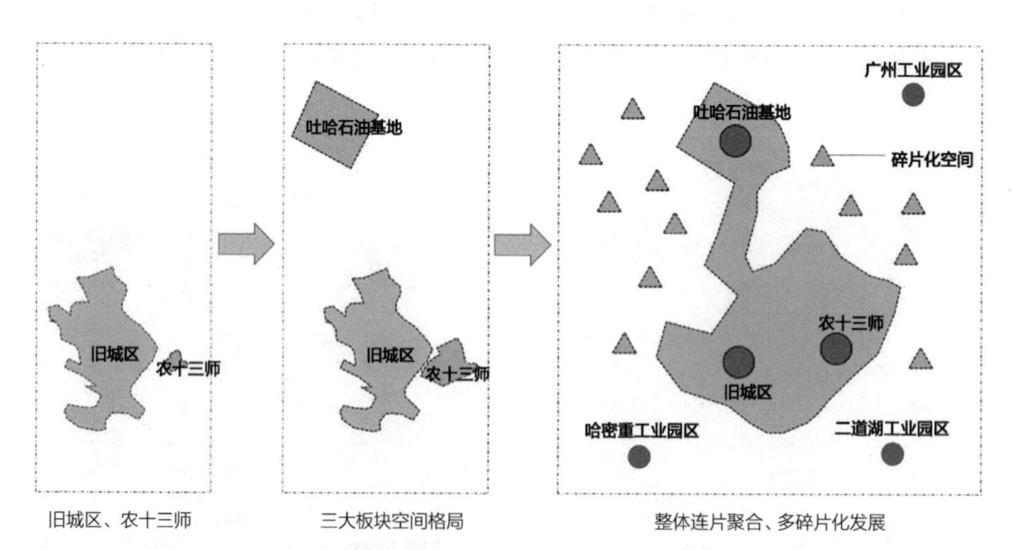

图6–15 哈密城市用地演变示意

② 交通运输基础设施建设迅速

哈密是新疆维吾尔自治区通往我国内陆省区的门户，承载着新疆东部的铁路、公路、航空等交通运输枢纽功能。随着兰新第二双线、哈临铁路、连霍高速公路和京新高速公路等交通主干线路建设与开通，哈密的区域交通枢纽作用越发凸显。另外，哈密市内的道路交通骨架也逐渐完善成型。例如，哈密按照“降低道路宽度、提升路网密度”的道路规划布局理念，打通城市内部存在的“丁字路”，“断头路”等阻碍通行的道路，并通过建设新道路和对现有道路的“增、改、扩”来丰富和完善道路网结构，为城市空间的合理发展奠定了基础。

6.1.2　用地演变态势

基于前文对哈密城市用地发展历程的梳理，下文重点分析 1999—2018 年哈密市用地结构的演变情况，并进一步剖析近年来哈密的用地发展态势。由于哈密市在 2011 年及以前采用的是《城市建设用地分类与规划建设标准》GBJ 137—90，2012 年及以后采用的是《城市用地分类与规划建设用地标准》GB 50137—2011，并且文中所涉及的用地统计数据截至 2019 年国土空间规划改制，故后文中将不参考 2023 年发布的《国土空间调查、规划、用途管制用地用海分类指南》，而是结合 GBJ 137—90、GB 50137—2011 两版城市建设用地分类（表 6–1）开展分析，其中，对 GBJ 137—90 中的特殊用地、水域等不进行分析。

旧版与新版城市建设用地分类对比　　表 6–1

<table>
<tr><th colspan="2">旧版城市建设用地分类</th><th colspan="2">新版城市建设用地分类</th><th rowspan="2">新旧版区分</th></tr>
<tr><th>类别名称</th><th>内容</th><th>类别名称</th><th>内容</th></tr>
<tr><td>居住用地（R）</td><td>住宅和相应服务设施的用地，包括一类居住用地、二类居住用地、三类居住用地、四类居住用地</td><td>居住用地（R）</td><td>住宅和相应服务设施的用地，包括一类居住用地、二类居住用地、三类居住用地</td><td>旧版将其分为四个中类，而新版将其分为三个中类。旧版中包含中小学用地等，新版则划出中小学用地等</td></tr>
<tr><td rowspan="2">公共设施用地（C）</td><td rowspan="2">居住区及居住区级以上的行政、经济、文化、教育、卫生、体育以及科研设计等机构和设施的用地，不包括居住用地中的公共服务设施用地，具体包括行政办公用地、商业金融用地、文化娱乐用地、体育用地、医疗卫生用地、教育科研设计用地、文物古迹用地、其他公共设施用地</td><td>公共管理与公共服务设施用地（A）</td><td>行政、文化、教育、体育、卫生等机构和设施的用地，不包括居住用地的服务设施用地，具体包括行政办公用地、文化设施用地、教育科研用地、体育用地、医疗卫生用地、社会福利设施用地、文物古迹用地、外事用地、宗教设施用地</td><td rowspan="2">旧版的公共设施用地是新版的公共管理与公共服务设施用地、商业服务业设施用地的集合。但新版将旧版外事用地等用地纳入公共管理与公共服务设施用地等</td></tr>
<tr><td>商业服务业设施用地（B）</td><td>各类商业、商务、娱乐康体等设施用地，不包括居住用地中的服务设施用地及公共管理与公共服务用地内的事业单位用地</td></tr>
</table>

续表

<table>
<tr><th colspan="2">旧版城市建设用地分类</th><th colspan="2">新版城市建设用地分类</th><th rowspan="2">新旧版区分</th></tr>
<tr><th>类别名称</th><th>内容</th><th>类别名称</th><th>内容</th></tr>
<tr><td>工业用地（M）</td><td>工矿企业的生产车间、库房及其附属设施等用地，包括铁路、码头和附属道路、停车场等用地，不包括露天矿用地</td><td>工业用地（M）</td><td>工矿企业的生产车间、库房及其附属设施等用地，包括铁路、码头和附属道路、停车场等用地，不包括露天矿用地</td><td>新版引入环境评价标准等</td></tr>
<tr><td>仓储用地（W）</td><td>仓储企业的库房、堆场和包装加工车间及其附属设施等用地</td><td>物流仓储用地（W）</td><td>物资储备、中转、配送等用地，包括附属道路、停车场以及货运公司车队的站场等用地</td><td>添加物流、中转功能等</td></tr>
<tr><td>市政公用设施用地（U）</td><td>市级、区级和居住区级的市政公用设施用地，包括其建筑物、构筑物及管理维修设施等用地</td><td>公用设施用地（U）</td><td>供应、环境、安全等设施用地</td><td>新版将交通设施用地划出等</td></tr>
<tr><td>对外交通用地（T）</td><td>铁路、公路、管道运输、港口和机场等城市对外交通运输及其附属设施等用地</td><td rowspan="2">道路与交通设施用地（S）</td><td rowspan="2">城市道路、交通设施等用地，不包括居住用地、工业用地等内部的道路、停车场等用地</td><td rowspan="2">旧版将道路与交通设施用地分为市内与对外交通两部分，新版新增“城市轨道交通用地”和“交通枢纽用地”等</td></tr>
<tr><td>道路广场用地（S）</td><td>市级、区级和居住区级的道路、广场和停车场等用地</td></tr>
<tr><td>绿地（G）</td><td>市级、区级和居住区级的公共绿地及生产防护绿地，不包括专用绿地、园地和林地</td><td>绿地与广场用地（G）</td><td>公园绿地、防护绿地、广场等公共开放空间用地</td><td>旧版道路广场用地的一部分（市内交通）纳入新版的道路与交通设施用地，另一部分（广场）则与绿地一起成为新版的绿地与广场用地等</td></tr>
</table>

在对哈密城市用地数据进行初步审核过程中发现，2013年哈密城市用地数据出现显著调整。虽然2012年哈密已经开始采用新版用地分类标准，但2012年各类用地数据仍参考旧版标准，说明哈密正式采用新版用地分类标准始于2013年，2012年为过渡年。为使研究具有可行性、可比性，且更为严谨及准确，在下文的用地结构演变分析中，将基于旧版与新版用地分类的差异，并根据历年哈密市年鉴事件、卫星地图变动等对各类用地数据进行校对，主体采用旧版用地分类方式进行研究，部分用地类型分1999—2011年、2012—2018年两个阶段将新旧版标准结合起来进行分析。研究基础数据取自《中国城市建设统计年鉴》。

（1）居住用地层面

用地面积方面，哈密市居住用地面积在1999—2018年的变化具有明显的阶段性特征，可分为1999—2002年、2002—2005年、2005—2013年、2013—2018年四个阶段。1999—2002年，哈密市居住用地面积处于缓慢平稳的增长阶段，3年内增加了1km^2；2002—2005年是快速增长阶段，3年内增加了5.74km^2；2005—2013年是基本停滞阶段，8 年内仅增加了 0.67km²；2014—2018 年又重新开始出现增长态势（图 6-16）。总体而言，哈密市居住用地总量呈现出缓慢和平稳的增长态势。

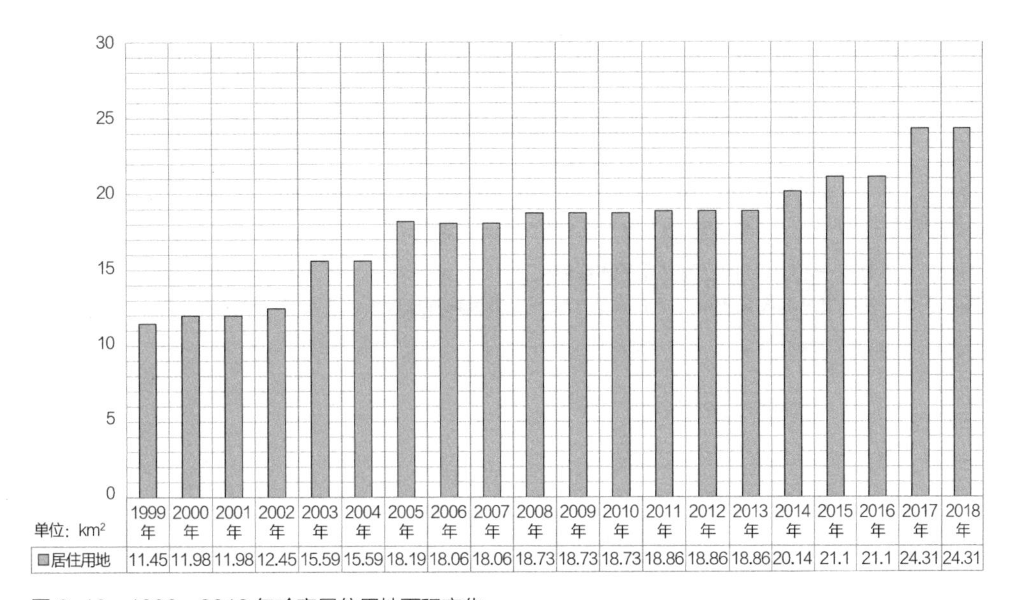

图 6-16　1999—2018 年哈密居住用地面积变化

图片来源：根据中华人民共和国住房和城乡建设部．中国城市建设统计年鉴 2000—2019［Z］．绘制

用地占比方面，1999—2018 年哈密市居住用地占比变化整体相对平稳，主要分为 1999—2004 年、2005—2018 年两个阶段。1999—2004 年，哈密的居住用地占比稳定在 46% 左右。2005 年，哈密居住用地占比出现跳变，达到 56.9%。2005—2018 年，哈密的居住用地占比缓慢下降，2017—2018 年稳定于 46.5%（图 6-17）。根据《城市用地分类与规划建设用地标准》GB50137—2011，居住用地占城市建设用地比例为 25%～40% 较为适宜。由此说明，哈密市居住用地占比正逐渐趋向合理区间，发展态势良好。

（2）公共设施用地层面

用地面积方面，1999—2018 年哈密市公共设施用地整体波动较大，尤其是 2001—2005 年期间出现明显变化，反映了此阶段公共设施用地发展态势不平稳。2005—2013 年期间，哈密市公共设施用地处于停滞发展阶段，而后在 2013—2018 年出现较快增长，由 2.57km² 增至 4.43km²，增加了 1.86km²（图 6-18）。对 2012—2018 年的公共管理与公共服务设施用地、商业服务设施用地（新版用地分类）进行分析，可以发现两类用地增势趋同，表现出平稳增长的态势，说明这期间发展良好（图 6-19、图 6-20）。

用地占比方面，1999—2013 年哈密市的公共设施用地占比整体呈下降趋势。而

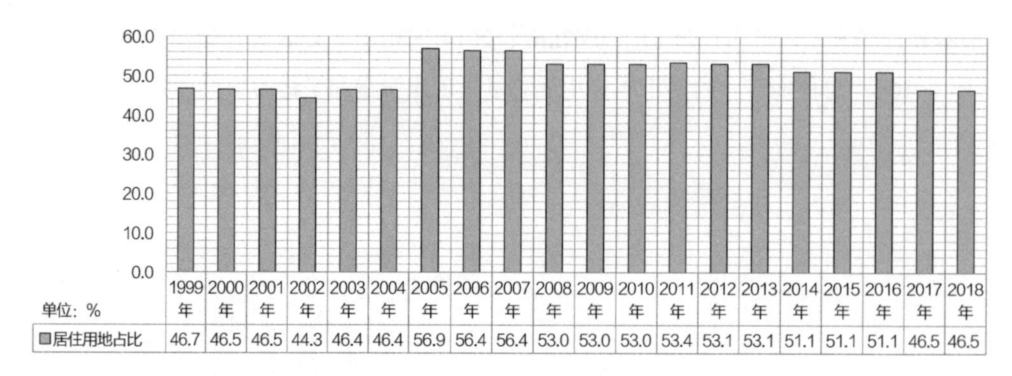

图 6-17　1999—2018 年哈密居住用地占比变化

图片来源：根据中华人民共和国住房和城乡建设部．中国城市建设统计年鉴 2000—2019［Z］．绘制

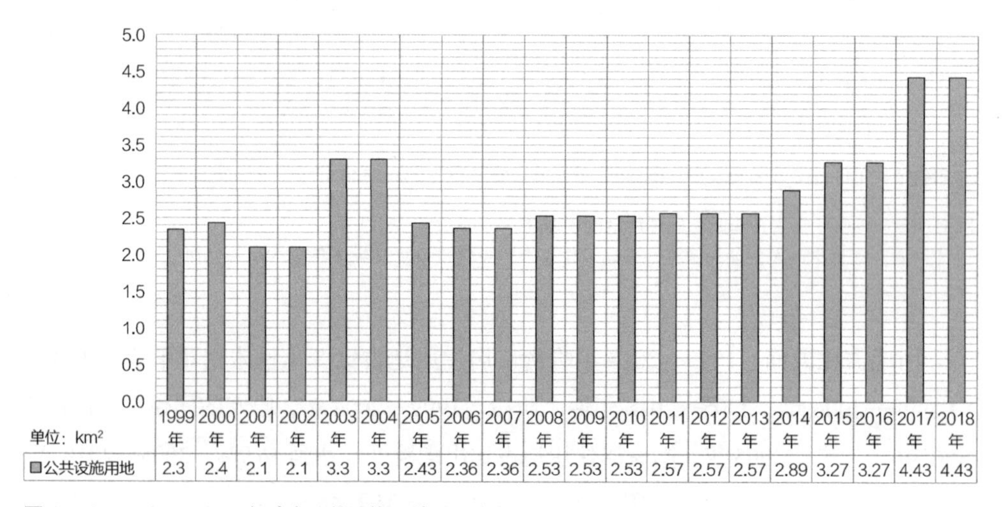

图 6-18　1999—2018 年哈密公共设施用地面积变化

图片来源：根据中华人民共和国住房和城乡建设部．中国城市建设统计年鉴 2000—2019［Z］．绘制

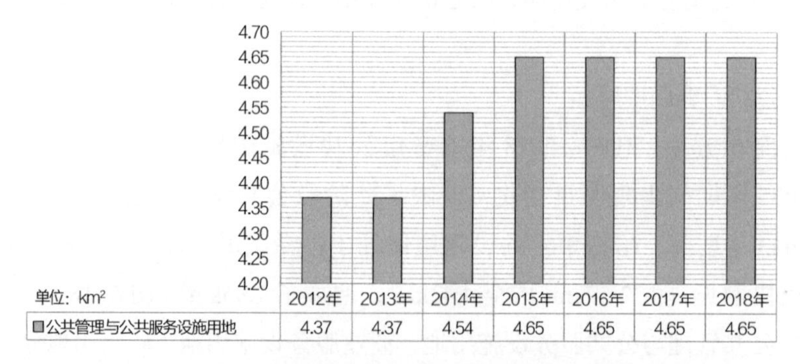

图 6-19　2012—2018 年哈密公共管理与公共服务设施用地（新版）面积变化

图片来源：根据中华人民共和国住房和城乡建设部．中国城市建设统计年鉴 2000—2019［Z］．绘制

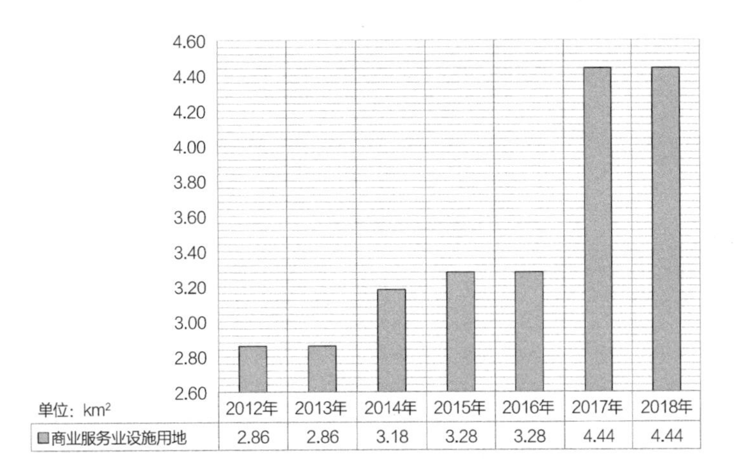

图 6-20　2012—2018 年哈密商业服务业设施用地（新版）面积变化

图片来源：根据中华人民共和国住房和城乡建设部. 中国城市建设统计年鉴 2000—2019［Z］. 绘制

自 2014 年起，哈密的公共设施用地占比又逐渐上升，由 2013 年的 7.2% 上升至 2018 年的 8.5% 左右（图 6-21）。运用新版标准进行分析，发现 2012—2018 年哈密的公共管理与公共服务设施用地占比呈逐年减少趋势，由 12.3% 逐渐下降至 9%。根据《城市用地分类与规划建设用地标准》GB50137—2011，城市建设用地中公共管理与公共服务设施用地占比以 5%～8% 为最佳。从图 6-22 可以明显看出，哈密市公共设施用地发展态势良好，逐渐趋于合理区间内。由图 6-23 可知，商业服务业设施用地占比稳定于 7%～8%，经过研究团队的实地调查，也验证了哈密现状的商业服务业设施整体发展较为稳定、良好。

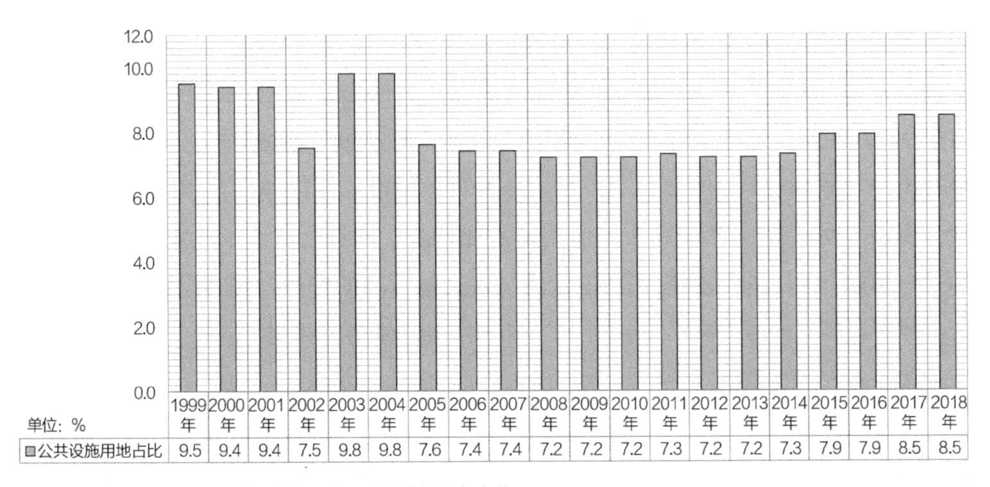

图 6-21　1999—2018 年哈密公共设施用地占比变化

图片来源：根据中华人民共和国住房和城乡建设部. 中国城市建设统计年鉴 2000—2019［Z］. 绘制

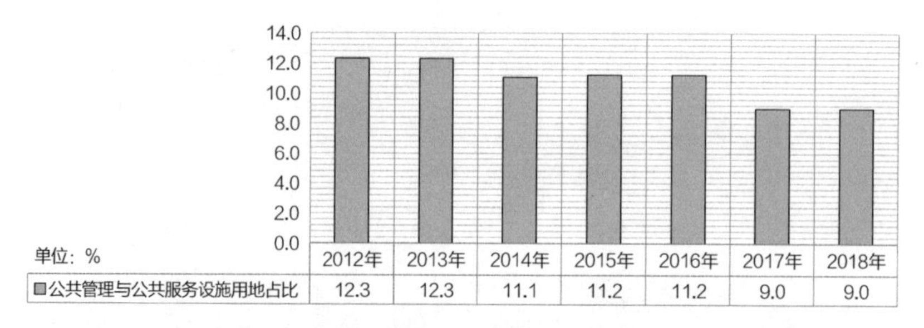

图 6-22　2012—2018 年哈密公共管理与公共服务设施用地（新版）占比变化

图片来源：根据中华人民共和国住房和城乡建设部. 中国城市建设统计年鉴 2000—2019［Z］. 绘制

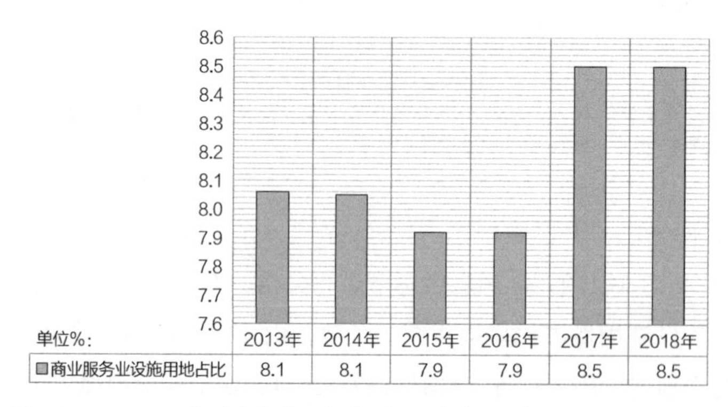

图 6-23　2013—2018 年哈密商业服务业设施用地（新版）占比变化

图片来源：根据中华人民共和国住房和城乡建设部. 中国城市建设统计年鉴 2000—2019［Z］. 绘制

（3）工业用地层面

工业用地是资源产业发展的重要基础，是资源型城市工业化进程有序推进的前提与保障。哈密市工业用地面积较为稳定，除 2017 年、2018 年外，整体于 6km² 上下波动，并未表现出较大的变化。用地占比方面则总体呈现出明显的缓慢下降态势，由 1999 年的 24% 逐渐下降至 2016 年的 15.6%（图 6-24、图 6-25）。根据《城市用地分类与规划建设用地标准》GB50137—2011，城市工业用地占比以 15%～30% 为宜，梳理 1999—2016 年哈密市工业用地占比情况，均符合城市工业用地占比要求。2017—2018 年间工业用地面积与占比均呈现大幅下降的态势，究其原因，主要是哈密市政府开展“退城入园”等工作[156]，将重工业企业逐步外迁。

（4）仓储用地层面

仓储用地作为城市用地的重要组成部分，与其他类型用地有较为密切的联系，关系着城市生产资料、生产工具等的良性运转。与工业用地类同，1999—2018 年哈密市仓储用地面积增幅较小。1999—2005 年，稳定于 0.65km² 上下；2006—2016 年，则在 0.9～1km² 区间波动，变化很小；2017—2018 年，增长到 1.6km²。用地占比方

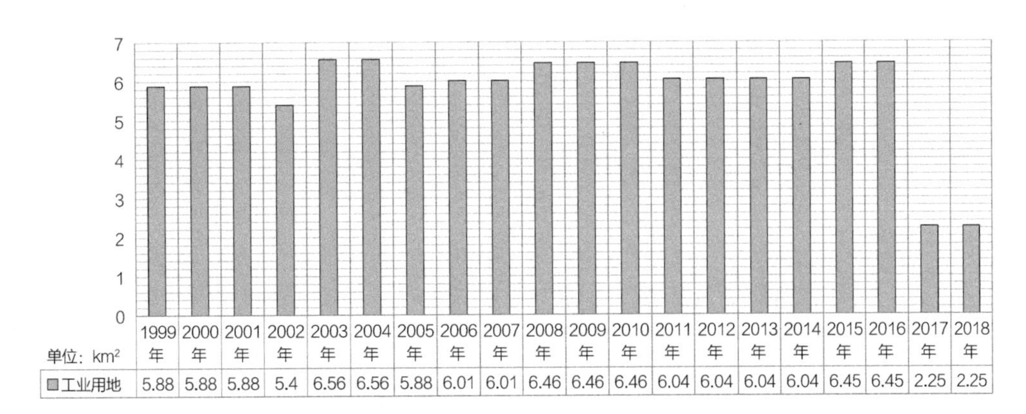

图 6-24　1999—2018 年哈密工业用地面积变化

图片来源：根据中华人民共和国住房和城乡建设部．中国城市建设统计年鉴 2000—2019［Z］．绘制

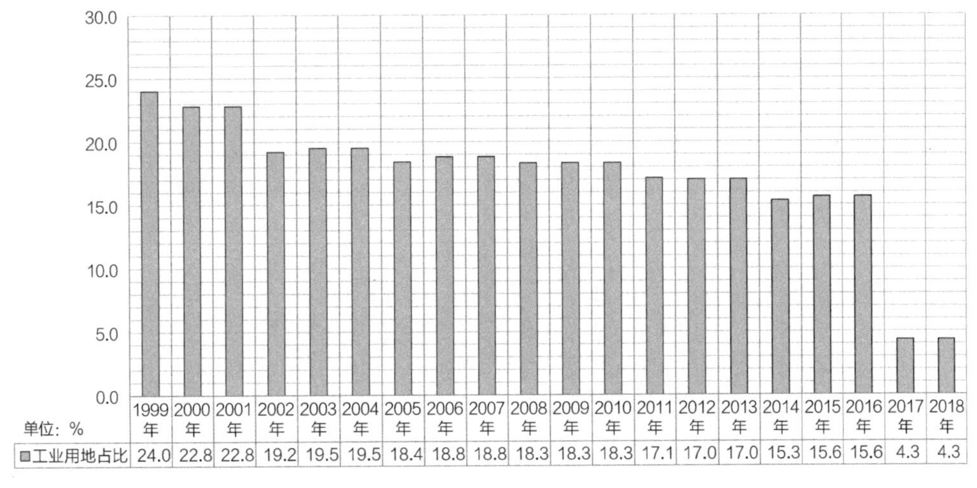

图 6-25　1999—2018 年哈密工业用地占比变化

图片来源：根据中华人民共和国住房和城乡建设部．中国城市建设统计年鉴 2000—2019［Z］．绘制

面，哈密市仓储用地占比不稳定，波动较大。1999—2004 年逐渐下降，2006—2007 年则突增至 2.9%；2007—2016 年逐年减少，由 2.9% 逐渐下降至 2.4%；2017—2018 年又突增至 3.1%，占比达到新高（图 6-26、图 6-27）。

（5）市政公用设施用地层面

1999—2018 年，哈密市政公用设施用地面积及占比总体均呈上升态势。在 1999—2014 年，哈密市政公用设施建设相对迟缓，市政公用设施用地面积变化不明显；2014—2016 年则出现小幅度上升；2017—2018 年有大量市政公用设施建成，市政公用设施用地面积迅速上升（图 6-28、图 6-29），这说明哈密在城市用地快速扩张过程中逐渐开始加大在市政公用设施建设方面的投入，逐渐补足城市配套建设的短板，促进城市用地结构合理发展。

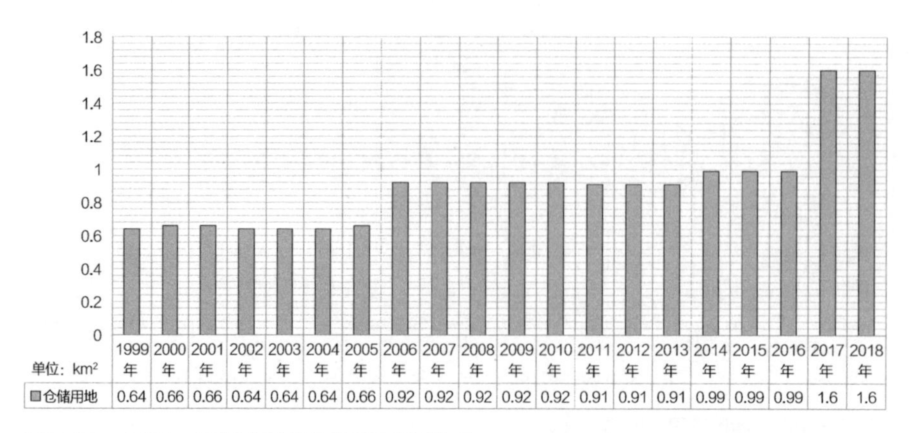

图 6-26 1999—2018 年哈密仓储用地面积变化

图片来源：根据中华人民共和国住房和城乡建设部. 中国城市建设统计年鉴 2000—2019［Z］. 绘制

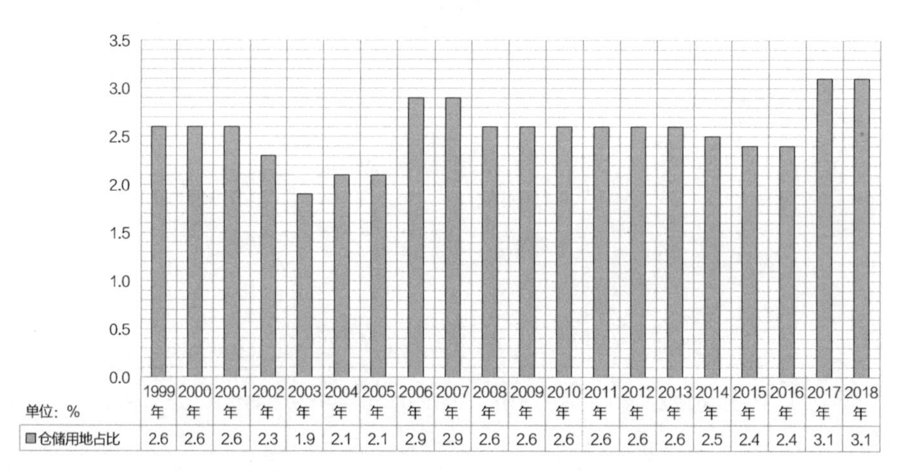

图 6-27 1999—2018 年哈密仓储用地占比变化

图片来源：根据中华人民共和国住房和城乡建设部. 中国城市建设统计年鉴 2000—2019［Z］. 绘制

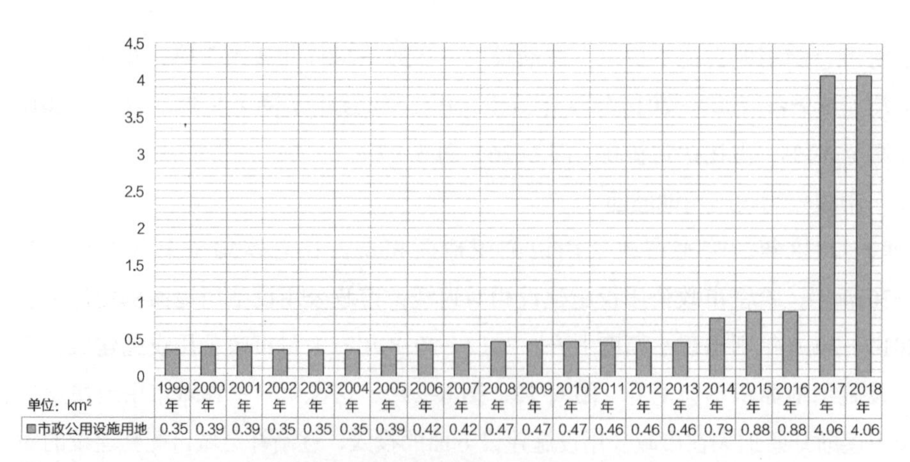

图 6-28 1999—2018 年哈密市政公用设施用地面积变化

图片来源：根据中华人民共和国住房和城乡建设部. 中国城市建设统计年鉴 2000—2019［Z］. 绘制

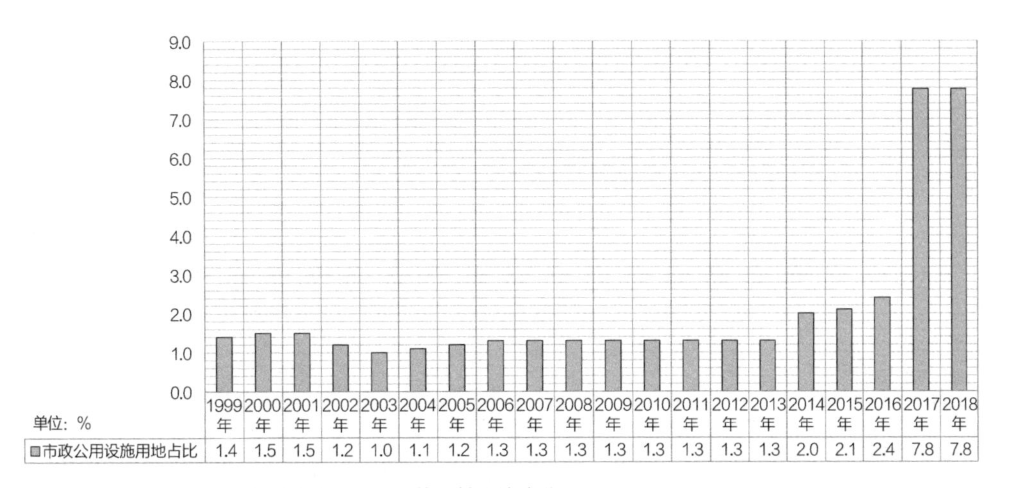

图 6-29　1999—2018 年哈密市政公用设施用地占比变化

图片来源：根据中华人民共和国住房和城乡建设部. 中国城市建设统计年鉴 2000—2019［Z］. 绘制

（6）道路、绿地及广场用地层面

用地面积方面，哈密市绿地、道路广场用地、对外交通用地的总面积，以及绿地与广场用地、道路与交通设施用地的总面积①整体变化情况较不平稳。2002 年、2008 年、2014 年、2017 年，总面积突增，2002 年较 2001 年增加了 2.76km^2，2008 年较 2007 年增加了 2km^2，2014 年较 2013 年增加了 1.97km^2。2004 年则突降，较 2003 年减少了 2.76km^2。此外，除 2003—2004 年外，绿地、道路广场用地、对外交通用地的总面积，以及绿地与广场用地、道路与交通设施用地的总面积整体呈增加趋势。例如，1999 年，绿地、道路广场用地、对外交通用地的总面积仅为 3.87km^2，而至 2018 年末，绿地与广场用地、道路与交通设施用地的总面积已达 14.99km^2（图 6-30）。

用地占比方面，1999—2018 年，哈密市绿地、道路广场用地、对外交通用地占比之和，以及绿地与广场用地、道路与交通设施用地占比之和②的演变情况较不稳定，在 13.2%～28.6% 的范围波动。由图 6-30 可以看出，2002 年面积突增的主要原因是绿地大量增加。而总体来看，2004—2018 年，绿地、道路广场用地、对外交通用地占比之和，以及绿地与广场用地、道路与交通设施用地占比之和缓慢上升，由 13.2% 增至 28.6%。其中，2004—2011 年，用地变化主要是由于绿地增加，2012—2018 年则是绿地与广场用地、道路与交通设施用地的面积之和整体提升，其中道路交通设施用地面积从 2012 年的 3.22km^2 增至 2018 年的 6.79km^2。绿地与广场用

① 绿地、道路广场用地、对外交通用地的总面积，同哈密市绿地与广场用地、道路与交通设施用地的总面积。

② 绿地、道路广场用地、对外交通用地占比之和，同哈密市绿地与广场用地、道路与交通设施用地占比之和。

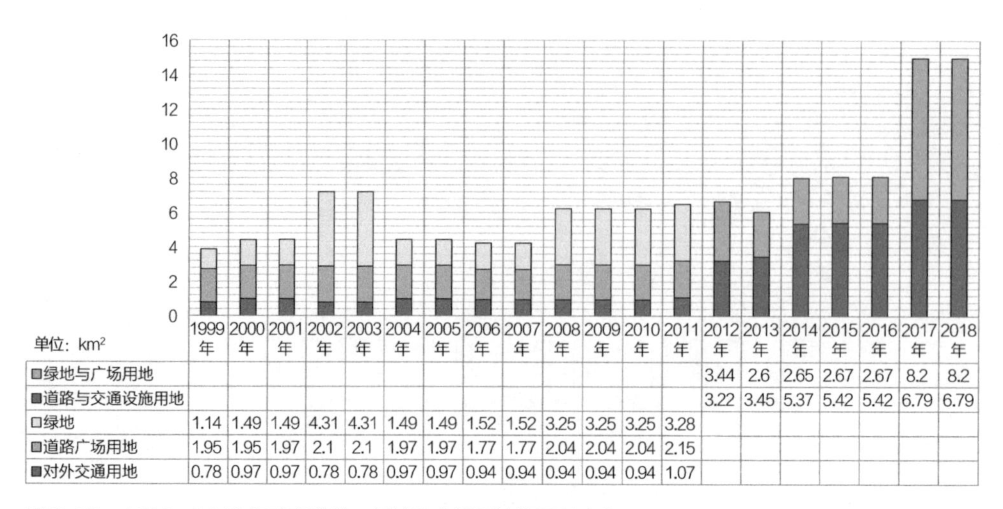

单位：km²	1999年	2000年	2001年	2002年	2003年	2004年	2005年	2006年	2007年	2008年	2009年	2010年	2011年	2012年	2013年	2014年	2015年	2016年	2017年	2018年
绿地与广场用地														3.44	2.6	2.65	2.67	2.67	8.2	8.2
道路与交通设施用地														3.22	3.45	5.37	5.42	5.42	6.79	6.79
绿地	1.14	1.49	1.49	4.31	4.31	1.49	1.49	1.52	1.52	3.25	3.25	3.25	3.28							
道路广场用地	1.95	1.95	1.97	2.1	2.1	1.97	1.97	1.77	1.77	2.04	2.04	2.04	2.15							
对外交通用地	0.78	0.97	0.97	0.78	0.78	0.97	0.97	0.94	0.94	0.94	0.94	0.94	1.07							

图 6-30 1999—2018 年哈密道路、绿地及广场用地等面积变化

图片来源：根据中华人民共和国住房和城乡建设部. 中国城市建设统计年鉴 2000—2019［Z］. 绘制

地面积及其占比在 2012—2016 年处于下降状态，但是在 2017—2018 年又显著提升（图 6-31）。上述情况反映出哈密在城市建设过程中对道路交通设施用地投入的重视，且对部分绿地与广场用地进行了置换。此外，哈密市的绿地在城市空间演变中表现出占比低、公园绿地面积不足的状态。

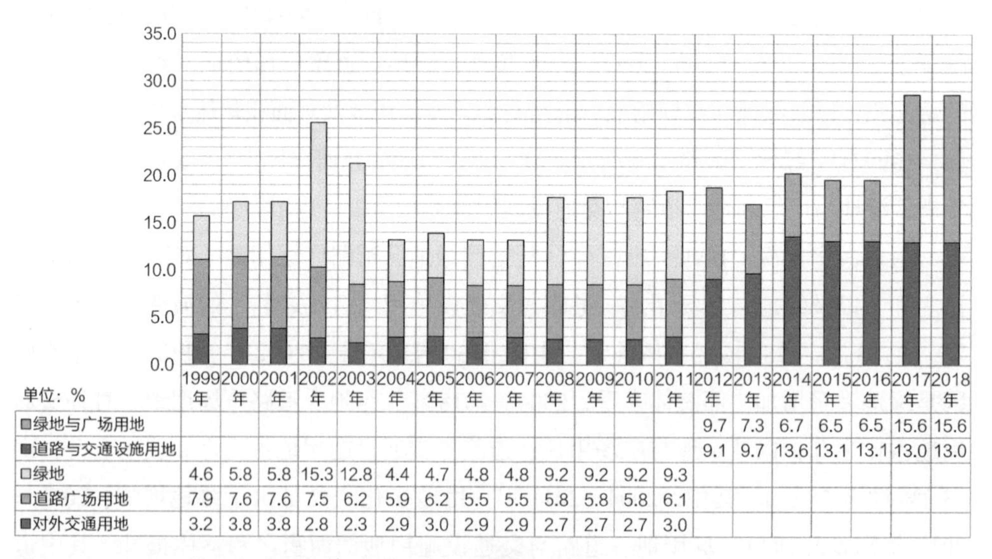

单位：%	1999年	2000年	2001年	2002年	2003年	2004年	2005年	2006年	2007年	2008年	2009年	2010年	2011年	2012年	2013年	2014年	2015年	2016年	2017年	2018年
绿地与广场用地														9.7	7.3	6.7	6.5	6.5	15.6	15.6
道路与交通设施用地														9.1	9.7	13.6	13.1	13.1	13.0	13.0
绿地	4.6	5.8	5.8	15.3	12.8	4.4	4.7	4.8	4.8	9.2	9.2	9.2	9.3							
道路广场用地	7.9	7.6	7.6	7.5	6.2	5.9	6.2	5.5	5.5	5.8	5.8	5.8	6.1							
对外交通用地	3.2	3.8	3.8	2.8	2.3	2.9	3.0	2.9	2.9	2.7	2.7	2.7	3.0							

图 6-31 1999—2018 年哈密道路、绿地及广场用地等占比变化

图片来源：根据中华人民共和国住房和城乡建设部. 中国城市建设统计年鉴 2000—2019［Z］. 绘制

（7）整体性分析

从整体层面来看（图 6-32），哈密市 1999—2018 年的城市建设用地面积处于不断增加的状态，由 1999 年的 24.53km² 逐渐增至 2018 年的 52.25km²，增加了 113%。

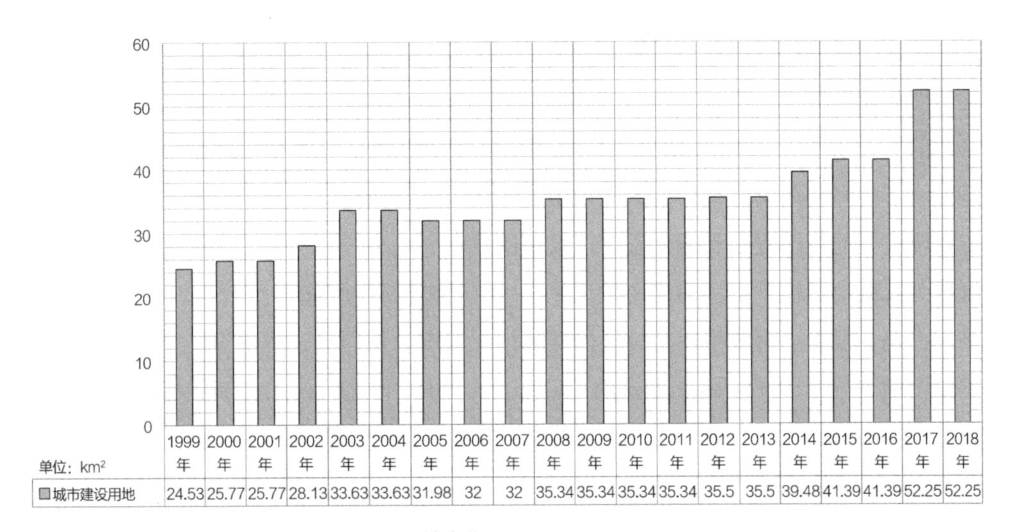

单位：km²	1999年	2000年	2001年	2002年	2003年	2004年	2005年	2006年	2007年	2008年	2009年	2010年	2011年	2012年	2013年	2014年	2015年	2016年	2017年	2018年
城市建设用地	24.53	25.77	25.77	28.13	33.63	33.63	31.98	32	32	35.34	35.34	35.34	35.34	35.5	35.5	39.48	41.39	41.39	52.25	52.25

图 6-32　1999—2018 年哈密城市建设用地变化

图片来源：根据中华人民共和国住房和城乡建设部. 中国城市建设统计年鉴 2000—2019［Z］. 绘制

其中，2006—2007 年、2008—2011 年、2012—2013 年、2015—2016 年，以及 2017—2018 年五个阶段中的城市建设用地总量未发生改变，2001—2003 年、2007—2008 年、2013—2018 年的城市建设用地总量上升明显，2003—2006 年则小规模减少。总体而言，1999—2018 年，哈密城市空间处于明显的持续扩张阶段，这与国家发展的大形势，以及哈密市正处于资源型城市的成长阶段密不可分。此阶段中，资源开发产业及相关产业会吸纳外界大量的资金、技术、人口等资源，这为哈密城市用地扩张带来了充足的动力。

虽然 1999—2018 年哈密市用地总量持续增长，但并非所有类别的用地均处于持续增长的状态。从这 19 年中各类用地增减情况（图 6-33）可以看出，各类用地在整个演变过程中表现出不同程度的波动。其中，居住用地、工业用地、仓储用地、对外

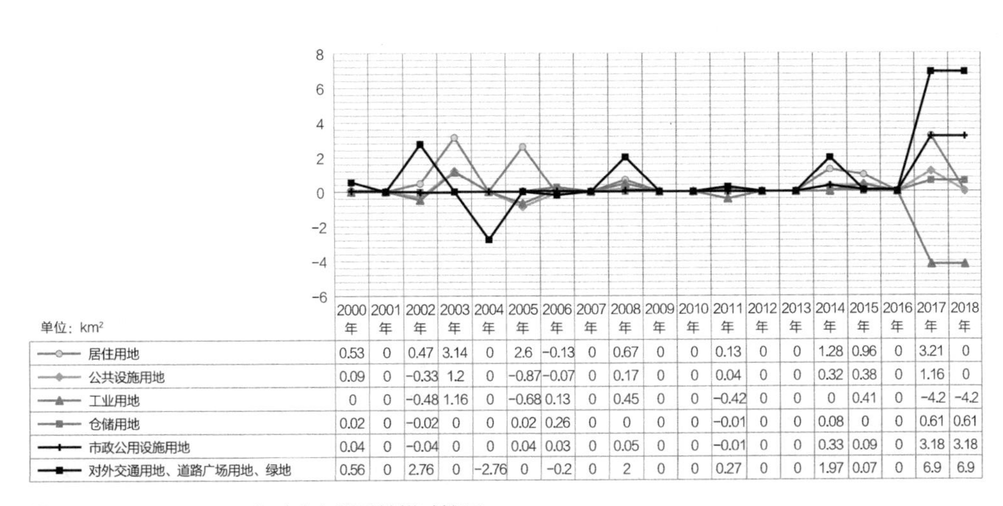

单位：km²	2000年	2001年	2002年	2003年	2004年	2005年	2006年	2007年	2008年	2009年	2010年	2011年	2012年	2013年	2014年	2015年	2016年	2017年	2018年
居住用地	0.53	0	0.47	3.14	0	2.6	−0.13	0	0.67	0	0	0.13	0	0	1.28	0.96	0	3.21	0
公共设施用地	0.09	0	−0.33	1.2	0	−0.87	−0.07	0	0.17	0	0	0.04	0	0	0.32	0.38	0	1.16	0
工业用地	0	0	−0.48	1.16	0	−0.68	0.13	0	0.45	0	0	−0.42	0	0	0	0.41	0	−4.2	−4.2
仓储用地	0.02	0	−0.02	0	0	0.02	0.26	0	0	0	0	−0.01	0	0	0.08	0	0	0.61	0.61
市政公用设施用地	0.04	0	−0.04	0	0	0.04	0.03	0	0.05	0	0	−0.01	0	0	0.33	0.09	0	3.18	3.18
对外交通用地、道路广场用地、绿地	0.56	0	2.76	0	−2.76	0	−0.2	0	2	0	0	0.27	0	0	1.97	0.07	0	6.9	6.9

图 6-33　2000—2018 年哈密各类用地增减情况

交通用地、道路广场用地以及绿地的波动幅度较大，公共设施用地、市政公用设施用地的变化相对较小。

前文对1999—2018年哈密市各类用地面积的变化情况进行了详细分析，以此为基础，下文将利用熵值法对哈密的城市用地结构进行研究，以定量分析哈密城市用地子系统演变的有序程度和剧烈程度。熵值法以信息熵为表征指标，一般来说，信息熵值越大，城市用地子系统的演变越无序[157]。具体分析步骤如下。

首先，根据哈密城市用地分类的实际情况选定分析因子，本书以哈密的各类城市建设用地为分析因子。由于哈密的用地分类在2012年之后才采用新版标准，为科学分析，本书仍将以旧版分类标准为主线，并结合新版分类标准的具体内容，对其进行分类分析，具体如表6-2所示。

城市建设用地分类　　表6-2

分类	单位
居住用地	km^2
公共设施用地	km^2
工业用地	km^2
仓储用地	km^2
市政公用设施用地	km^2
对外交通用地、道路广场用地、绿地	km^2

其后，结合表6-2的分析因子内容，收集相关基础数据，并构建如下用地数据矩阵（附表3）。

接着，对矩阵的数据进行标准化处理，其后再运用熵值法计算公式，计算各类用地在各年度的信息熵、信息熵总和、差异性系数等基础数据（附表4），并进一步分析哈密市整个城市用地系统各年度信息熵总量和熵增量ΔE（$\Delta E = e_{i+1} - e_i$）的变化情况。需要说明的是，在以熵值法计算标准化处理后的数据时，会使研究期基础年的大部分信息熵值为零，为更清晰地反映系统演变情况，之后图表中给出的信息熵、熵增量等值均从研究期第二年，即2000年开始。除用地子系统外，产业、人口、交通子系统亦是如此。

分析结果表明，在信息熵总量变化方面，哈密城市用地系统各年度的信息熵总值不断增加，说明城市用地结构始终处于大幅度变化与调整过程中，呈现较无序的发展状态。这是由于各类城市建设用地在扩张、调整等演变过程中存在复杂的非线性作用，而随着这些作用不断增强，用地系统的涨落会逐渐增大，致使用地系统的熵值持续增加（图6-34）。

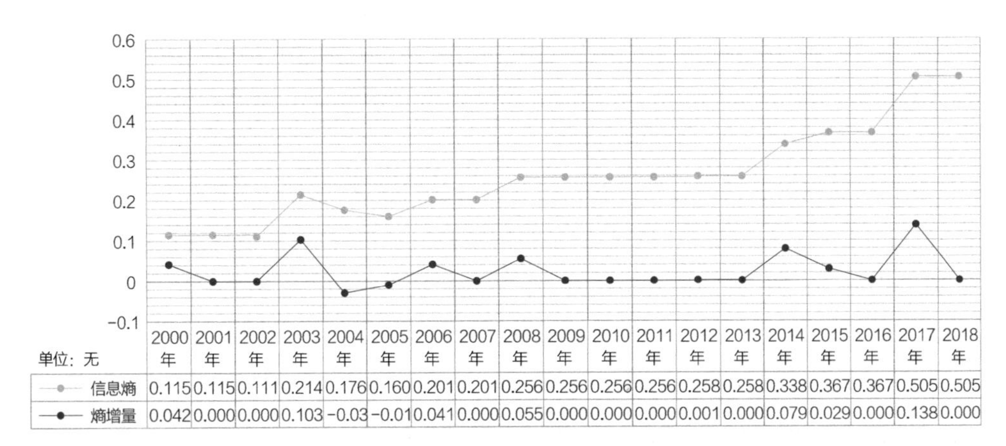

	2000年	2001年	2002年	2003年	2004年	2005年	2006年	2007年	2008年	2009年	2010年	2011年	2012年	2013年	2014年	2015年	2016年	2017年	2018年
信息熵	0.115	0.115	0.111	0.214	0.176	0.160	0.201	0.201	0.256	0.256	0.256	0.256	0.258	0.258	0.338	0.367	0.367	0.505	0.505
熵增量	0.042	0.000	0.000	0.103	-0.03	-0.01	0.041	0.000	0.055	0.000	0.000	0.000	0.001	0.000	0.079	0.029	0.000	0.138	0.000

图 6-34　哈密用地系统信息熵及熵增量变化图

在熵增量变化方面，哈密城市用地系统在 2000 年、2003 年、2006 年、2014 年、2015 年、2017 年等多个时间节点上的熵增量有明显差异，原因在于哈密市用地系统的熵值变化具有明显的非线性特征，会因偶然及突变因素呈波动发展状态（图 6-35）。

2000—2002 年，波动的产生主要是因为公共设施用地，工业用地，对外交通用地、道路广场用地、绿地的熵值出现明显变化。公共设施用地熵值由 0.0285 降至 0，工业用地熵值从 0.0512 降至 0.0466，对外交通用地、道路广场用地、绿地的熵值由 0.141 增至 0.0519。三类用地熵增量的变化反映出这三类用地在快速调整。其中，公共设施用地先从 2.34km^2 增至 2.43km^2，又降为最低值 2.1km^2；对外交通用地、道路广场用地、绿地用地面积快速增加了约 62%，由 4.43km^2 增至 7.19km^2。

2002—2004 年，熵增量波动主要是因为公共设施用地、工业用地、居住用地的熵值变化较大，三类用地的熵增量均在 2003 年出现波峰，达到较高值。2004—2007 年，出现波动主要是因为仓储用地的熵增明显，而 2007—2009 年出现波动主要是因

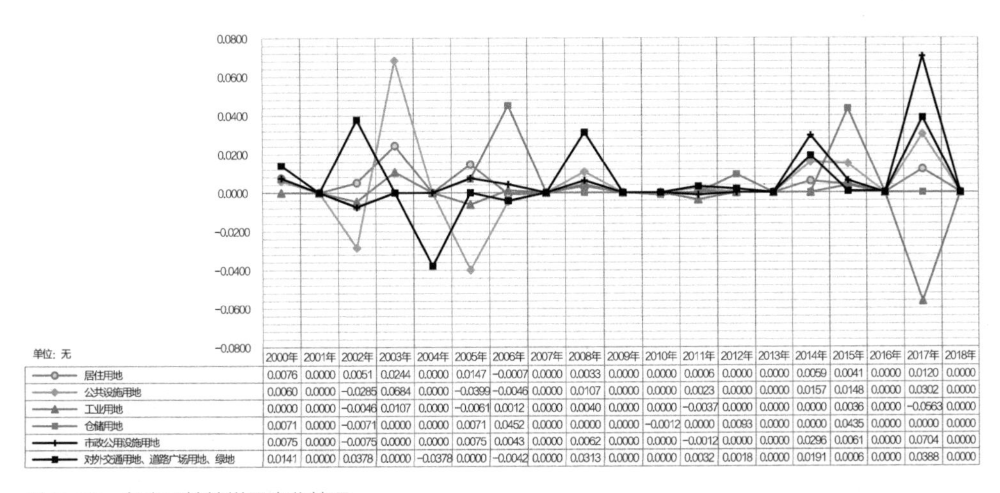

	2000年	2001年	2002年	2003年	2004年	2005年	2006年	2007年	2008年	2009年	2010年	2011年	2012年	2013年	2014年	2015年	2016年	2017年	2018年
居住用地	0.0076	0.0000	0.0051	0.0244	0.0000	0.0147	-0.0007	0.0000	0.0033	0.0000	0.0000	0.0006	0.0000	0.0000	0.0059	0.0041	0.0000	0.0120	0.0000
公共设施用地	0.0060	0.0000	-0.0285	0.0684	0.0000	-0.0399	-0.0046	0.0000	0.0107	0.0000	0.0000	0.0023	0.0000	0.0000	0.0157	0.0148	0.0000	0.0302	0.0000
工业用地	0.0000	0.0000	-0.0046	0.0107	0.0000	-0.0061	0.0012	0.0000	0.0040	0.0000	0.0000	-0.0037	0.0000	0.0000	0.0000	0.0036	0.0000	-0.0563	0.0000
仓储用地	0.0071	0.0000	-0.0071	0.0000	0.0000	0.0071	0.0452	0.0000	0.0000	0.0000	-0.0012	0.0000	0.0093	0.0000	0.0000	0.0435	0.0000	0.0000	0.0000
市政公用设施用地	0.0075	0.0000	-0.0075	0.0000	0.0000	0.0075	0.0043	0.0000	0.0062	0.0000	0.0000	-0.0012	0.0000	0.0000	0.0296	0.0061	0.0000	0.0704	0.0000
对外交通用地、道路广场用地、绿地	0.0141	0.0000	0.0378	0.0000	-0.0378	0.0000	-0.0042	0.0000	0.0313	0.0000	0.0000	0.0032	0.0018	0.0000	0.0191	0.0006	0.0000	0.0388	0.0000

图 6-35　各类用地熵增量变化情况

为各类用地的熵值均为正值，且均在2008年出现波峰，达到较高值。2009—2012年的波动不大。2013—2016年，波动的主要原因也是因为各类用地的熵值均为正值，并均在2014年出现波峰，达到较高值。

2016—2018年，波动主要是因为除工业用地外的各类用地熵值均为正值，且均在2017年出现波峰与波谷，除公共设施用地以外分别达到最高值与最低值。公共服务设施用地、工业用地的熵值变化较大，反映出这两类用地面积的变化较大。其中，市政公用设施用地由0.88km^{2}增至4.06km^2，增加了约361%；工业用地由6.45km^{2}减少至2.25km^2，减少了一半有余。

最后，结合前文对指标权重、标准化矩阵数据等的分析结果，进一步计算用地系统的综合评分。该评分能够评判系统内各类因子的离散程度，评分越高，用地系统的稳定性便越强。结果表明，除2004年与2005年外，哈密城市用地系统的综合评分逐年上涨。其中，2013—2017年间上涨最为迅速，说明哈密的用地系统在空间结构系统演变过程中趋于稳定聚合。其主要原因在于，近年来为满足城市未来发展及内部各类人群的需求，哈密在推动用地空间整体向外扩张的同时，也在不断调整城市用地的功能结构，城市用地功能趋于合理、结构趋于有序（图6-36）。

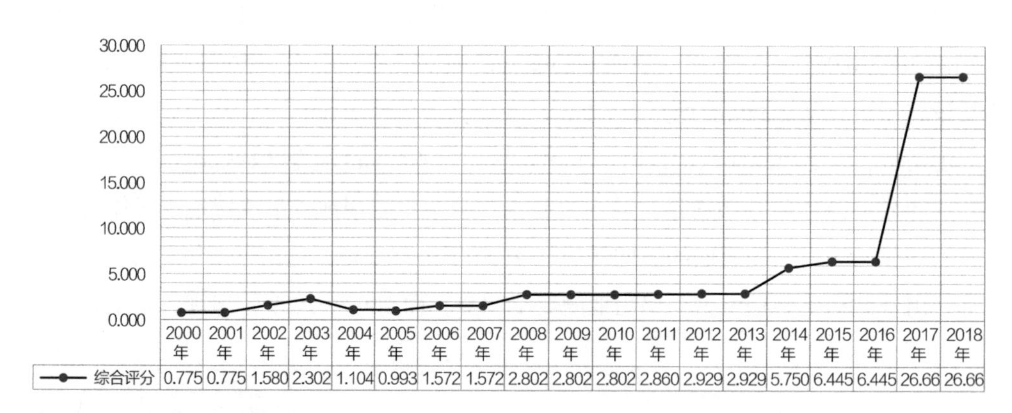

图6-36　哈密用地系统综合评分

6.1.3　用地演变机制

如前所述，哈密市是典型的先城后矿类资源型城市，在其发展历史中长期以农牧业为主，其初始用地系统虽具有一定的开放性，但与外部环境的相互作用不强，没有大量的物质、能量等的交换，外部负熵缓慢流入初始系统。而初始系统结构也相对简单，内部用地间的非线性作用较弱，因此而形成的内部增熵较少、涨落较小。不过此阶段系统外部流入的负熵亦高于其内部熵增，具体表现为城市系统缓慢吸引外部人群陆续流入，形成散布的居民点。

随着外部人群持续缓慢流入系统内部，散布状态的居民点逐渐发展为小型聚落，并随着时间延续再发展为较大型的聚落。由于居民数量不断增加，居民的生产生活活动也随之增多，聚落内部的随机微涨落开始频繁地出现，且强度开始增大。在系统内部的非线性作用下，某些微涨落会被放大为巨涨落，而当巨涨落对系统的作用超过系统所能承受的阈值时，系统便会发生突变。例如聚落用地系统内服务类用地从无到有，这样便形成了用地系统的初级形式。

初级的用地系统相对有序，但并不稳定，天灾、战乱等可能对其造成巨大的破坏甚至毁灭性的打击，城市内部其他社会、经济事件带来的巨涨落也可能在短期内使系统内部的熵剧增。为使自身始终保持有序状态，系统一方面需要不断引入外部负熵流，另一方面需要进行内部的重构。经过长时期的、反复的升级重构之后，系统也同时与外部进行更为频繁的物质、信息及能量的交换，城市用地系统便可进入一个个新的发展阶段。

当矿产资源被发现后，资源开发产业开始出现，这使城市的用地系统演变机制出现新的变化，在系统内外各类“流”的交换过程中，资源产业相关因素所占的分量越来越大。城市用地系统功能等也进一步演变，各资源点会不断吸纳外部负熵流，快速扩大成以资源开发产业为主导的工矿城镇（图6-37）。

目前，哈密市处于资源型城市生命周期中的成长期，资源产业快速兴起、产业规模迅速扩张。哈密城市用地系统也在不断吸纳外部资源，负熵流持续流入，用地系统不断远离平衡态，逐渐随着时间迁移演变成更高

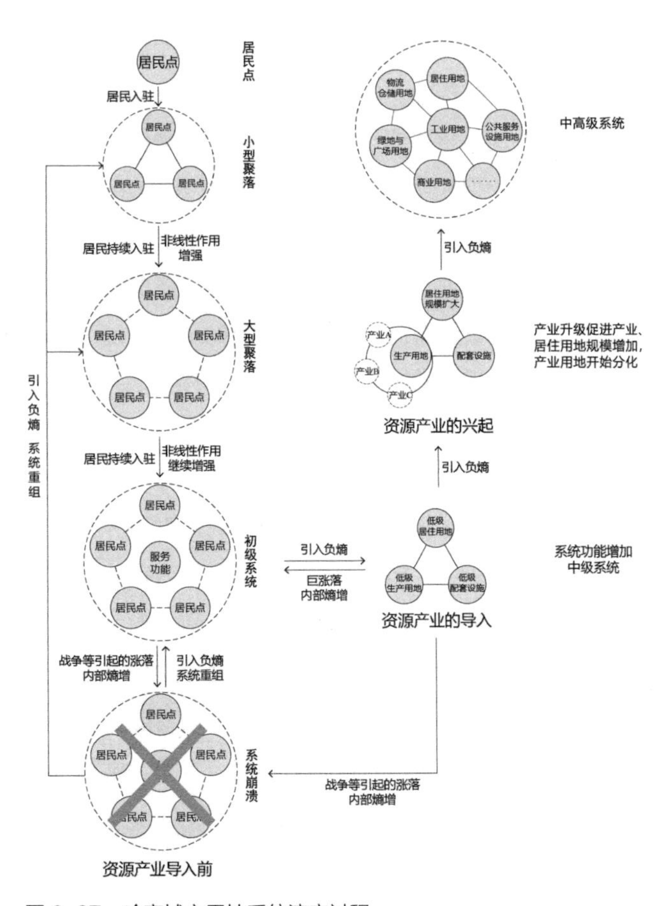

图6-37 哈密城市用地系统演变过程

一级的有序系统。直观表现为居住、产业、各类配套设施用地规模扩大，以及产业用地进一步分化。但由前文对信息熵的分析也可以看出，哈密用地系统的熵值逐步增加，说明其用地系统内部的调整与变动较多，系统内部正在趋向无序与混乱，此时其居住、交通、绿地等各类用地的涨落亦十分明显。

6.1.4 用地演变特征

就总体演变过程而言，哈密城市用地系统的演变有两个显著特征：第一，局部用地在时间维度上的更新，主要体现在用地功能的更新及用地结构的维持；第二，城市整体空间的扩张和调整，包括城市用地的外向扩展和内部置换。

（1）用地功能及其结构的更新

用地系统的演变是一个长期持续的过程，在不同的发展阶段，系统具有不同的功能与结构。哈密早期用地起源于东西河坝，因河流兼具生活、生产及防卫功能，故聚落用地空间表现为沿河流分布。此时受限于当时的经济社会发展条件，哈密的用地系统与外部环境间的联系较弱、内部涨落较小、非线性关系较弱，演变缓慢，长期保持着功能简单、结构单一的状态。进入工业社会后，哈密的用地功能、结构主要由交通和市场所决定，与外部环境的联系也明显增强。新的生产生活方式使系统内部产生了较大的涨落，促使哈密城市用地结构细分，衍生出更多类型的生产生活空间。铁路、公路、城市干道等交通线路则成为连接哈密内部与外部，以及内部经济社会子系统的重要纽带，承担着不同的交通运输功能。各类经济社会活动集聚于线路两侧和站点周边，用地功能重新布局，进而出现新的城市用地结构。随着用地系统的持续演变，哈密用地功能持续分异，不断精细化和多样化。

（2）用地的外向扩张及内部置换

哈密地处我国西北干旱区，早期人烟稀少，交通条件落后，其用地系统与外部社会、经济等的相互作用较弱，城市以内部发展为主，系统涨落多产生于城市内部子系统间的非线性作用。随着工业社会到来，城市的对外交流互通越来越重要，此时城市与外部环境联系增多，系统不断引入外部负熵流，促进城市用地系统扩张与升级。但在用地扩张升级的同时，系统内部的部分用地由于不适应新的功能需求，导致用地间的相互作用关系紊乱、无序，城市内部熵增迅速。为重新形成有序耗散结构，哈密城市用地系统通过自组织与他组织机制，置换、调整、优化各类用地，以适应新的用地功能及需求。

6.1.5　用地演变影响因素

哈密城市用地系统的演变主要经过了三个阶段的发展，即从最初的无序、简单和低级缓慢向较为有序、较为复杂的中级阶段过渡，最终向有序、综合、复杂的高级阶段发展。纵观整个演变周期，其用地系统的形成及发展主要受城市开发主体及利益相关方、城市规划、交通基础设施建设等的影响。

（1）城市开发主体和利益相关方

① 资源开发产业兴起之前

这一时期，哈密城市用地主要以满足城市内部人群居住及商业贸易需求为主，生产、生活、服务功能简单。城市内部之间、内部与外部之间的联系不强，外部环境对哈密的影响作用较小，城市以自给自足的方式发展。由此导致城市系统较为封闭，也使得城市开发动力不足，城市经济社会发展缓慢，用地系统也呈相对初级的状态。

② 资源开发产业兴起之后

此时，哈密城市用地系统的演变与之前有很大的不同。煤炭等资源产业的兴起对城市系统来说是一种巨涨落，改变了哈密原有城市生产、生活与服务功能的格局，也打破了原来初级、简单、封闭的城市系统运行状态，使哈密城市用地系统发生突变。从系统自组织视角来看，为重新演变形成新的稳定有序的耗散结构，城市系统在自组织机制作用下，与外部环境进行物质、能量、信息等交换的作用被加强，各种涨落被放大，系统远离平衡态，开始向新的系统结构演变，而这种演变的直接动力来源于资源开发产业的利益主体。

为便于生产作业，资源开发主体积极建设矿区、工人居住区及其他相关基础设施，从而使资源开发早期的城市用地形态整体上呈零散分布的状态，布局不集中。其后，哈密在以原有主城为核心城区的基础上聚集，以大的矿区或企业总部为触媒向周边逐渐扩展，形成了后来的用地格局。20 世纪 60—90 年代，农十三师师部与吐哈石油基地先后入驻哈密市，这意味着新的城市开发主体和利益相关方产生，其中农十三师代表的是生产建设兵团，而吐哈石油基地代表的是中国石油天然气集团及其相关企业。它们的进驻为城市建设注入了新的力量，成为影响哈密城市空间结构系统演变的一种新的巨涨落形式，作用于原有的城市用地系统，进而形成了后来的“老城—兵团十三师—吐哈石油基地”三大板块的空间格局。这种分散的飞地式空间结构布局是一种低效、不集约的模式。为强化三大城市板块的空间联系，其后几十年的城市土地开发工作都以三大板块之间的待开发建设用地为重点对象。而 2006—2019 年，以广东工业园区、哈密重工业园区、二道湖工业园区等为主要代表的利益主体也成为城市开发建设的主力军，再次推动哈密进入高速发展阶段。

在发展过程中，政府、资源开发企业及相关企业等决策主体和利益主体会根据待建用地情况、经济性及外部环境的条件，进行统筹规划和开发建设，这促进了城市用地空间的调整与扩展，形成了哈密城市用地系统演变的直接驱动力。此外，哈密城市建设由地方政府与兵团共同承担，兵地交叉的管理制度也会对城市开发建设中的用地协调问题造成影响，地方政府与兵团不同的城市发展观念同样会影响哈密城市用地系统的演变。

（2）城市规划

作为政府对城市用地系统演变的宏观调控方式，城市规划为未来城市用地的发展指明了方向。从城市发展微观角度看，它可被认为是对城市系统的他组织作用，也可认为是影响城市用地系统演变的一种巨涨落。这种巨涨落对城市未来的用地系统进行统筹安排，在原有基础上构建出一种新的城市功能用地间的相互关系，引导城市用地系统向特定方向演变，意图使城市用地系统达到规划中的新稳态结构。

城市用地系统以满足城市居民生产、生活、生态等需求为主要目标，城市规划具有平衡用地供给与需求的作用。城市规划的方向虽由决策者和规划师制定，但其实也在很大程度上来源于城市居民。城市居民本身又从属于城市系统，他们的需求与整个城市系统一同演变。故从宏观视角来看，这是一种隐性的自组织作用机制，在此机制的作用下，城市规划制定的用地方向与城市居民的需求不断融合，试图达到一个满足各方需求的平衡点。

城市规划对哈密城市用地系统演变的影响作用比较明显，具体可从《哈密市城市总体规划（1994—2010年）》（下文简称1994年版规划）、《哈密市城市总体规划（2006—2025年）》（下文简称2006年版规划）及《哈密市城市总体规划（2012—2030年）》（下文简称2012年版规划）中看出。下文将对上述三版城市总体规划在城市用地系统演变中的作用进行阐述。

1994版规划明确了147m^2/人的建设用地指标与建设用地面积41.17km^2的控制指标，以避免哈密市人口与用地规模不平衡带来自由熵增，以及城市用地系统无序发展带来不良后果。另外，规划指出城市总体上应采取近期新区、老区各自完善发展，远景实现新老片区连片聚合发展的规划图景，并提出老城区是以全市性行政办公、商业金融、物资贸易、文化娱乐、科研教育、交通运输功能为主的城市综合发展区。新区则以吐哈石油基地为中心向东西适当延伸，是以发展石油化工、电力和其他大型工业项目为主体，并配以相应公共设施和住宅区的综合城区。总的来说，1994年版规划提出了城市未来的发展模式、方向、职能及性质等，奠定了哈密的用地布局和空间结构系统的发展基础，为后续城市用地系统的演进方向做出了重要指引。

2006年版规划提出要依托交通区位优势，以G312国道和兰新铁路为载体，沿交通轴线作线型发展，并提出近期城市建设用地面积应控制在 45km^2 以内，人均建设用地面积控制在 150m^2 以内的要求。另外，2006 年版规划使城市的建设主要通过城中村改造、工业用地置换来实现，且主要局限在兰新铁路南侧，兰新铁路北侧的规划建设较少。2006 年版规划根据当时既有的形势与条件，提出哈密市 2006—2015 年的发展方向：规划以哈密市区为核心，以 G312 国道和兰新铁路为轴线，形成中心城镇密集带。总体而言，2006 年版规划在 1994 年版规划的基础上，进一步确定了哈密城市用地布局及用地结构的主要发展方向，也因此影响了后来哈密用地结构的演变。

图 6-38　河南省援建的哈密市图书馆

近年来，哈密市的发展迎来了东部省市大规模援疆建设的新机遇（图 6-38），也得益于自身交通区位条件持续提升，故在 2012 年版规划中根据新的发展形势进行了城市功能与性质的重新定位。在明确城市规划区内现状用地布局的基础上，2012 年版规划重新制定了相应的规划目标，例如，提出合理布局公共管理与公共服务设施，用以强化中心城区的城市功能，以及促进城市空间结构优化调整。此版规划中也调整了居住用地规划，规划的中心城区居住用地面积为 3039.4hm^2，占城市建设用地面积的 38.6%，人均居住用地面积约 57.3m^2。并根据居住用地的分布，划分了老城居住片区、西部新区居住片区、西北居住片区、东北居住片区和吐哈石油基地居住片区五个居住片区。住宅建设规划采取保留、更新改造、拆迁置换和新区建设等多种方式。对老城区部分现有建筑质量较差、配套设施缺乏、居住环境恶劣，且与其他用地混杂布局的住宅，根据实际建设需要，拆迁置换为其他城市用地，地形复杂地段开发为公共绿地。综合而言，2012 年版规划对各类用地的布局、安排及指标控制等方面的统筹内容做得更为详尽。

（3）交通基础设施建设

① 资源开发产业兴起之前

交通线路是城市内部各个组团内、组团之间，以及城市内部与外部相互联系的纽带，关系着城市用地系统的开放程度，是物质与能量等外部负熵流流入城市系统内部的主要通道，也是促进城市用地扩张的主要引导动力之一。在资源开发产业兴起之前，哈密城市用地系统处于相对稳定的状态，与系统外部环境联系不紧密，各类生产活动以城市自身为主要服务对象。因此，这一时期的哈密城市用地系统内部交通相对成熟，而城市内部与外部联系的交通线路较少。这也使得哈密城市用地以城内道路两侧为主要扩展方向，呈内部用地缓慢填充的状态。

② 资源开发产业兴起之后

总的来说，资源开发产业兴起之后的交通基础设施建设与城市用地系统的非线性关系更为复杂，对城市用地系统演变的影响作用也更强。一方面，铁路、高速公路等交通线路割裂了原有的城市空间，减弱了线路两侧用地之间物质、能量、信息等的联系强度，从而限制与影响了城市用地的整体性。另一方面，资源开发产业兴起之后，由于资源向外输送需要便捷、高效的运输体系支撑，哈密的交通运输基础设施发展迅速。目前，哈密已成为新疆维吾尔自治区重要的交通枢纽，有轨道、道路、航空、管道等多种类型的交通运输方式。S303 省道、S235 省道、哈若公路、连霍高速公路（G30）等干线公路和众多县乡公路组成了较为发达的公路网络，兰新铁路、兰新第二双线、哈罗铁路、哈临铁路、哈将铁路等构成了便捷的客货运铁路网络。这些多元、强大的综合交通运输网络大大提升了城市的可达性，加强了哈密城市系统内部与外部环境的联系强度，从而使城市系统能够不断地从外界引入负熵流，促进城市用地系统稳定发展。

（4）环境基础

城市用地系统的演变过程也是城市居民与自然环境不断交互作用的过程。城市居民作为城市用地的使用者，同时也是城市用地开发与建设的主体；自然环境则是城市用地开发与建设的前提与基础条件，关乎城市用地选择、空间布局、功能配置等，其好坏优劣也影响着城市开发的效率与成本。例如，在进行城市用地开发时，需进行城市用地适宜性评价，以确定城市用地的建设适宜程度。根据自然环境条件、工程技术的可行性与经济性，将城市发展用地分为适宜建设用地、不适宜建设用地及不可建设用地。

新疆是典型的干旱地区，而哈密城市发展建设于干旱地区的绿洲之上。虽然整个绿洲片区较大，受山脉分支及地质结构等的影响，在哈密城市的东西轴线方向存在两片不宜建设的用地，使哈密城市东西向的土地开发与空间扩展受到影响和限制（图 6-39）。

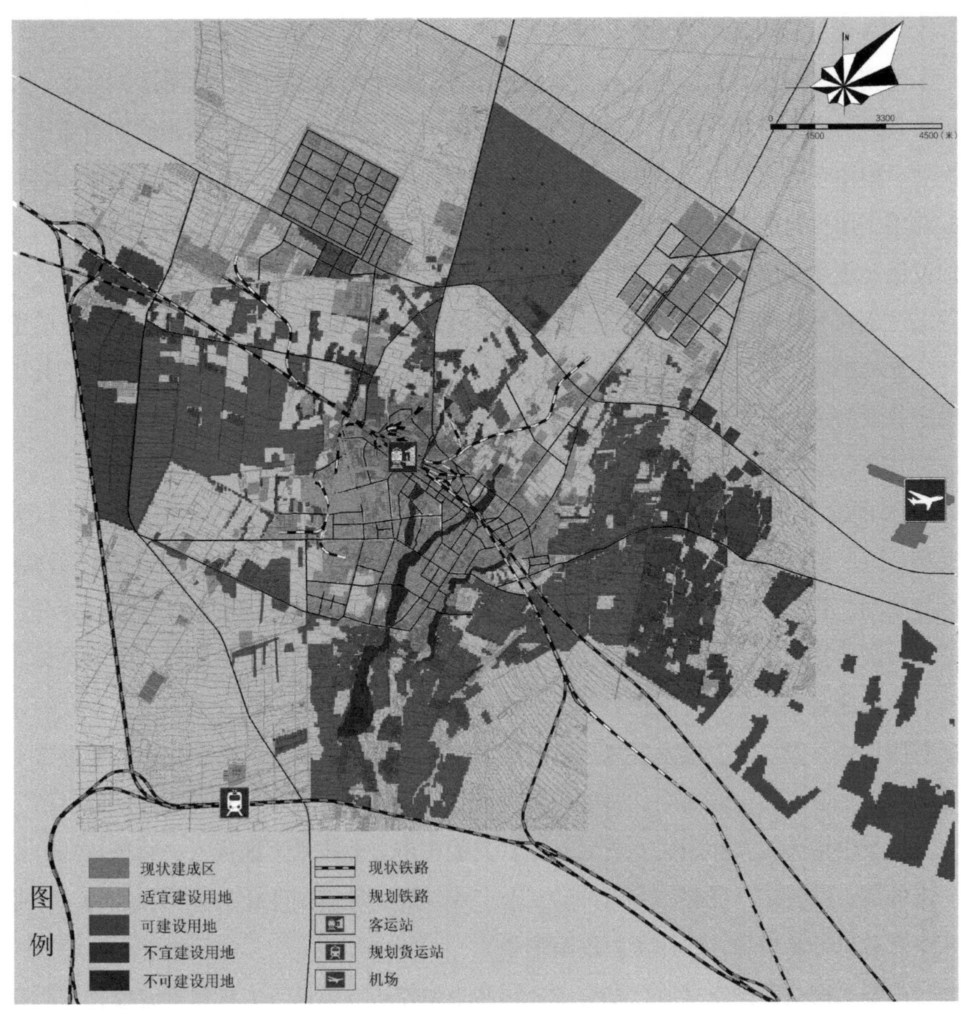

图6-39 哈密用地适应性评价
图片来源：哈密市人民政府. 哈密市城市总体规划（2012—2030年）[Z].

6.2 产业演变分析

6.2.1 产业发展脉络

哈密地处中纬度亚欧大陆腹地，其自然环境在整个区域中较好，自古以来便是驻兵屯田的重要地点，城市地位突出。总体来说，因受自然环境条件、经济区位条件、军事防御功能等的影响，哈密的产业发展历史颇具特色，大致可分为农业经济阶段、工业化阶段以及综合发展转型阶段。

（1）农业经济阶段：起源至清代

哈密地区的人类聚落和城市发展最初起源于其河坝和山前冲积扇等绿洲地区，并以农牧业为主要产业。而后，自汉朝开始，随着古丝绸之路开通，哈密的商贸业得以发展。但由于哈密是中原王朝戍边西域的军事地区和屯垦地区，有“西域襟喉”之称，故在整个历史发展过程中，城市更加重视对军事防御功能的强化，城市商贸经济产业的发展并不居于主体地位。同时，位于哈密东西两侧的吐鲁番和敦煌的商贸业较为繁荣，这也在一定程度上削弱了哈密的商业经济发展优势。因此，直到清朝时期，哈密与外界的经济产业联系仍旧较弱，城市生产技术水平落后、产业初级低效，长期处于以农牧业为主兼有一定商贸业的农业经济阶段。

（2）工业化阶段：清末至20世纪90年代

18世纪60年代以后，在工业革命的影响下，人类的生产、生活方式发生了巨大变革。这一阶段，哈密的工业发展也开始萌芽，并逐步迈入工业化阶段。其中，清朝乾隆年间，我国西北地区最大的露天煤炭基地——哈密三道岭煤矿就已被发现并开始开采，其后又经历了官办、民办和回王经营三个有一定规模的开采阶段。但就整体而言，哈密此时期的工业发展较为落后，规模较小。清末民初时期，哈密的工业发展速度有所加快。但由于上层发展意识的局限以及工业技术的落后，哈密仍以农业经济发展为主，工业投入十分薄弱，发展缓慢、低效，主要以服务本地及周边地区的村镇为主。直至中华人民共和国成立之后，随着其他省市工业技术逐渐传入，哈密依托自身丰富的煤、铁等矿产资源，大力推动工业产业发展，城市工业化进程明显加快，工业从业者数量开始增加，产业实力逐渐增强。

中华人民共和国成立后，私有制公司和小型作坊逐渐被较大规模的合作社和国有企业所替代，哈密的工业发展进入快车道。同时，国家也高度重视哈密的矿产资源优势，全力推动其矿产资源的勘探、开采，城市的工业发展基础迅速夯实。1958年，国家在三道岭设立哈密矿务局，以引导、规划三道岭煤田的勘测、建设、开采和管理工作。1970年，三道岭大型露天煤矿正式建成投产。此后，大南湖、淖毛湖等煤田相继被发现并开始开采，煤矿产业逐渐进入快速发展阶段。至20世纪90年代，哈密已经形成具有一定规模的能源化工、机械制造、建材纺织等结合的工业体系。同时，哈密地区也兴起了较多以煤矿开采挖掘等为主要功能的工矿小城镇。此外，在这一时期，新疆生产建设兵团成立，这一方面提高了哈密地区的总体生产力，促进了农牧业的快速发展，另一方面也与地方政府一起推动了城镇建设快速发展。

（3）综合发展转型阶段：20世纪90年代至今

以20世纪90年代中国石油天然气集团吐哈油田石油基地的进驻为转折点，哈密的产业发展正式进入综合转型阶段。一方面，城市开始形成以资源开发产业为主的产业体系，并兴建起广东加工园、哈密重工业园、二道湖工业园等一大批工业园区，工业体系快速发展与扩张，工业结构逐渐调整与更新，传统资源采掘产业逐渐向集约化、专业化、规模化发展。另一方面，随着经济体制的转变和城市人口规模的扩大，哈密的商业、服务业发展水平也不断提高，城市产业逐渐多元化。除此以外，由于交通基础设施建设加快，哈密的交通区位优势大幅增强，生产和运输效率迅速提高，这使其工业产业链快速延伸，产业结构进一步优化。例如，哈密近年来已开始发展合金、钢铁、聚氯乙烯（polyvinyl chloride，简称 PVC）、电石等产品，旨在将初级矿产原料转化为高品质、高附加值的工业产品。

6.2.2　产业演变态势

与分析用地子系统的思路一致，下文将重点分析 1999—2018 年哈密市产业子系统的发展演变态势，基础数据来源于《哈密地区统计年鉴》《哈密市统计年鉴》等。

（1）第一产业增加值情况

哈密市 1999 年的第一产业增加值为 6.29 亿元，2018 年的第一产业增加值达到 40.58 亿元，年均增加值为 1.95 亿元，提升幅度巨大。从整个发展过程来看（图 6–40），以 2002 年为界，可划分为两个阶段。2002 年以前，城市第一产业增加值的增长相对缓慢，提升幅度较低。2002 年以后，城市第一产业增加值进入快速提升阶段。其中，2003—2013 年处于高速增长阶段，基本保持年均增长 17% 左右的增长态势。2014 年后，随着基数的增大和产业成熟度的提升，第一产业增加值的增速又逐渐放缓。总体而言，哈密市第一产业发展态势良好，整个增长曲线呈“S”形。

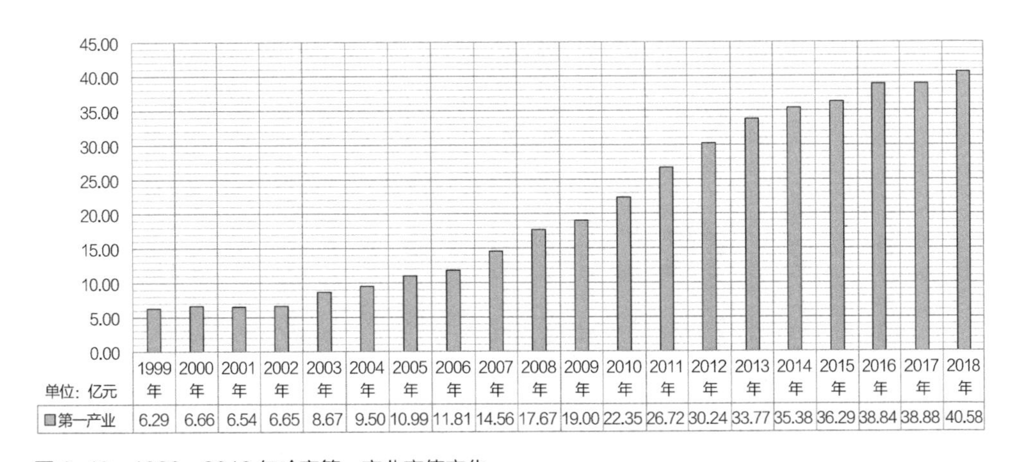

图 6–40　1999—2018 年哈密第一产业产值变化

图片来源：根据哈密地区统计局．哈密地区统计年鉴［Z］．哈密市统计局．哈密年鉴［Z］．绘制

（2）第二产业增加值情况

哈密市的第二产业增加值主要由工业增加值与建筑业增加值构成。在演变趋势上（图 6-41），第二产业增加值整体呈上升态势，但在 2015—2017 年间出现明显波动。其中，建筑业增加值保持线性增长态势，逐年递增，2018 年达到研究期内的最大值 96.97 亿元；而工业增加值与建筑业增加值整体发展情况相似，也是逐年递增，但分别于 2009 年和 2016 年出现了突降现象。其中，2009 年工业增加值减少 13.4 亿元，2016 年工业增加值减少 17.0 亿元。在比例结构上（图 6-42），研究期内各年工

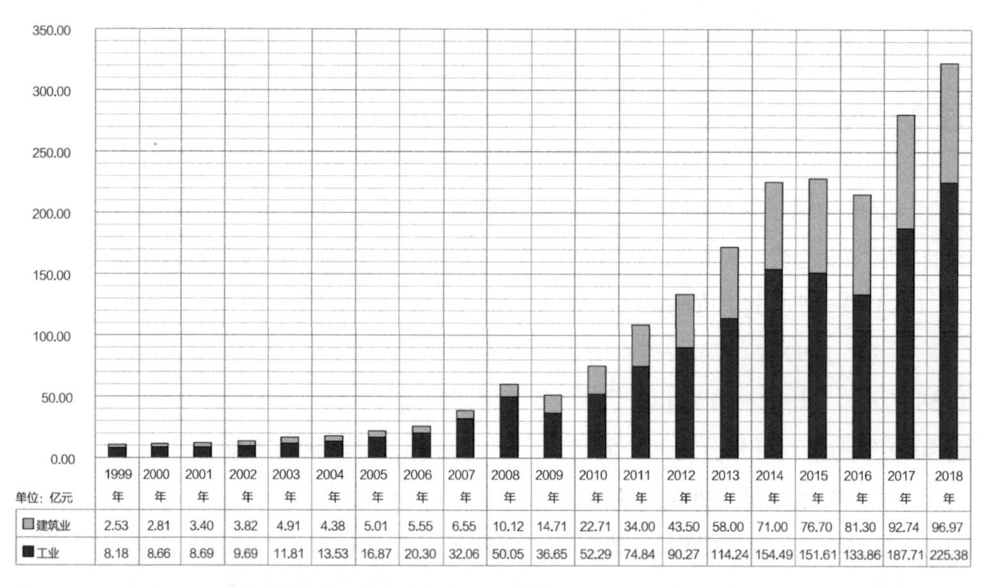

单位：亿元	1999年	2000年	2001年	2002年	2003年	2004年	2005年	2006年	2007年	2008年	2009年	2010年	2011年	2012年	2013年	2014年	2015年	2016年	2017年	2018年
建筑业	2.53	2.81	3.40	3.82	4.91	4.38	5.01	5.55	6.55	10.12	14.71	22.71	34.00	43.50	58.00	71.00	76.70	81.30	92.74	96.97
工业	8.18	8.66	8.69	9.69	11.81	13.53	16.87	20.30	32.06	50.05	36.65	52.29	74.84	90.27	114.24	154.49	151.61	133.86	187.71	225.38

图 6-41 1999—2018 年哈密市第二产业主要行业产值增长变化

图片来源：根据哈密地区统计局. 哈密地区统计年鉴［Z］. 哈密市统计局. 哈密年鉴［Z］. 绘制

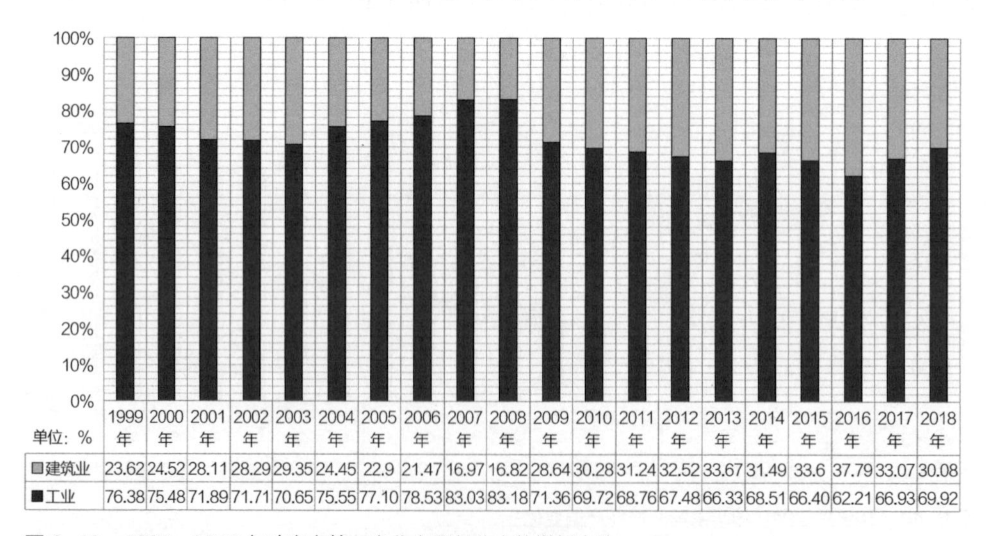

单位：%	1999年	2000年	2001年	2002年	2003年	2004年	2005年	2006年	2007年	2008年	2009年	2010年	2011年	2012年	2013年	2014年	2015年	2016年	2017年	2018年
建筑业	23.62	24.52	28.11	28.29	29.35	24.45	22.9	21.47	16.97	16.82	28.64	30.28	31.24	32.52	33.67	31.49	33.6	37.79	33.07	30.08
工业	76.38	75.48	71.89	71.71	70.65	75.55	77.10	78.53	83.03	83.18	71.36	69.72	68.76	67.48	66.33	68.51	66.40	62.21	66.93	69.92

图 6-42 1999—2018 年哈密市第二产业主要行业产值增长占比

图片来源：根据哈密地区统计局. 哈密地区统计年鉴［Z］. 哈密市统计局. 哈密年鉴［Z］. 绘制

业增加值均大于建筑业增加值，其中建筑业增加值的比例在 1999—2007 年期间浮动于 20% 上下，而后逐渐增大至 2016 年的 37.79%，随后又缓慢下降至 2018 年的 30.08%。总体而言，工业增加值占第二产业增加值的主要部分，且基本是建筑业增加值的两倍以上。

（3）第三产业增加值情况

第三产业增加值包括运输、仓储及邮政业，批发和零售业，金融业，房地产业等产业的增加值。由图 6-43 可以明显看出，第三产业增加值中的各行业增加值均逐年递增。其中，运输、仓储及邮政业增加值由 1999 年的 8.23 亿元增至 2018 年的 42.97 亿元，共增加 34.74 亿元；批发和零售业增加值由 1999 年的 2.67 亿元增至 2018 年的 27.18 亿元，共增加 24.51 亿元；金融业增加值由 1999 年的 0.36 亿元增至 2018 年的 19.94 亿元，共增加 19.58 亿元；房地产业增加值由 1999 年的 0.77 亿元增至 2018 年的 6.22 亿元，共增加 5.45 亿元。此外，各行业增加值的增长幅度存在以下现象，即运输、仓储及邮政业 > 批发和零售业 > 金融业 > 房地产业。

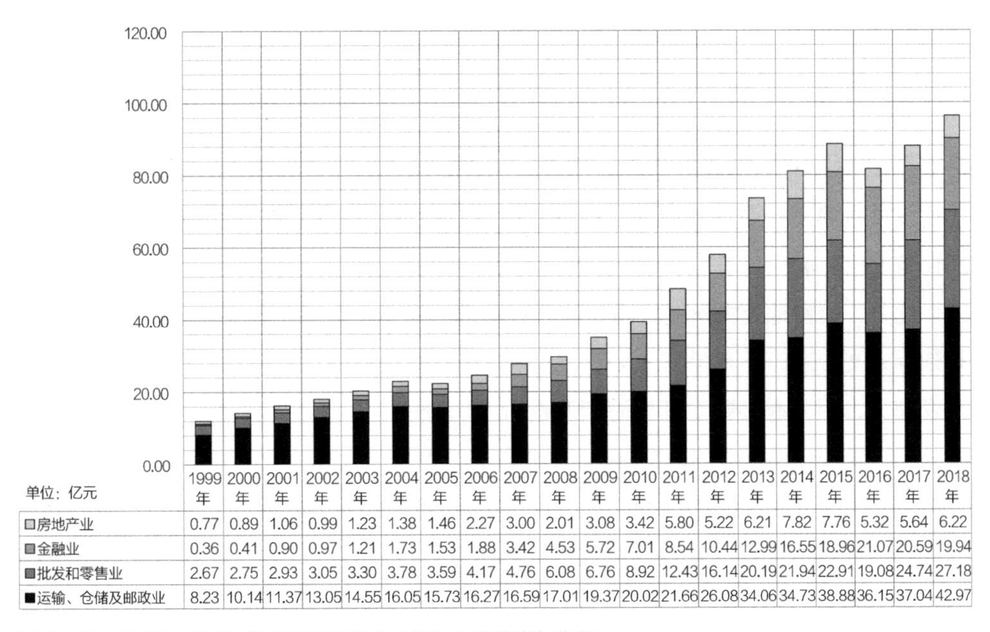

单位：亿元	1999年	2000年	2001年	2002年	2003年	2004年	2005年	2006年	2007年	2008年	2009年	2010年	2011年	2012年	2013年	2014年	2015年	2016年	2017年	2018年
□房地产业	0.77	0.89	1.06	0.99	1.23	1.38	1.46	2.27	3.00	2.01	3.08	3.42	5.80	5.22	6.21	7.82	7.76	5.32	5.64	6.22
■金融业	0.36	0.41	0.90	0.97	1.21	1.73	1.53	1.88	3.42	4.53	5.72	7.01	8.54	10.44	12.99	16.55	18.96	21.07	20.59	19.94
■批发和零售业	2.67	2.75	2.93	3.05	3.30	3.78	3.59	4.17	4.76	6.08	6.76	8.92	12.43	16.14	20.19	21.94	22.91	19.08	24.74	27.18
■运输、仓储及邮政业	8.23	10.14	11.37	13.05	14.55	16.05	15.73	16.27	16.59	17.01	19.37	20.02	21.66	26.08	34.06	34.73	38.88	36.15	37.04	42.97

图 6-43 1999—2018 年哈密第三产业主要行业产值增长变化

图片来源：根据哈密地区统计局. 哈密地区统计年鉴［Z］. 哈密市统计局. 哈密年鉴［Z］. 绘制

在各行业产值增长占比变化情况方面（图 6-44），运输、仓储及邮政业的增加值占哈密市第三产业总增加值的比例逐年递减，由 1999 年的 50.18% 降至 2018 年的 24.74%。批发和零售业增加值占第三产业增加值的比例呈波动上升趋势。其中，1999—2005 年占比下降，由 16.25% 降至 10.06%；2005 年后回升，到 2014 年占比已达 17.75%；随后，再次下降，到 2016 年末占比降至 12.75%；此后到 2018 年又缓

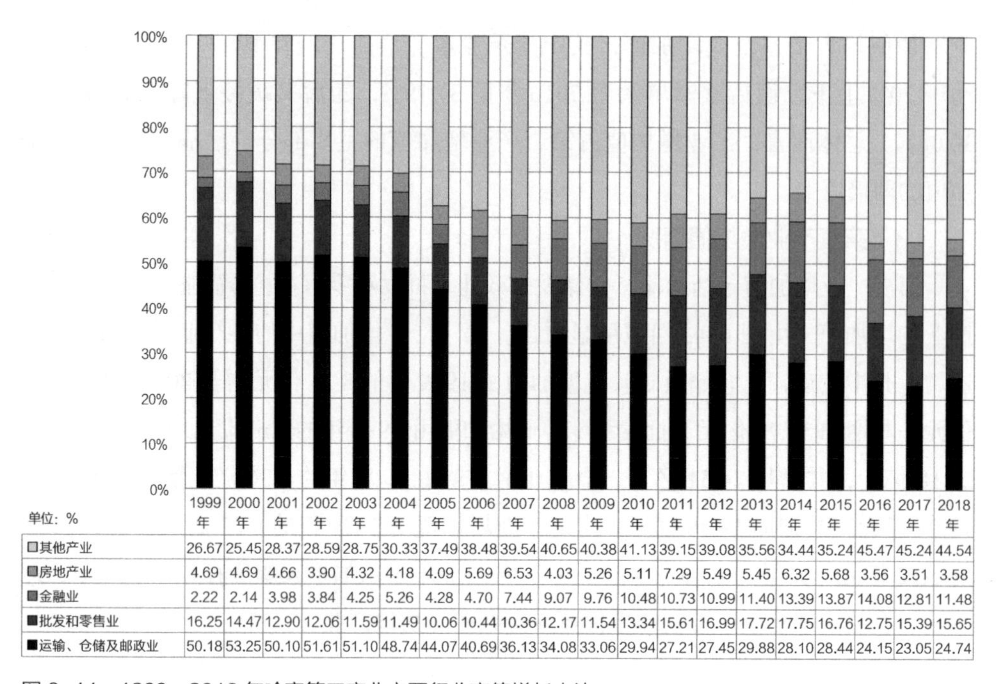

单位：%	1999年	2000年	2001年	2002年	2003年	2004年	2005年	2006年	2007年	2008年	2009年	2010年	2011年	2012年	2013年	2014年	2015年	2016年	2017年	2018年
其他产业	26.67	25.45	28.37	28.59	28.75	30.33	37.49	38.48	39.54	40.65	40.38	41.13	39.15	39.08	35.56	34.44	35.24	45.47	45.24	44.54
房地产业	4.69	4.69	4.66	3.90	4.32	4.18	4.09	5.69	6.53	4.03	5.26	5.11	7.29	5.49	5.45	6.32	5.68	3.56	3.51	3.58
金融业	2.22	2.14	3.98	3.84	4.25	5.26	4.28	4.70	7.44	9.07	9.76	10.48	10.73	10.99	11.40	13.39	13.87	14.08	12.81	11.48
批发和零售业	16.25	14.47	12.90	12.06	11.59	11.49	10.06	10.44	10.36	12.17	11.54	13.34	15.61	16.99	17.72	17.75	16.76	12.75	15.39	15.65
运输、仓储及邮政业	50.18	53.25	50.10	51.61	51.10	48.74	44.07	40.69	36.13	34.08	33.06	29.94	27.21	27.45	29.88	28.10	28.44	24.15	23.05	24.74

图 6-44　1999—2018 年哈密第三产业主要行业产值增长占比

图片来源：根据哈密地区统计局. 哈密地区统计年鉴［Z］. 哈密市统计局. 哈密年鉴［Z］. 绘制

慢上升至 15.65%。房地产业增加值占比一直相对稳定，整体浮动为 4%～7%。金融业增加值占第三产业增加值的比例则呈现先增后降的态势，由 1999 年的 2.22% 升至 2016 年的 14.08%，而后又下降至 2018 年的 11.48%。

此外，哈密地处古丝绸之路要冲，有众多的烽燧、古城、古墓葬，以及古代岩画石刻等人文古迹，还有绿洲、戈壁、沙漠等极具吸引力的自然景观，具有很大的旅游开发潜力，因此有必要对其旅游产业进行专门分析。本书最早开展研究时，《旅游资源分类、调查与评价》GB/T 18972—2003 为当时有效版本。尽管后续有《旅游资源分类、调查与评价》GB/T 18972—2017 发布，但本书的数据和分析均基于 2003 年版标准。为确保研究的一致性和可比性，将采用《旅游资源分类、调查与评价》GB/T 18972—2003 进行分析。其中，旅游资源共分为 8 个主类、31 个亚类、155 个基本类型。而目前哈密市的 175 个旅游资源单体分别属于 8 个主类、25 个亚类、60 个基本类型。可见，哈密旅游资源大类齐全，亚类占比达到总亚类的 81%，基本类型则占近 40%。总体来看，哈密旅游资源丰富，类型多样，在旅游产业发展方面也具有很大的资源优势（表 6-3）。

2000 年以来，哈密市的旅游产业得到了快速发展，对城市经济的贡献率逐年上升。自“十一五”之后，哈密接待国内外游客人数年均增长 20% 以上。至 2018 年，全市全年接待旅游人数为 547.5 万人次，实现旅游收入 14.56 亿元。

哈密市旅游资源一览　　表 6-3

主类	基本类型数 / 个	占总类型的比例 /%	景点数 / 个	占总数的比例 /%
地文景观	10	17	24	13.6
水域风光	7	12	18	10.2
生物景观	4	7	14	9.2
天象与气候景观	2	3	4	1.2
遗址遗迹	7	12	31	17.6
建筑与设施	21	35	60	34.1
旅游商品	3	5	13	7.3
人文活动	6	10	12	7.1

资料来源：哈密市人民政府. 哈密市城市总体规划（2012—2030 年）[R].

近年来，哈密旅游产品特色化程度逐渐提升，旅游市场整体丰富多彩，增势较好。增长的主要原因在于哈密对其旅游资源的不断开发，对旅游基础服务设施的不断完善。例如，哈密当前已形成了公路、铁路、航空三位一体的旅游交通网络，并由此构建起遍布全市的旅游服务体系。此外，哈密还初步建立了“商业、轻工、旅游”一体协作的旅游商品产供销体系。总的来看，虽然目前哈密的旅游产业规模体量与城市工业产业相比仍旧较弱，但发展态势良好，前景可观。

（4）整体性分析

整体而言，研究期内哈密市三次产业的增加值均呈逐年递增趋势。其中，第一产业增加值的增幅相对较小，第二产业增加值的增幅最为明显，第三产业增加值的增幅处于中间位置。如图 6-45、图 6-46 所示，2007 年之前哈密第二产业增加值小于第

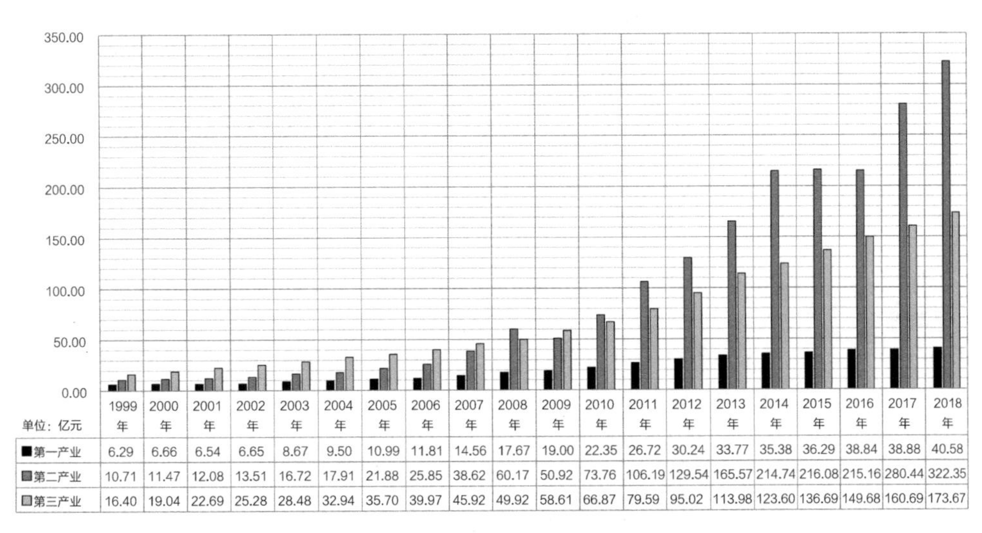

	1999年	2000年	2001年	2002年	2003年	2004年	2005年	2006年	2007年	2008年	2009年	2010年	2011年	2012年	2013年	2014年	2015年	2016年	2017年	2018年
第一产业	6.29	6.66	6.54	6.65	8.67	9.50	10.99	11.81	14.56	17.67	19.00	22.35	26.72	30.24	33.77	35.38	36.29	38.84	38.88	40.58
第二产业	10.71	11.47	12.08	13.51	16.72	17.91	21.88	25.85	38.62	60.17	50.92	73.76	106.19	129.54	165.57	214.74	216.08	215.16	280.44	322.35
第三产业	16.40	19.04	22.69	25.28	28.48	32.94	35.70	39.97	45.92	49.92	58.61	66.87	79.59	95.02	113.98	123.60	136.69	149.68	160.69	173.67

图 6-45　1999—2018 年哈密三次产业产值增长变化

图片来源：根据哈密地区统计局. 哈密地区统计年鉴［Z］. 哈密市统计局. 哈密年鉴［Z］. 绘制

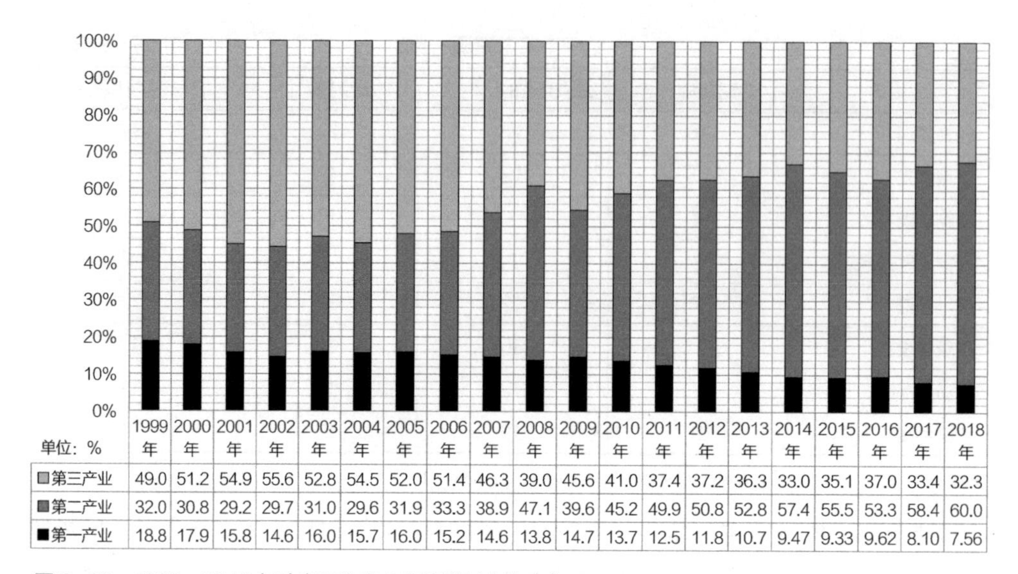

图 6-46　1999—2018 年哈密三次产业产值增长占比变化

图片来源：根据哈密地区统计局. 哈密地区统计年鉴 [Z]. 哈密市统计局. 哈密年鉴 [Z]. 绘制

三产业增加值，略大于第一产业增加值。到 2010 年，其第二产业增加值已经超过了第三产业增加值，并在之后仍保持着高速增长的态势。截至 2018 年，第二产业增加值已远超第一、第三产增加值，占比达 60.07%。

此外，哈密市人均 GDP 在研究期内整体呈明显增长的态势，由 1999 年的 6986 元增至 2018 年的 86805 元，平均每年增加 4201 元（图 6-47）。其中，仅在 2009 年有所下降，从 2008 年的 23043 元微降至 2009 年的 22737 元，2009 年后人均 GDP 又恢复了逐年上升的态势。

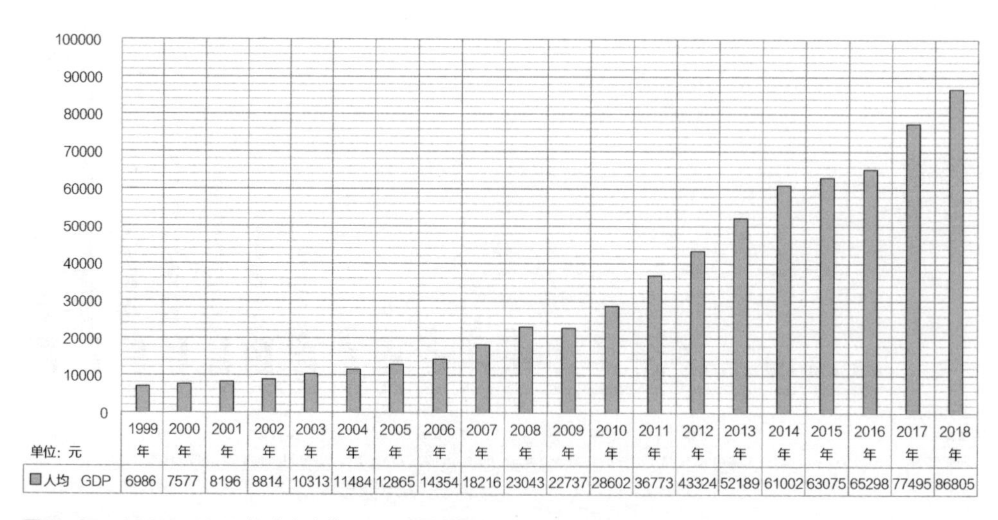

图 6-47　1999—2018 年哈密人均 GDP 变化情况

图片来源：根据哈密地区统计局. 哈密地区统计年鉴 [Z]. 哈密市统计局. 哈密年鉴 [Z]. 绘制

前文结合相关产业指标数据，梳理了哈密市主要产业的发展演变情况，下文将通过对产业结构熵的分析来判断哈密的产业发展是否有序聚合，并以此识别城市产业子系统的动态演变趋势。具体计算步骤如下。

首先，选取哈密市各类产业结构数据构建其产业系统数据矩阵（附表 5），并对数据进行标准化处理。

然后根据熵值法计算公式，计算各类产业在各年的信息熵和差异性系数等基础数据（附表 6），并进一步分析哈密整个城市产业系统各年的信息熵总量和熵增量 ΔE（$\Delta E = e_{i+1} - e_i$）的变化情况。

计算结果表明，2000—2018 年，哈密市产业系统信息熵的总值持续增加，这说明哈密市的产业系统在演变过程中，其系统内部的非线性作用在增强，原因主要在于其各类产业规模的快速扩大（图 6-48）。

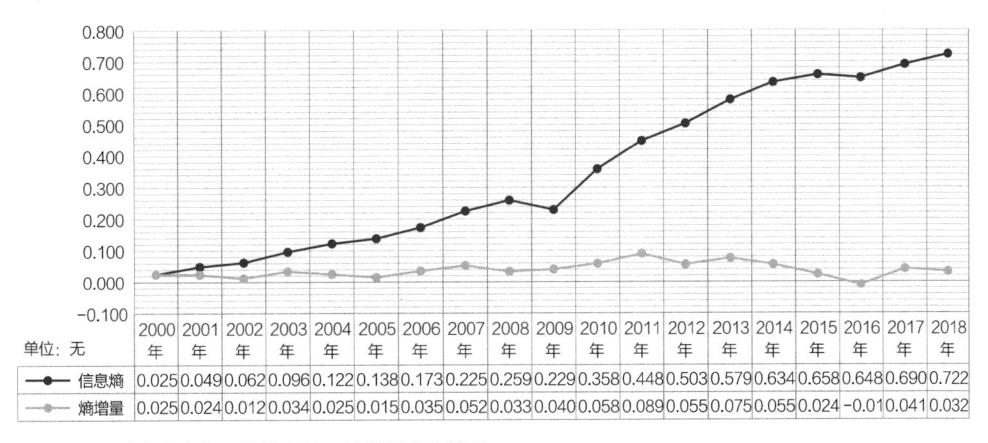

	2000年	2001年	2002年	2003年	2004年	2005年	2006年	2007年	2008年	2009年	2010年	2011年	2012年	2013年	2014年	2015年	2016年	2017年	2018年
信息熵	0.025	0.049	0.062	0.096	0.122	0.138	0.173	0.225	0.259	0.229	0.358	0.448	0.503	0.579	0.634	0.658	0.648	0.690	0.722
熵增量	0.025	0.024	0.012	0.034	0.025	0.015	0.035	0.052	0.033	0.040	0.058	0.089	0.055	0.075	0.055	0.024	-0.01	0.041	0.032

图 6-48　哈密市产业系统信息熵及熵增量变化情况

图片来源：根据哈密市统计局. 哈密年鉴 2019［Z］. 绘制

通过对产业系统熵增量 ΔE 进行横向比较，可以发现，在研究期内哈密市的产业系统演变具有以下主要特征：

（1）研究期内，哈密市产业系统熵增量的变化区间较小，波动范围为 -0.01～0.089，原因主要在于其各类产业整体保持着持续稳定的增长态势。

（2）哈密市产业系统熵增量出现多处波峰和波谷，但均相对平缓，说明其产业发展态势良好。其中，2016 年熵增量最低，仅为 -0.01；2011 年熵增量最高，与最低值相差 0.099，差距不明显。对各类产业进行具体分析可知（图 6-49），工业、运输与仓储及邮政业的熵增量变化最为明显，也最不稳定，波动相对较大。

最后，结合前文指标权重、标准化矩阵数据等分析内容，计算哈密城市产业系统的综合评分（图 6-50）。结果表明，2000—2018 年，哈密产业系统综合评分逐年递增，城市产业系统趋于稳定聚合。主要原因在于其产业规模逐年扩大，产业效益逐年

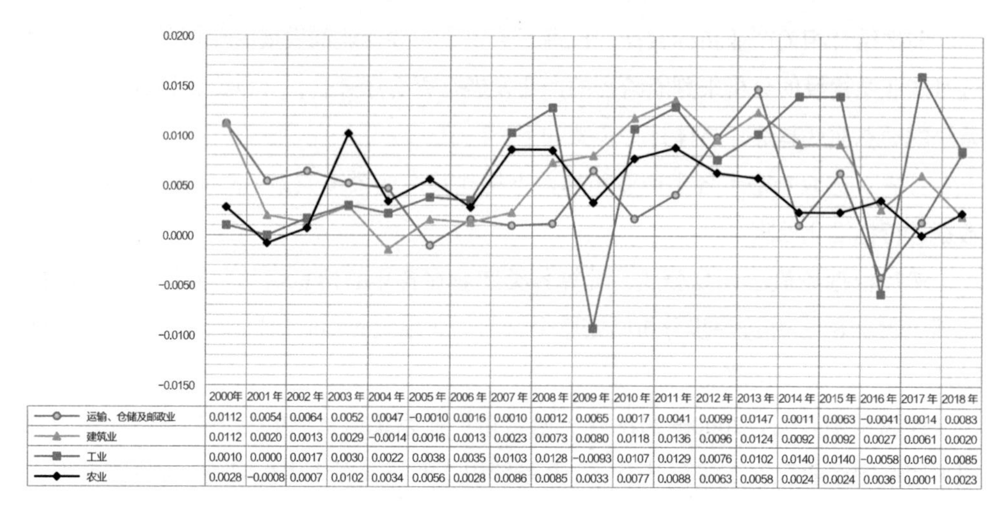

	2000年	2001年	2002年	2003年	2004年	2005年	2006年	2007年	2008年	2009年	2010年	2011年	2012年	2013年	2014年	2015年	2016年	2017年	2018年
运输、仓储及邮政业	0.0112	0.0054	0.0064	0.0052	0.0047	−0.0010	0.0016	0.0010	0.0012	0.0065	0.0017	0.0041	0.0099	0.0147	0.0011	0.0063	−0.0041	0.0014	0.0083
建筑业	0.0112	0.0020	0.0013	0.0029	−0.0014	0.0016	0.0013	0.0023	0.0073	0.0080	0.0118	0.0136	0.0096	0.0124	0.0092	0.0092	0.0027	0.0061	0.0020
工业	0.0010	0.0000	0.0017	0.0030	0.0022	0.0038	0.0035	0.0103	0.0128	−0.0093	0.0107	0.0129	0.0076	0.0102	0.0140	0.0140	−0.0058	0.0160	0.0085
农业	0.0028	−0.0008	0.0007	0.0102	0.0034	0.0056	0.0028	0.0086	0.0085	0.0033	0.0077	0.0088	0.0063	0.0058	0.0024	0.0024	0.0036	0.0001	0.0023

图 6-49 哈密主要产业熵增量变化情况

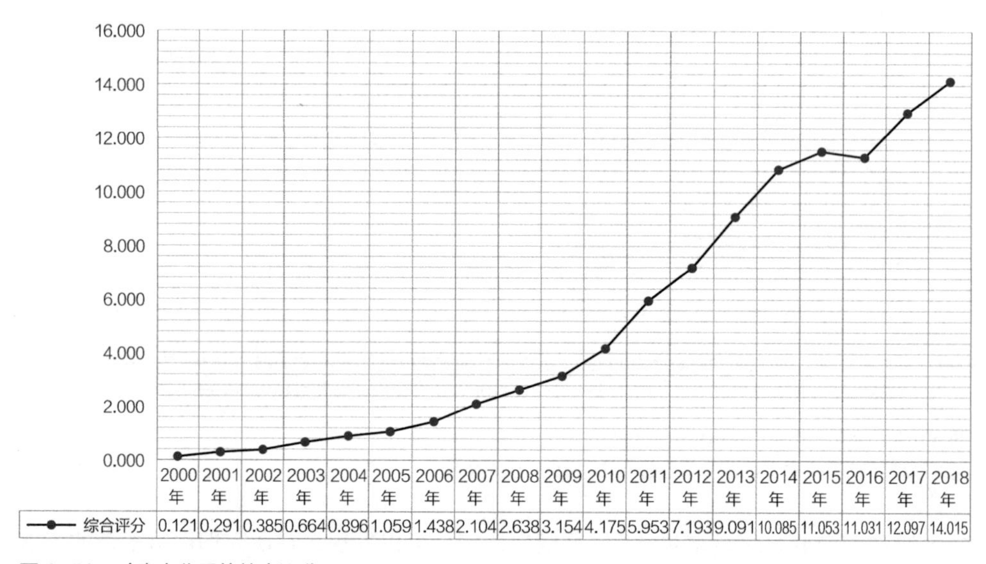

	2000年	2001年	2002年	2003年	2004年	2005年	2006年	2007年	2008年	2009年	2010年	2011年	2012年	2013年	2014年	2015年	2016年	2017年	2018年
综合评分	0.121	0.291	0.385	0.664	0.896	1.059	1.438	2.104	2.638	3.154	4.175	5.953	7.193	9.091	10.085	11.053	11.031	12.097	14.015

图 6-50 哈密产业系统综合评分

增加。在此基础上，哈密也在不断调整产业结构，大力推进第二、第三产业的发展，促进各产业部门协调发展与合理布局。

6.2.3 产业演变机制

在哈密城市形成之初，其产业主要由简单、分散、不具规模的农业和手工业构成，不成体系。随后零散分布的农业与手工业在系统内部偶发的涨落作用下构成相互作用关系，由散点布局逐渐演变为相对集中布局，并由此形成初级产业系统。初级产业系统具有一定的开放性，在随机、偶然事件，如外部人群偶然流入城市并定居于此的影响下，外部负熵流缓慢流入系统，促进城市劳动力增加，产业系统规模逐步扩大。随着劳动力数量增加、产业规模扩大，城市产业系统内部的非线性关系趋向复杂，系统持续远离旧的平衡态。当规模超过一定阈值时，城市将会产生商贸服务业等新的产业形式，从而引发城市产业系统更趋于复杂化。

此后，随着时代的变迁，与其他众多城市一样，工业社会的到来也为哈密带来了生产技术的大变革。但由于哈密地理区位偏僻，与外部经济社会的相互作用较弱，工业技术流入很慢，不能立即引发哈密产业系统突变，亦不足以使其初级产业系统结构瓦解。因此，哈密产业系统的革新晚于国内其他众多城市，直至清朝末期才逐渐出现变革的迹象。随着产业系统革新进程持续推进，哈密的农业、商业、手工业规模也逐渐扩大，开始出现小型工业企业。其后，在内部生产要素不断积累、外部负熵流持续流入的双重作用下，哈密各类产业规模持续增大，当超过一定阈值时，大型工业企业和商贸物流业等开始出现。而后，这一正反馈不断循环加强，大、中、小型工商业相互链接，形成互相作用的复杂非线性关系，进而形成了较大规模的综合型工业区、产业园、商业区等（图6-51）。

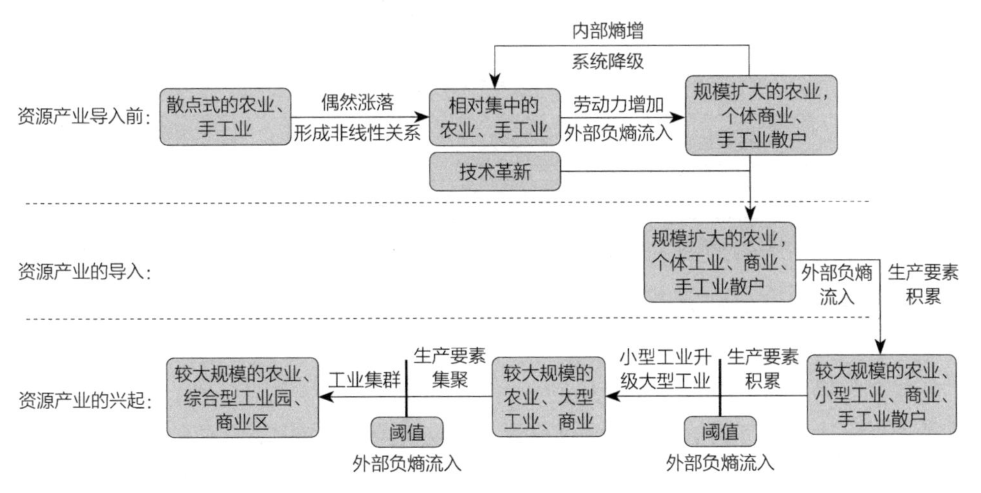

图6-51 哈密产业系统演变示意

现阶段，哈密正处于资源型城市生命周期中的成长期，城市产业发展迅速，工矿类产业尤为活跃。与此同时，城市产业系统内部的熵增也明显增长，并存在着各种类型和大小不一的涨落作用。因此，合理减少产业系统内部熵增，促进正向涨落形成，抑制负向涨落产生，是引导哈密产业系统健康有序发展的关键。

6.2.4　产业演变特征

（1）产业升级与技术革新

在不同的发展阶段，哈密的产业升级与技术革新具有不同的特征。在进入工业社会之前，哈密的产业系统始终处于初级阶段，开放性较弱，资本积累缓慢，产业发展主要依赖外界环境的间接影响，因此城市产业升级、技术革新的基础能力较差，这导致城市产业与技术的更新升级十分缓慢。

清末至20世纪末，随着哈密城市对外开放水平提高，新技术、新业态逐步流入。尤其是在20世纪80年代改革开放以后，城市产业发展与外界的联系程度增强，并形成了以外部动力为主、内部动力为辅的双重产业发展动力，城市产业升级、技术革新进程明显加快。

进入21世纪之后，哈密与外界的联系愈发紧密。同时，在吐哈石油基地和多个产业园建成的影响下，城市内部产业发展水平显著提高，与外界差距明显缩小，进入综合型发展阶段。此时，城市产业发展动力来源以外部动力为辅、内部动力为主，并在各类资本的持续积累下，形成了有力的技术革新基础，促使城市产业升级、技术革新迈入快速发展阶段（图6-52）。

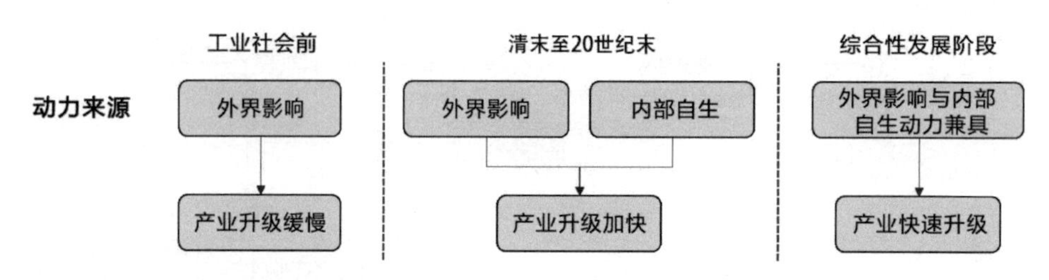

图6-52　哈密产业升级与革新的阶段性特征

总的来说，自我国加入WTO之后，在全国经济快速发展的背景下，哈密资源型产业发展迅速，城市其他各项产业也得到了升级和优化。同时，产业的升级为哈密经济社会发展提供了强有力的支撑，也为技术演进带来了坚实的物质基础，城市技术革新变化显著。除此以外，技术革新为产业升级提供了方向与源动力，带来了产业升级与技术革新协同效应。总体而言，哈密市近年来产业变化尤为明显，结构不断升级，技术持续革新，并由此形成了产业与技术间的协同效应，城市产业发展前景持续向好。

（2）产业的集聚与协同

产业集聚可以提升效率、节约资源，促进正向经济效益产生[158]。而产业活动在城市空间上的不断集聚、协同，则在很大程度上能够提升城市生产效率，节约城市土地资源。因此，产业的集聚与协同可以说是现代经济发展的重要特征。从本质上讲，产业的集聚便是企业的集聚，具体包括两类集聚模式[159-160]：第一类是少量大型企业在某地区的集聚，但这些企业集聚的原因主要在于当地的经济或政策环境，而不一定出于企业间的协同，它们相互缺乏联系与协作，例如美国的西雅图、芝加哥等地。第二类是大量的大中小规模企业在某地区集聚，这些企业密切联系和协作，形成了集约性的产业集群，例如中国的深圳、东莞等地。

哈密市产业的集聚和协同较为特殊，分别经历了两类集聚模式，并呈现出明显的阶段性特征。其中，城市产业发展初期主要以小型作坊类企业为主，作坊企业彼此之间较为独立，符合上述第一类产业集聚状态。其后，随着官办企业数量增多、规模增大，以及本地企业不断兴起，城市产业实力逐渐强盛。然而，企业间的协同性仍旧较差，依旧处于第一类产业集聚状态。20 世纪末至今，哈密建设了多个规模较大的产业园区，力争吸引各类大中小型工业企业入驻与协作，试图建立第二类产业集聚的环境，以实现协同共赢。目前，此模式发展顺利，园区入驻企业之间的联系也较为紧密，但集聚的规模仍然较小，协同性仍然不强，未来发展任重道远。

6.2.5　产业演变影响因素

城市产业系统的演变是多因素共同作用的结果，就哈密市而言，区域交通发展、环境基础、政策条件、生产技术等是影响城市产业系统演变的关键。

（1）区域交通发展

哈密地处我国西北地区，与经济发达省市距离较远。1959 年以前，兰新铁路尚未通车至哈密。此时哈密城市规模较小，城市发展缓慢，交通运输条件落后，仅能依靠公路作为货物运输方式。由于运输方式单一，且当时公路路况较差，存在运量小、运距短等弊端，这导致哈密产业系统的外运效率低、成本高、辐射范围小。因此，哈密城市产业系统在此阶段以服务城市内部为主，系统与外界在物质、能量、信息等各方面的联系不畅，产业发展速度缓慢。

自兰新铁路通车至哈密以后，城市便以火车站为新中心呈圈层式扩张，火车站片区也迅速发展为具有一定规模、基础设施完善的新市区[161]。同时，依托铁路运输运量大、运距长、成本低等优势，哈密地区的运输条件大大改善，与外界的联系不断增强，交通枢纽地位初显。在此基础上，新疆的大量矿产品、农产品等物资通过哈密运至内陆各省区，为哈密带来了很大的产业经济效益。这时，外部人口、技术、信息等要素流入哈密的速度相较过去也大幅提升，使哈密城市产业系统发展有了新的突破。

近年来，随着兰新第二双线、哈临铁路、哈将铁路、哈罗铁路、哈额铁路的修建、改造和升级，再加上众多企业铁路专用线的建设（表 6-4），哈密的综合运输能力显著增强，运输条件大大改善[162]，使哈密成为“疆煤东运”的重要基地。

2012 年哈密既有铁路专用线情况　　表 6-4

专用线名称	主要货物品名
乌局哈密桥梁厂专用线	建材
哈密碱业有限公司专用线	烧碱
华电哈密分公司专用线	煤炭
新疆大陆桥集团哈密分公司整轨厂专用线	钢材
中石油哈密销售分公司专用线	汽柴油
中央储备粮哈密直属库专用线	粮食
乌局实业开发总公司专用线	综合
国投罗布泊钾盐有限公司专用线	钾盐
新疆大陆桥集团哈密分公司材料厂专用线	建材

资料来源：哈密市人民政府. 新疆哈密地区铁路规划（2013—2030 年）[Z].

截至目前，哈密已建成集铁路、公路、航空于一体的立体综合交通运输网络（图 6-53），城市与外界联系的交通运输条件不断改善，并进一步激发了自身产业系统对外界物资、能量、信息等的吸纳能力，促使城市产业系统发展演变速度明显加快。

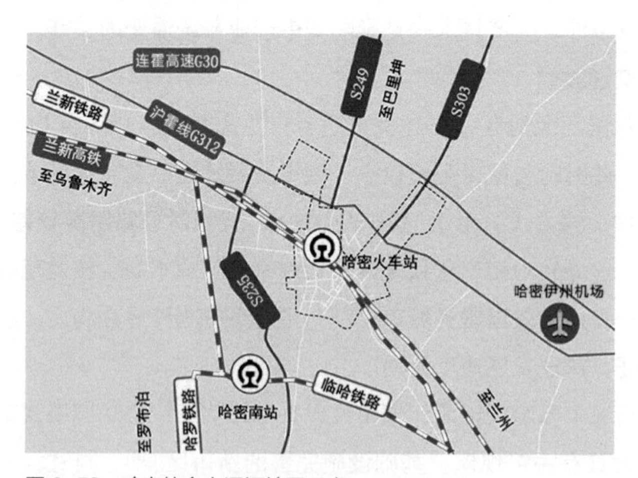

图 6-53　哈密综合交通运输网示意

（2）环境基础

在资源型城市中，产业系统的演变还要受到资源赋存等自身环境基础的影响。首先，城市资源赋存及储备情况在很大程度上决定了城市的发展路径，是城市产业系统的形成基础与前提条件。其次，大规模的资源储备还会促进城市间产业的联系与交流，形成产业集聚和规模效应，进而实现区域层面的经济增长。以哈密市为例，哈密所处的新疆维吾尔自治区矿产资源丰富，是我国主要的矿产资源生产供应基地，其中哈密与阜康、鄯善等同属煤炭资源型城市，哈密和鄯善还兼有石油资源，丰富的资源储备使它们走向以矿产资源开采、加工等为主的产业发展路径。

除此以外，由于矿产资源具有不可再生性，因此资源赋存量还会影响产业系统的时空演变周期。当资源赋存充裕时，资源开发产业以自由发展为主，但同时也会使城市严重依赖资源开发产业。而随着资源开采枯竭期到来，城市原有产业结构将逐渐瓦解，并促使城市产业系统走向转型或衰败。目前，哈密正处于资源型产业发展的快速成长期，由于资源赋存量大，产业演变周期长，故在较长时间内均将处于成长期。但仍需未雨绸缪，及时调整和优化城市产业结构，避免未来出现“矿竭城衰”的情况。

（3）政策条件

中央和地方政府的政策制定对城市性质、城市功能、城市发展定位以及城市未来的发展方向有直接的引导作用。在资源型城市中，资源开发产业发展是城市的经济命脉，也是促进城市发展的核心力量，资源开发产业发展水平决定了城市的职能性质和发展方向。因此，资源型城市的产业发展备受中央和地方政府重视，各级政府所颁布的相关政策也将直接影响资源型城市产业系统的更新迭代。

我国工业化起步较晚，这使得资源型城市的兴起也较晚。早期兴起的城市处于我国资源型城市发展的探索阶段，当时各级政府所制定的产业政策迫切地追求经济效益，力求城市在短期内实现快速发展，忽略了资源开发产业快速发展对其他产业的挤出效应和产业发展的可持续性，以致这些城市在 20 世纪末相继暴露出种种城市和产业问题。而后，随着国家对资源型城市发展予以关注，并进行思考与总结，产业发展政策不再盲目追求资源开发产业“一家独大”，城市产业系统发展也开始避免对资源过度依赖，进而转向资源开发产业的“转型”“可持续”等发展路径。毋庸置疑，在不同的产业政策背景下，资源型城市必然会形成截然不同的产业系统演变模式。

就哈密市而言，与东北三省、山西省等地区的其他资源型城市相比，哈密的资源开发产业产生时间相对较早。但早期因交通运输不便、开采能力有限等，其产能远未得到释放，一直是国家的煤炭储备基地，城市对资源开发产业的依赖度不高。因此，早期的产业政策并未对哈密的资源开发产业发展造成较大的负面影响。对哈密市早期各版总体规划进行回顾可知，当时的规划并未根据其资源优势强化重工业的发展，而是选择了以轻工业及建材工业为主的发展路线（表 6-5）。

哈密总体规划历史版本中的产业定位 表 6-5

规划版本	产业定位
1983 年版	以发展轻工业及建材工业为主
1994 年版	以原材料工业为主，能源、建材、化工、石油为四大支柱产业，建设第三产业发达的新型工业城市
2006 年版	新疆东部地区重要的铁路、公路、航空和管道运输交通枢纽及物流集散中心，是新疆重要的新型工业基地，是“新丝绸之路”上重要的旅游服务中心，是体现“生态化、信息化、工业化、现代化”的文化型城市和宜居城市。同时突出以煤电、煤化工为主的能源型产业特色

目前，随着兰新第二双线铁路通车，既有兰新铁路转向以货运为主，又有一批新铁路线建成，哈密的煤炭产能开始释放，处于资源型城市的快速发展期。值得庆幸的是，当前国家的产业政策不仅兼顾了资源型产业快速发展的需要，同时还在很大程度上考虑了城市产业系统发展的可持续问题，提出了诸多产业结构优化升级的措施。例如，哈密利用气候优势，大力发展新能源发电节能基地，倡导开发风能、太阳能等清洁能源，促进上下游相关产业引进落地和升级改造。

（4）生产技术的更新

技术作为城市产业系统的基础支撑，是推进产业进步的内在动力，是产业结构演变的源头。一方面，技术的更新与进步促进了各类产品生产效率的提升，使城市内部各相关企业在单位时间内生产的产品数量迅速增加，为城市内部产业系统带来超额利润。另一方面，由于生产技术更新，城市产业系统的核心竞争力也会因此增强，对外部人口、物质、能量的吸引力也会逐渐增强，城市内部产业系统的影响边界将发生改变，开放度会明显提高。

近年来，受益于对矿产资源的开发，哈密城市经济实力迅速增强、城市规模不断扩张。与此同时，伴随着“可持续”“高质量”等新发展理念提出，相关产业的生产技术水平也显著提升。目前，在生产技术更新升级的引领下，城市已围绕煤炭、石油、太阳能等形成了一系列衍生产业，城市经济发展迅速，产业结构逐渐优化。

6.3 人口演变分析

6.3.1 人口发展脉络

长期以来，哈密人口受地理区位、交通区位、政治经济等影响，增长缓慢。以

1949 年中华人民共和国成立为界，哈密人口发展可划分为中华人民共和国成立前、中华人民共和国成立后两个阶段。

（1）中华人民共和国成立前

清代中期及以前，受战争影响，哈密地区的人口规模并不稳定，区域间人口流动亦不频繁，总人口数较少[163]。在汉代、唐代、元代的部分时期，古丝绸之路基本畅通，为来往商旅提供了便利的交通与商贸条件，加快了西域和中原地区的人口流动，哈密地区也凭借位于丝绸之路的地理区位优势吸引了一定规模的商旅人口。但总体而言，哈密地区人口依旧稀少，且主要以务农为主，稳定的商贸和手工业人群数量不多。在清末至民国时期，哈密地区又陷入了战乱与军阀割据，人口发展进程再次停滞。

（2）中华人民共和国成立后

1949—1955 年，哈密地区总人口数量较低。1955—1980 年，由于政局稳定、生产建设兵团成立，城市和农场开始快速发展。这吸引了大量人口西迁入疆，哈密的人口总量也快速增加。1980 年以后，国家为有效控制人口数量及其增长速度，哈密地区人口自然增长放缓，但由于产业发展较快，对劳动力需求很大，吸引了很多外来的就业人群，城市人口机械增长率显著提高。例如在 1991 年，吐哈石油基地的进驻为哈密带来大规模的工业企业劳动力，石油产业人员由玉门油田迁居至哈密。总体而言，自 1949 年以来，哈密的人口规模在经历了短期的稳定发展后，便迅速进入快速扩大阶段，整体呈明显的增长趋势。

此外，在非农业人口方面，哈密市非农业人口占比呈阶梯式发展状态。其中，1949—1965 年，城市非农业人口占比快速攀升。1965—2004 年，非农业人口增长进入第一阶梯发展阶段，非农业人口占比在波动发展中缓慢提升。2005 年以后，受政策规划、基础设施投资等相关因素影响，城市非农业人口短暂快速提升，并进入第二阶梯发展阶段。随后，2005—2018 年，哈密非农业人口占比有所回落。

总体而言，通过对哈密城市人口发展脉络的梳理可知，自中华人民共和国成立以来，伴随着各类工业企业先后进驻哈密，哈密人口系统迅速发展，整体呈稳定、连续的增长态势。

6.3.2　人口演变态势

人口演变态势是对近年来哈密市的人口发展情况进行分析，具体研究内容包括人口数量、年龄结构、就业情况、人口系统演变四个部分。

（1）人口数量

从人口总量水平来看，20 多年来哈密市常住人口数量、户籍人口数量一直保持稳定增长。在增长趋势方面，城市人口呈现线性增长态势，年均增长率基本一致。但2015—2016年，受“撤县设市”的政策影响，城市人口统计口径改变，城市人口数量阶跃性增长，剧烈波动、迅速增加，其后又逐渐趋于稳定。

在人口增长率方面，哈密市近年来城市人口自然增长率较为平稳，而人口的机械增长率起伏较大，这是哈密城市人口变化的主要因素。

除此以外，通过统计分析哈密市域、哈密中心城区人口总量的变化情况，可以发现：哈密市域的常住人口、未落常住户口人口、非农业人口均呈逐年递增的趋势，且仍有较大可能继续保持增长；而中心城区的常住人口、户籍人口逐渐趋向平稳。

（2）年龄结构演变情况

近年来，哈密城市人口的年龄结构也在不同程度上发生变化。用2006—2016年的数据进行分析，以2013年为界，可以划分为两个阶段。2013年以前，哈密市35～60岁的人口呈整体增长的趋势，其后便开始逐年下降；在2013年以前，18～35岁的人口呈整体下降的趋势，其后便开始逐年上升。值得注意的是，18岁以下的人口呈现整体下降的趋势，而60岁以上人口占比则呈现出整体上升的趋势，人口老龄化问题已经开始显现。

（3）人口就业演变情况

在人口就业规模方面，哈密第二、第三产业就业人数整体上表现出逐年上升趋势。具体而言，2006—2010年，第二、第三产业就业人数呈小范围波动发展状态，未出现明显增长。2011年以后，随着城市化进程的持续推进，城市第二、第三产业就业人数均在不同程度上得以增长，其中以第三产业就业人数增速最为明显，波动也最为剧烈。而相对于第三产业而言，哈密市第二产业就业人口数量增速不高，且变化较为平稳，呈稳定增长趋势。

在人口就业比重方面，近年来，哈密市第二产业就业人口比重始终低于第三产业就业人口比重。2006—2012年，第二、第三产业就业人口比重变化较小。2013年以后，城市第二、第三产业就业人口比重变化进入波动发展阶段。其中，2013—2014年，第二产业就业人口比重突升，但又于2015年突降。而到了2018年，第三产业就业人口迅速增加。

关于人口的部门就业结构，这里从城市性质出发，重点对哈密市采矿业从业人口变化情况进行分析。研究发现，2006—2015年，哈密市采矿业从业人口数量呈明显的上升趋势，反映出这一时期哈密对采矿从业者有大量需求。而从2015年开始，采矿业从业人口又逐年降低。

（4）人口系统演变情况

基于上文对哈密人口数量、年龄结构、就业等方面统计数据的梳理，下文将进行哈密市人口系统的熵分析。在分析哈密人口系统的熵演变之前，需选取人口系统相关指标。通过梳理和分析现有文献，选出如下指标：总人口、常住人口、中心城区常住人口、城镇人口、乡村人口等，并构建相应数据矩阵。

通过对上述指标数据进行信息熵分析，得出各指标在1999年至2018年的熵总和、差异性系数及权重。

计算结果表明，在信息熵总量变化方面，哈密城市人口系统各年度的信息熵总值整体呈不断增加的态势。其中，2000—2013 年，哈密城市人口系统处于快速发展期，在扩张与演变过程中的非线性作用迅速增强，内部涨落较大；2013—2017 年，哈密城市人口系统扩张速率有所降低，内部非线性作用趋于稳定，内部涨落相对较小，进而形成熵增量增速趋缓的态势；2017—2018 年，哈密城市人口系统内部非线性作用有一定程度的减弱，信息熵总量呈负增长态势（图 6-54）。

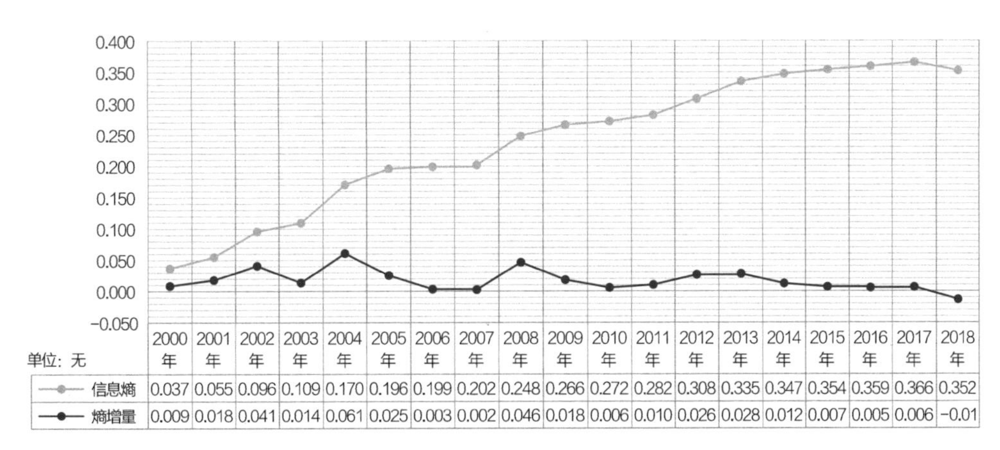

	2000年	2001年	2002年	2003年	2004年	2005年	2006年	2007年	2008年	2009年	2010年	2011年	2012年	2013年	2014年	2015年	2016年	2017年	2018年
信息熵	0.037	0.055	0.096	0.109	0.170	0.196	0.199	0.202	0.248	0.266	0.272	0.282	0.308	0.335	0.347	0.354	0.359	0.366	0.352
熵增量	0.009	0.018	0.041	0.014	0.061	0.025	0.003	0.002	0.046	0.018	0.006	0.010	0.026	0.028	0.012	0.007	0.005	0.006	−0.01

图 6-54　哈密人口系统信息熵及熵增量变化图

哈密城市人口系统的熵增量变化在 2002 年、2004 年、2008 年等多个时间节点上较明显，原因在于这几个年度的总人口、常住人口、中心城区常住人口、城镇人口、乡村人口等指标数值迅速增大，系统内部非线性作用明显增强，进而呈现出哈密城市人口系统信息熵值快速增长的态势（图 6-55）。

最后，结合前文指标权重等分析内容，计算得出哈密市人口系统的综合评分（图 6-56）。在权重方面，乡村人口 > 总人口 > 城镇人口 > 常住人口 > 中心城区常住人口。其中，乡村人口指标权重达 27.28%，它对哈密人口系统演变的影响最大。在综合评分方面，1999—2013 年，哈密市人口系统综合评分逐年整体均匀而缓慢地上升；2014—2017 年，哈密市人口系统综合评分变化不大，基本保持稳定发展的态势；而在 2018 年，哈密市人口系统综合评分呈现轻微下降态势，主要原因在于哈密城镇人口与乡村人口结构的调整，这导致了城市内部的熵增，进而使综合评分降低。

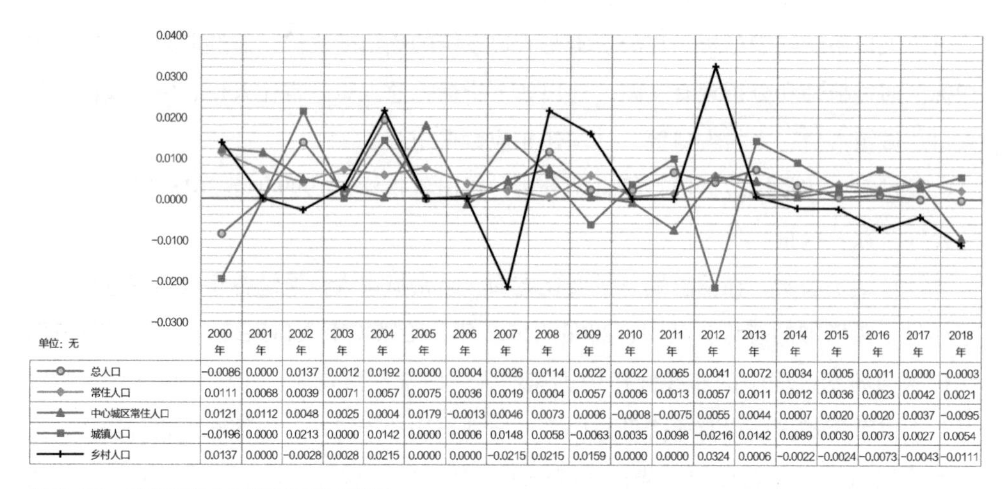

	2000年	2001年	2002年	2003年	2004年	2005年	2006年	2007年	2008年	2009年	2010年	2011年	2012年	2013年	2014年	2015年	2016年	2017年	2018年
总人口	-0.0086	0.0000	0.0137	0.0012	0.0192	0.0000	0.0004	0.0026	0.0114	0.0022	0.0022	0.0065	0.0041	0.0072	0.0034	0.0005	0.0011	0.0000	-0.0003
常住人口	0.0111	0.0068	0.0039	0.0071	0.0057	0.0075	0.0036	0.0019	0.0004	0.0057	0.0006	0.0013	0.0057	0.0011	0.0012	0.0036	0.0023	0.0042	0.0021
中心城区常住人口	0.0121	0.0112	0.0048	0.0025	0.0004	0.0179	-0.0013	0.0046	0.0073	0.0006	-0.0008	-0.0075	0.0055	0.0044	0.0007	0.0020	0.0020	0.0037	-0.0095
城镇人口	-0.0196	0.0000	0.0213	0.0000	0.0142	0.0000	0.0006	0.0148	0.0058	-0.0063	0.0035	0.0098	-0.0216	0.0142	0.0089	0.0030	0.0073	0.0027	0.0054
乡村人口	0.0137	0.0000	-0.0028	0.0028	0.0215	0.0000	0.0000	-0.0215	0.0215	0.0159	0.0000	0.0000	0.0324	0.0006	-0.0022	-0.0024	-0.0073	-0.0043	-0.0111

图 6-55 哈密各类人口熵增量变化情况

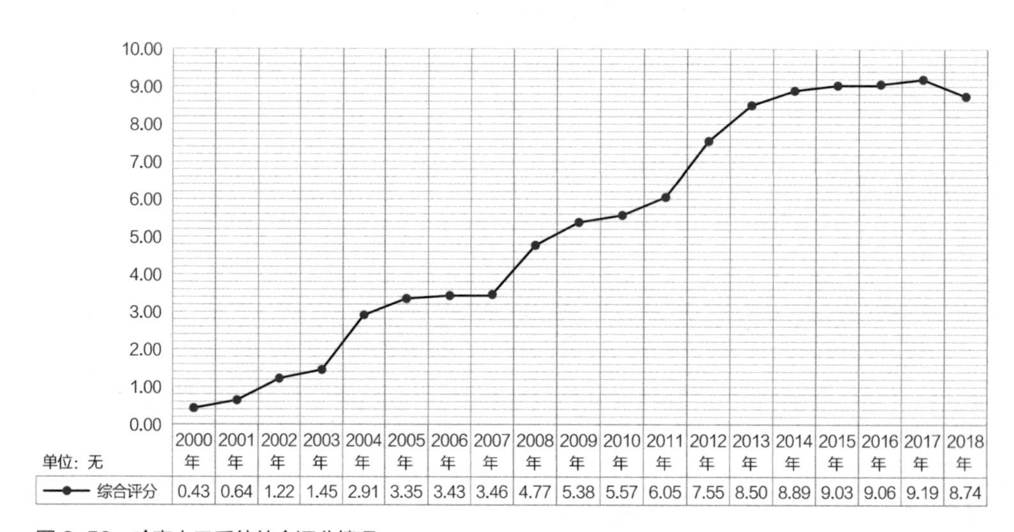

	2000年	2001年	2002年	2003年	2004年	2005年	2006年	2007年	2008年	2009年	2010年	2011年	2012年	2013年	2014年	2015年	2016年	2017年	2018年
综合评分	0.43	0.64	1.22	1.45	2.91	3.35	3.43	3.46	4.77	5.38	5.57	6.05	7.55	8.50	8.89	9.03	9.06	9.19	8.74

图 6-56 哈密人口系统综合评分情况

6.3.3 人口演变机制

在耗散结构理论视域下，城市人口系统是在城市内部共同生活的人群通过各自的工作、生活而构成非线性作用关系的整体。因此，这种人口间非线性关系结构的演变是推动哈密城市人口系统演变的核心动力。

具体而言，在哈密城市形成之初，哈密的人口系统同其他城市一样，由散居个体组成。其后，经过漫长的发展历程，在多次系统内部涨落的作用下，散居个体集聚形成了规模较小的聚居点，这些居民彼此生活在一起，互通有无，但此时相互之间的非线性关系相对简单。随着经济社会发展，城市持续引入外部负熵流，哈密城市人口系统内部的非线性关系逐渐增多，并趋于复杂化、综合化，聚居点也缓慢演变成为聚落共同体，而后成为城镇共同体，最终发展为复杂的城市人口系统，并随着资源开发等产业的规模化而逐渐扩大（图 6–57）。

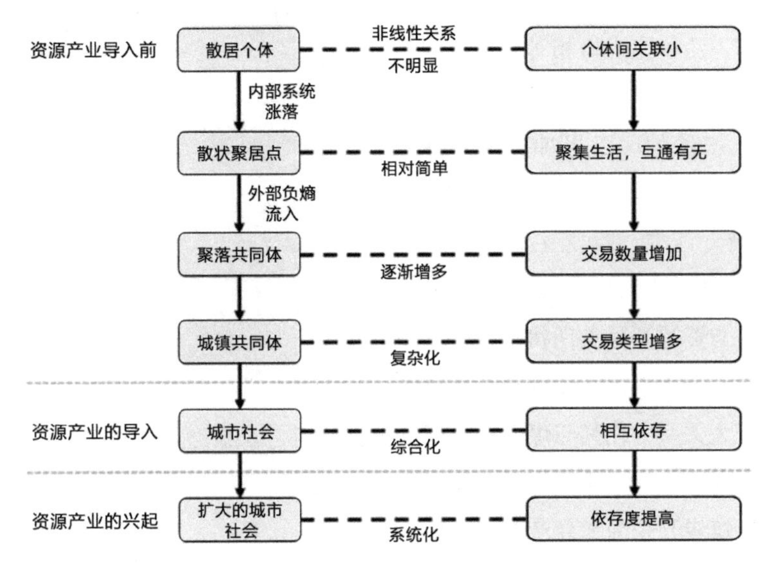

图 6–57　哈密人口系统演变示意

6.3.4　人口演变特征

中华人民共和国成立以来，基于国家、地方相关政策的引导，以及矿产资源开发的辐射影响，哈密城市人口系统经历了巨大的变迁，人口数量迅速增长，人口分布的地域空间也在不断扩张。因此，对哈密城市人口演变特征的分析可以围绕人口演变的动态趋势、人口演变的空间分异两个方面展开。

（1）人口演变的动态趋势

从上文的分析可知，哈密人口系统受城市发展内外部因素的影响均较大，在不同方面发生着演变。人口规模方面，总数量不断增长，并在资源开发和国家政策的引导下发生了较大变化，如 2016 年哈密地区“撤地设市”引发了城市常住人口数量的大幅度上升；在年龄结构方面，青少年人口比例表现出缓慢下降的趋势，成年人口占比缓慢减少但变化幅度不大，老年人口则在城市发展初期的基础上不断增长，城市人口老龄化问题逐渐开始显现；在职业构成方面，随着时间推移，城市中从事矿业产业以及相关服务业的人口数量逐渐增多，城市第二、第三产业就业人口规模也同步扩大。

（2）人口演变的空间分异

城市人口空间是一种较为特殊的城市社会地域系统，城市发展的不同历史阶段存在着不同的社会制度、文化意识形态、环境心理及价值体系等，这样也就形成了不同的人口等级结构和人口空间分异[164]。哈密城市人口系统演变的空间分异在市域和城区范围内同时存在。就市域范围而言，哈密市人口相对分散，城市人口空间呈明显的分异状态。以哈密主城、三道岭、巴里坤、雅满苏镇、红星二牧场、淖毛湖等地为主要分布区域。其中，哈密主城、三道岭、巴里坤三地人口密度最高。另外，通过与资源开采点现状分布进行对比发现，哈密人口密度分布与矿产分布有较大关系，尤其与煤矿有密切联系（图 6-58）。例如三道岭、淖毛湖镇等以煤炭开采为主导产业的工矿镇均有较高的人口密度。且根据现场调研发现，工矿镇内矿业职工和职工家属占总人口比重较大。

图 6-58 哈密现状生产中的矿点分布

另一方面，哈密城区内也具有一定程度的人口空间分异。例如，在哈密主城区，金融、商务相关人口分布较为集中，主要分布于主城区的西北部、西部及东南部区域（图 6-59）。这类分异现象主要与产业对人口的集聚效应有关，也与城市空间功能布局有着直接的关系。

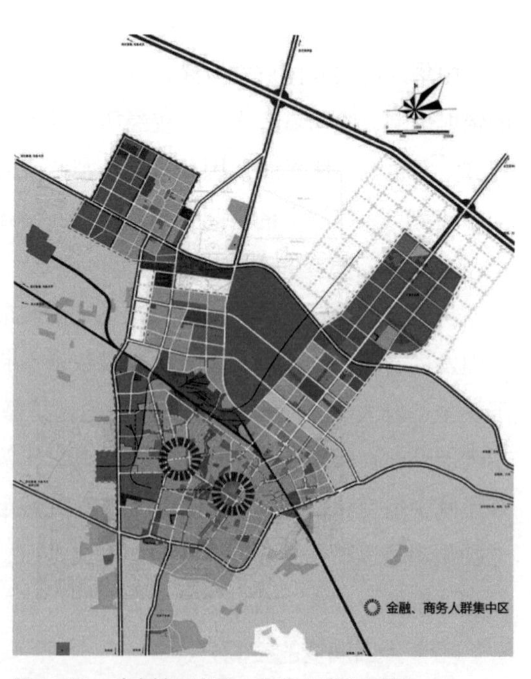

图 6-59 哈密城区金融、商务人群分布情况

图片来源：根据哈密市人民政府．哈密市城市总体规划（2012—2030 年）[Z]．绘制

6.3.5 人口演变影响因素

引导城市人口系统发展演变的因素存在多样性和复杂性，不同地域背景、不同发展阶段下的城市人口系统演变影响因素差异明显。就哈密市而言，当前城市人口系统演变主要受城

市发展历史、政策制度、经济产业发展等因素的影响较大。

（1）城市发展历史

城市人口系统演变特征与城市发展的历史进程有很大的关系，历史因素的推动是城市人口系统内部隐形的自组织力量之一。哈密地区自古以来战事不断，历史上游牧部落和统治者的频繁更替让哈密地区烽烟频起。尤其在中华人民共和国成立前，这一地区的统治很不稳定，这也使得哈密人口规模始终处于较小和不稳定的状态。另外，哈密在不同历史时期也肩负着不同的城市职能，经历了悠长的历史演变才逐渐形成了现今的哈密，这对哈密人口规模和分布的影响作用极大。例如，清朝末期的哈密形成了“满城—回城—汉城”的格局，这使哈密人口集中分布于这三城。而“王城—外郭城”的格局与阶级区别也造就了王城内以高级官署居住、办公等功能为主，王城外、外郭城内以普通民居、作坊为主。如今的哈密虽隐隐也能见到早期城市的格局，但由于历史的发展和社会结构的变化，城市社会阶层、社会分工早已与过去不同，人口空间分布也就发生了明显变化。

（2）政策制度

同城市用地与产业空间一样，资源型城市的人口空间同样受到政策的巨大影响。政策制度对人口空间演变的影响作用可分为直接影响作用和间接影响作用。直接影响作用如国家社会发展政策，间接影响作用如产业方面、用地方面的各类政策。例如，国家、政府发布产业政策对产业发展进行直接干预，可以间接影响城市人口空间的演变方向。对哈密来说，在其人口系统演变过程中受到的直接影响作用如2016年哈密地区实行“撤地设市”等；间接影响作用如国家重点支持哈密的资源产业发展，众多国有能源企业进驻哈密，从而吸引了大量相关人口流入哈密。

（3）经济、产业发展

人口是实现经济、产业平稳发展的主体力量，产业空间与人口空间的形成及发展存在着相互影响的复杂非线性关系。一方面，产业、技术的发展需要人去实现，另一方面人的发展也需要产业和技术的进步。可以说，资源型城市的产业发展是影响其人口空间结构演变的核心力量。首先，产业空间的布局会影响资源型城市人口空间的布局。例如，资源型城市的资源点开发工作需要大量的劳动力，进而形成第二产业就业人群（主要为工业就业人群）及其家属在资源点附近的集中分布；城镇多元化的产业也吸引了各类人群在中心城区或相关功能区集中分布，进而形成了“中心城区多元化、资源点单一化”的人口空间结构布局。其次，产业的集聚一方面为城市内部人群提供了就业机会，另一方面也会吸引外来人群就业，促进就业总人口增加。具体而言，即产业规模效应为城市带来了更多的经济利益，会吸引大量相关企业入驻。而企业的不断入驻则为城市提供了更多的就业机会，吸引城市外部人群流入城市。最后，产业结构会影响人口结构，即产业的单一化会使人口结构单一化，产业的多元化也会造成人口结构的多元化，各类产业的规模也会直接影响并决定社会人群的就业结构。

6.4 交通演变分析

6.4.1 交通发展脉络

哈密市地处新疆维吾尔自治区东部，自古以来就是中原向西连通新疆的必经之地，目前也是主要的区域性中心城市，是促进新疆地区经济社会发展的重要交通枢纽。清朝末年至中华人民共和国成立以前，哈密与新疆地区其他城市以及内地城市的联系较少，多依靠条件不佳的公路交通，交通环境十分闭塞。中华人民共和国成立以后，为满足经济社会发展需要，哈密地区境内也修建了多条省道和国道，并开通了联系内地的铁路线。由此，哈密交通运输系统综合能力显著增强，地区性交通枢纽地位得以确立。具体而言，哈密交通枢纽的发展演变可分为以下阶段。

（1）交通体系初步构建：中华人民共和国成立以前

1949 年以前，哈密城市交通体系较为简单，整体处于初步构建阶段。在内部交通方面，由于长期受到战乱侵袭，哈密城市主要道路多次被毁，城市内部各功能区之间多依靠巷路连接，道路交通状况较差、联系度弱。同时，由于城市地理区位条件不好，城市经济缺乏发展动力，导致交通建设难以快速推进，城市道路总长度长期维持在仅 2～3km，发展瓶颈明显。

这一阶段，哈密的对外交通主要依靠兰新公路，但此时公路的运输总量小、运输距离短。此外，当时的民国政府西北航空委员会于 1924 年开通了西安到新疆的航线，哈密成为新疆最早开通航空运输的地区之一。而在铁路运输方面，近代以来，随着我国第一条自行设计和建造的铁路——京张铁路开通运行，全国掀起了修建铁路的大潮，孙中山、赵惟熙等也都曾提出过修建新疆铁路的计划，出于各种原因屡屡被搁置。1942 年，民国政府宝天铁路工程局在兰州至酒泉和酒泉至乌苏分两段进行了勘测，先后于 1944 年 3 月和 1945 年 1 月完成了勘测设计表[165]。然而，由于民国政府内部腐败、财力薄弱，无法支持修筑新疆铁路，于是该段铁路修建工作并未实施。

（2）交通体系逐渐完善：中华人民共和国成立至今

中华人民共和国成立后，哈密地区的综合交通运输条件发生了翻天覆地的变化，铁路、公路等现代交通运输方式成为该地区主要的交通方式，代替了过去千百年来的马车、骆驼等畜力交通工具，形成了以国道线为主干线的公路网连接天山南北，兰新铁路横贯东西连接疆内和疆外的交通骨架[166]。总体而言，哈密枢纽在新疆的综合交通运输体系中发挥了主要作用，具有重要的国防、交通、经济、政治意义。

公路运输具有可达性高、速度快、灵活性强等特点，因此公路运输在哈密地区的综合交通运输系统中占较大比例。中华人民共和国成立后至改革开放前，哈密的城市发展进程跌宕起伏，在基础设施建设等方面虽取得了一定成就，但是整体增速缓慢。在改革开放后，大批工业企业进驻、石油新城建设落地，需要大量的物资以及与之相匹配的货物运输条件，以维持城市建设正常开展。于是哈密地区开始了大规模的公路修建活动，包括原有公路的改扩建、国道省道延长线的建设，以及矿区直通公路的建设等，这些建设大幅提升了本地区公路网的覆盖率，增强了车辆通行及运输能力。截至2012年底，哈密地区公路通车总里程达9725.25km。其中，国道509.59km、省道897.97km、农村公路5228.27km（县道895.9km、乡道2004.65km、村道1814.41km、专用道路513.31km）、兵团道路2257km、其他专用道路832.42km。

铁路运输方面，兰新铁路是国家一级干线铁路，是连通疆内外的唯一铁路通道，承担着出疆进疆物资和客流运输的重大任务。兰新铁路全长2423km，东起甘肃省兰州市，西至新疆维吾尔自治区乌鲁木齐市。1950年，兰新线开始初测；1952年12月，兰新铁路铺设轨道进入哈密境内；1962年12月，铺设轨道至乌鲁木齐西站；1990年9月，兰新铁路西段修至阿拉山口，与前苏联土西铁路接轨，举世瞩目的亚欧大陆桥全线贯通，阿拉山口也成为我国西部沿边对外开放的重要口岸。

兰新铁路的开通带动了沿线众多工矿企业的发展，拉动了地方经济，对新疆的发展建设功不可没。在此后的发展过程中也有众多工矿企业的铁路专用线与兰新铁路接轨，这些铁路专用线主要用于运输企业开采和生产的大规模工矿物资。例如，三道岭煤矿专用线是为开发三道岭煤矿而建，雅满苏煤矿专用线是为开发雅满苏露天煤矿而建。

2009年，国务院批复《新建兰新铁路第二双线项目建议书》，同年12月兰新铁路第二双线开始动工。2014年11月，乌鲁木齐南至哈密段开通运营；2014年12月，全线开通运营。从此，哈密融入全国高速铁路网络，加强了与各地人才、技术、资金等多方面的联系。既有兰新铁路也转作以铁路货运为主，新疆与内地和沿海之间的交通运输能力得到大幅提升。

总体来看，除受自然条件限制，没有水路运输外，哈密市境内已有公路、铁路、航空、管道等多种运输方式。

6.4.2 交通演变态势

前文通过分析梳理哈密城市交通运输系统的发展历程，就其不同城市发展阶段的交通特征和演变脉络进行了整体把握。下文将以 1999—2018 年作为研究的时间段，定量分析哈密城市交通系统的演变过程，用以剖析近年来哈密城市交通的发展态势。具体研究内容涉及道路长度、道路面积、人均道路面积，以及公路货运量、公路客运量等方面的指标，相关研究数据源自《中国城市建设统计年鉴》和《哈密统计年鉴》。

（1）道路长度

哈密城市交通系统中的道路长度变化情况呈现明显的阶段性演变特征，1999—2018 年，道路长度演变过程可分为四个阶段：1999—2004 年、2004—2010 年、2010—2016 年、2016—2018 年。

1999—2004 年，哈密城市道路长度的增长属于稳定发展阶段，道路长度整体变化不大（图 6-60），1999 年城市道路共计 112km，2004 年为 127km，共计增长 15km。2004—2010 年是哈密城市道路长度增长最为显著的阶段，大致可从两个时期进行梳理：2004—2007 年为发展初期，道路长度增长速度缓慢，变化幅度较为平缓，增长约为 15km；2007 年以后，哈密城市道路建设进入大规模发展阶段。相较 2007 年，2008 年城市道路长度增长了 43km；截至 2010 年末，哈密城市道路长度共计 214km；2010—2016 年，哈密城市道路长度表现出先稳定再小幅增长的波动特征。进入 2017 年以后，哈密城市道路建设迎来了又一个快速发展时期，该年哈密城市道路长度比上年增长 49km，道路长度增加趋势明显。总体而言，1999—2018 年，哈密城市道路长度变化呈“稳定发展—急速增加—趋于稳定—再次增长”的螺旋上升发展态势，整体上是保持持续增长的趋势。

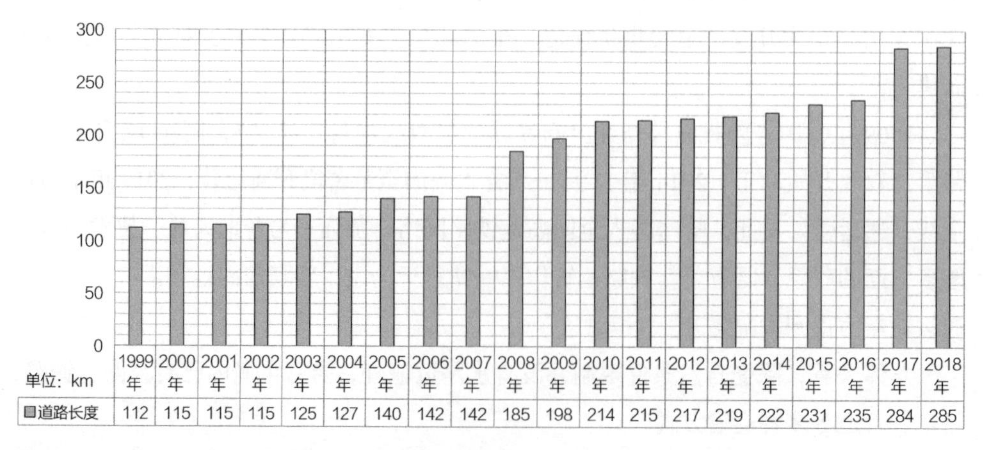

图 6-60 1999—2018 年哈密城市道路长度增长情况

（2）道路面积

道路面积包括总体道路面积和人均道路面积两个指标。整体而言，哈密城市总体道路面积维持增长态势，但不同时期的增长率存在差异（图 6-61）。1999—2010 年，城市道路面积由 143 万 m^2 增长至 392 万 m^2，呈线性增长趋势，增长率基本保持不变。如前所述，在这一时期，哈密城市道路长度变化分为“稳定发展”和“急速增加”两个阶段。在这两个阶段，引导哈密城市道路面积变化的机制有所不同。前一阶段，因城市重视提升道路通达性、改善道路质量，由此带来了道路面积的增加；后一阶段，道路面积的变化则是基于道路里程增加带来的直接提升。2011—2014 年，哈密城市道路面积增长缓慢而平稳，共计增长了 22 万 m^2。进入 2015 年以后，哈密城市道路面积增长率回升，而且相较于 1999 年至 2010 年而言，增长速度更快，2016—2017 年短短一年，城市道路面积增长就约 109 万 m^2。截至 2018 年末，哈密城市道路面积已经达到 588 万 m^2。

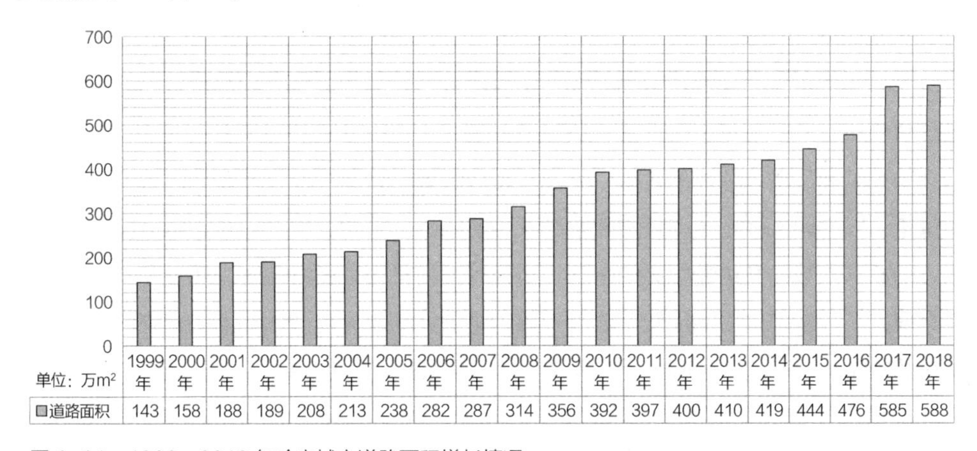

图 6-61　1999—2018 年哈密城市道路面积增长情况

人均道路面积是指“人均道路占有率”，以城市道路总面积与城市人口总数之比表示，是综合反映一个城市道路交通拥挤程度的指标。根据我国城市规划定额指标暂行规定，城市近期规划的人均道路面积应为 6～10m^2，远期为 11～14m^2，国外发达城市一般达到 20m^2 以上。

1999—2018 年，哈密城市人均道路面积指标值波动变化明显（图 6-62）。1999—2010 年属于平稳发展阶段，城市人均道路面积变化有所起伏，但保持着增长趋势，共计增长 6.19m^2/ 人。2011—2015 年，哈密城市人均道路面积的变化进入剧烈波动阶段，先是呈现出降低的态势，由 2011 年的 17.4m^2/ 人降至 2013 年的 14.35m^2/ 人。此后又迅速增加，到 2015 年，哈密人均道路面积达到了 21.16m^2/ 人。2015 年以后，城市人均道路面积的增长率开始下降，增长趋势趋于平稳，2018 年城市人均道路面积已经达到 23.93m^2/ 人。

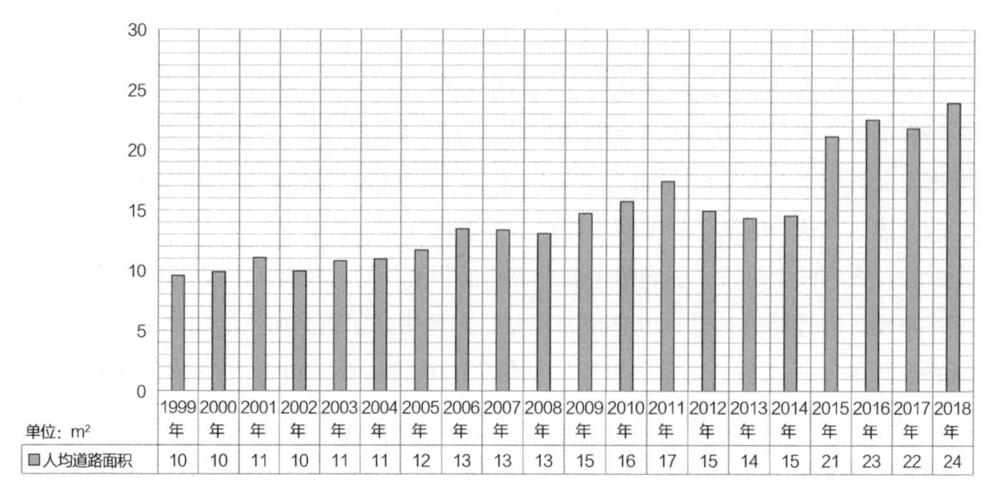

图 6-62　1999—2018 年哈密市人均道路面积变化情况

（3）交通运输量

交通运输量是指交通运输部门在一定时期内运输货物或旅客的总量，以运量和周转量进行表示。其中运量又包括货运量和客运量，分别指一定时期交通运输部门实际运送的货物吨数和旅客人数。周转量可分为货运周转量、旅客周转量和换算周转量，货运周转量指运输部门实际运送的货物吨数与其运输距离的乘积，旅客周转量指运输部门实际运送的旅客人数与其运输距离的乘积，而换算周转量则是指将旅客周转量和货运周转量折合成同一计量单位后的周转量。由于周转量的计算较为复杂，加上受到获取相关数据资料的限制，本书就交通运输量的研究以货运量和客运量为指标。

哈密市交通运输系统的货运量变化表现出明显的阶段性分异特征（图 6-63）。在 2009 年以前，每年公路货运量的增长幅度不大，均在 700 万吨以下。2009—2013 年，公路货运量开始以较快的速度增长，2013 年，公路货运量已经达到了 1229 万吨。2013—2014 年是本研究统计年限中公路货运量增长最为显著的一个阶段，直接由 1229 万吨增长至 2441 万吨。2014—2016 年，哈密市货运量保持稳定态势。在 2016 年以后，哈密的货运量又开始快速增长，但较上一个阶段的增长来说，速率有所放缓。总体而言，1999—2018 年，哈密的货运量波动变化显著，经历了几次大幅度的增长，至今仍保持良好的增长态势。

与货运量变化情况相比，哈密的公路客运量变化波动幅度较小（图 6-64）。具体可分为三个时间阶段进行描述：1999—2013 年，哈密公路客运量基本保持稳定发展的态势，城市交通客运量有所起伏，但变化幅度相对较小；2013—2014 年，城市交通客运量大幅增加；2014—2018 年，公路客运量又呈逐年降低的趋势，截至 2018 年，哈密市公路客运量为 286 万人次。

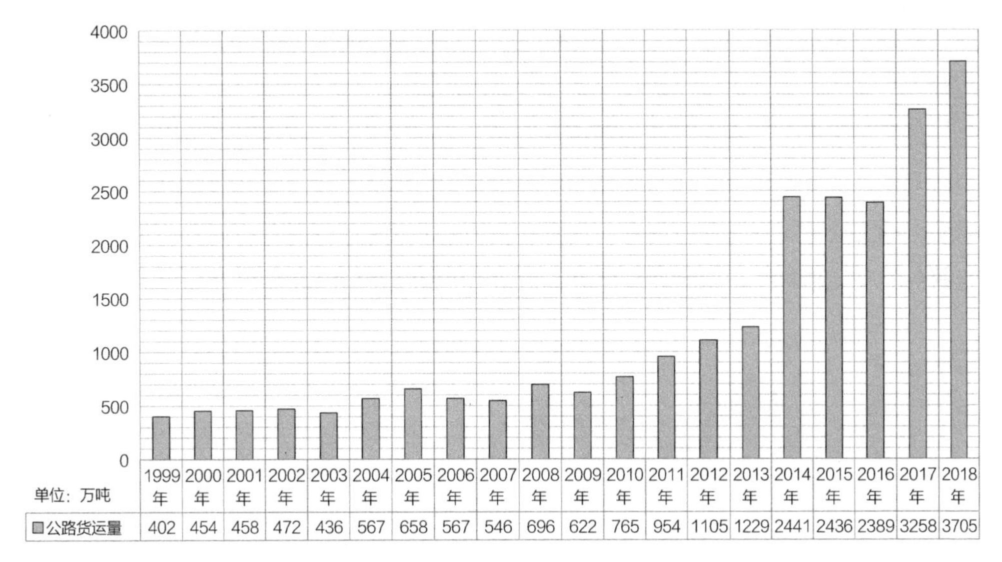

图 6-63　1999—2018 年哈密市货运量增长情况

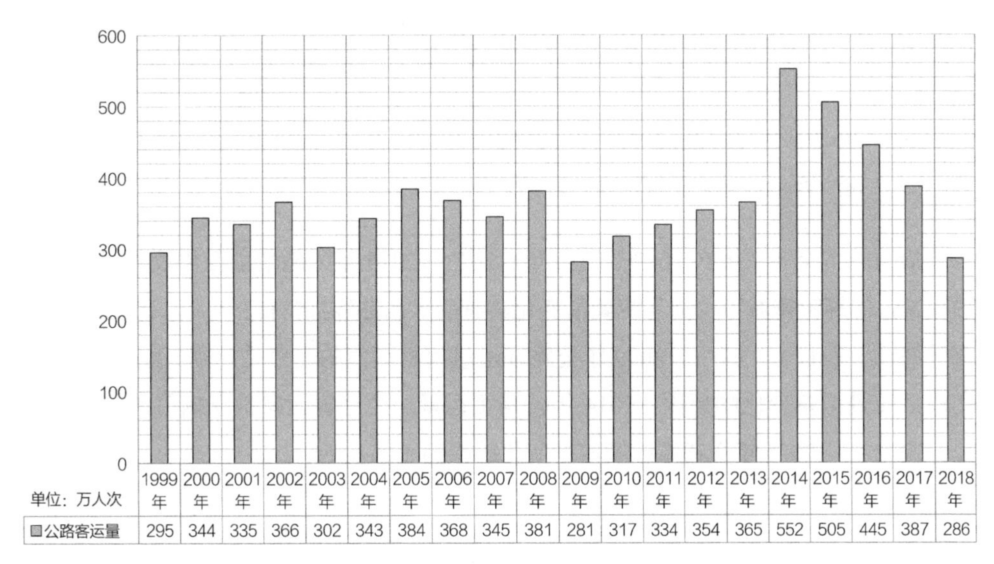

图 6-64　1999—2018 年哈密市客运量变化情况

（4）整体性分析

前文就 1999—2018 年哈密城市交通运输系统中的道路长度、道路面积和交通运输量的变化进行了定量梳理。基于此，下文将利用熵值法对哈密市交通运输系统的演变作熵值分析，以测定系统演变的有序程度。所选指标仍采用道路长度、道路面积、人均道路面积、公路货运量、公路客运量等，构建的数据矩阵如附表 7 所示。

通过归一化交通运输数据矩阵等操作后，得出各指标在各年的信息熵，以及统计年限内各指标的熵总和、差异性系数、权重等数据（附表 8）。由表可知，在权重方面，公路货运量 > 公路客运量 > 道路长度 > 人均道路面积 > 道路面积。公路货运量指标权重最大，达到了 35.56%，说明其对哈密城市交通运输系统的影响最大。

计算结果表明，在信息熵总量变化方面，除了 2008—2009 年、2017—2018 年有轻微降低外，哈密城市交通系统各年度的信息熵总值整体呈不断增加的态势。这说明哈密市的交通系统在演变过程中，其系统内部的非线性作用整体在增强，原因主要在于其各类交通指标子项的规模整体呈扩大趋势（图 6-65）。

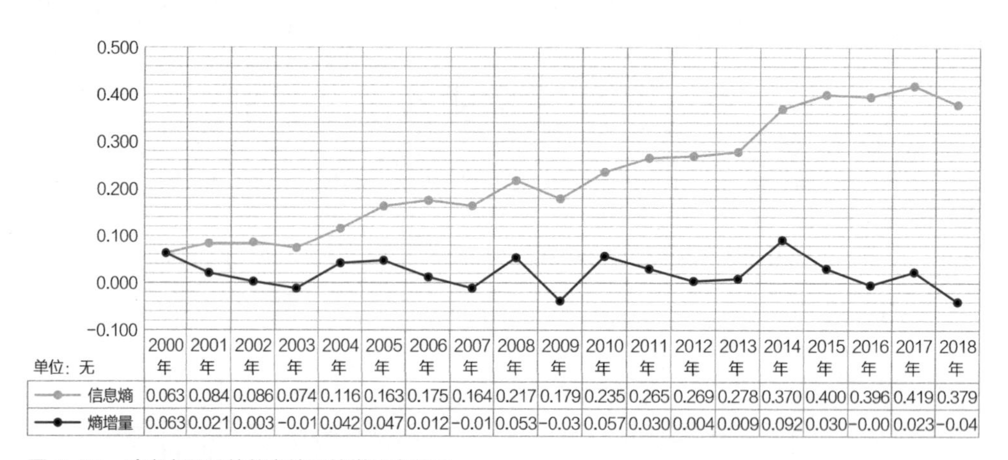

	2000年	2001年	2002年	2003年	2004年	2005年	2006年	2007年	2008年	2009年	2010年	2011年	2012年	2013年	2014年	2015年	2016年	2017年	2018年
信息熵	0.063	0.084	0.086	0.074	0.116	0.163	0.175	0.164	0.217	0.179	0.235	0.265	0.269	0.278	0.370	0.400	0.396	0.419	0.379
熵增量	0.063	0.021	0.003	−0.01	0.042	0.047	0.012	−0.01	0.053	−0.03	0.057	0.030	0.004	0.009	0.092	0.030	−0.00	0.023	−0.04

图 6-65 哈密交通系统信息熵及熵增量变化图

哈密城市交通系统在 2007—2010 年、2013—2015 年的熵增量变化较为明显，原因在于该时期哈密城市交通系统熵值变化具有明显的非线性特征，会因偶然或突变因素呈波动发展状态。其中，2009 年公路客运量信息熵值的突变是导致 2007—2010 年交通系统熵增量变化的原因；2014 年公路货运量、公路客运量信息熵值的大幅变化是影响 2013—2015 年交通系统熵增量变化的原因（图 6-66）。

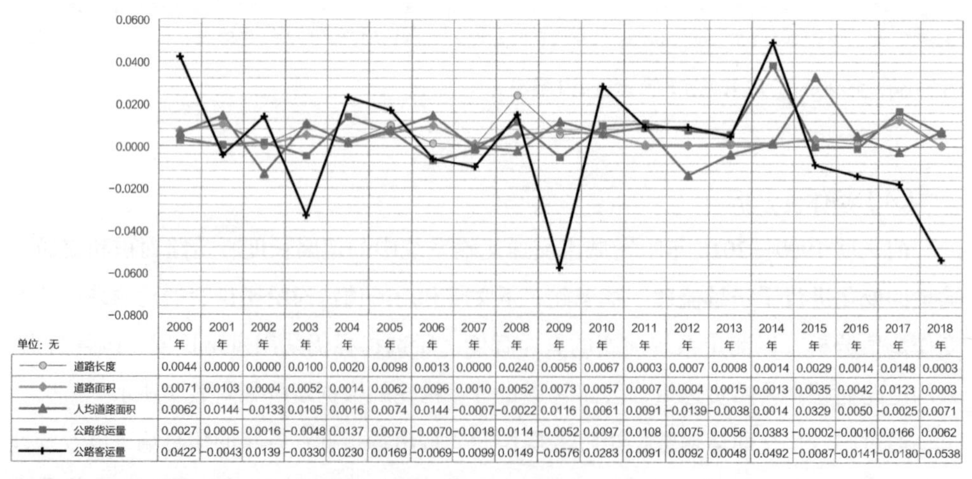

	2000年	2001年	2002年	2003年	2004年	2005年	2006年	2007年	2008年	2009年	2010年	2011年	2012年	2013年	2014年	2015年	2016年	2017年	2018年
道路长度	0.0044	0.0000	0.0000	0.0100	0.0020	0.0098	0.0013	0.0000	0.0240	0.0056	0.0067	0.0003	0.0007	0.0008	0.0014	0.0029	0.0014	0.0148	0.0003
道路面积	0.0071	0.0103	0.0004	0.0052	0.0014	0.0062	0.0096	0.0010	0.0052	0.0073	0.0057	0.0007	0.0004	0.0015	0.0013	0.0035	0.0042	0.0123	0.0003
人均道路面积	0.0062	0.0144	−0.0133	0.0105	0.0016	0.0074	0.0144	−0.0007	−0.0022	0.0116	0.0061	0.0091	−0.0139	−0.0038	0.0014	0.0329	0.0050	−0.0025	0.0071
公路货运量	0.0027	0.0005	0.0016	−0.0048	0.0137	0.0070	−0.0070	−0.0018	0.0114	−0.0052	0.0097	0.0108	0.0075	0.0056	0.0383	−0.0002	−0.0010	0.0166	0.0062
公路客运量	0.0422	−0.0043	0.0139	−0.0330	0.0230	0.0169	−0.0069	−0.0099	0.0149	−0.0576	0.0283	0.0091	0.0092	0.0048	0.0492	−0.0087	−0.0141	−0.0180	−0.0538

图 6-66 哈密交通系统各子项熵增量变化情况

其后，计算得出哈密市交通运输系统各年份的综合评分，如图 6-67 所示。整体而言，1999—2018 年，哈密市交通运输系统的综合评分逐年上涨，其中以 2013 年到 2014 年上涨速度最快，这说明哈密市交通运输系统在其演变过程中趋于稳定聚合。

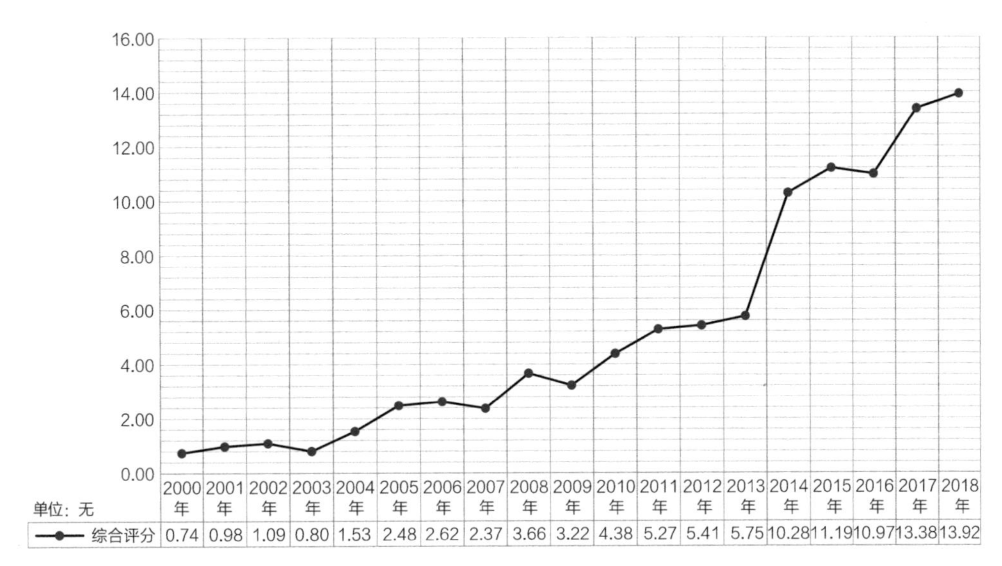

	2000年	2001年	2002年	2003年	2004年	2005年	2006年	2007年	2008年	2009年	2010年	2011年	2012年	2013年	2014年	2015年	2016年	2017年	2018年
综合评分	0.74	0.98	1.09	0.80	1.53	2.48	2.62	2.37	3.66	3.22	4.38	5.27	5.41	5.75	10.28	11.19	10.97	13.38	13.92

图 6-67　哈密交通运输系统综合评分情况

6.4.3　交通演变机制

哈密在发展初期处于相对闭塞的状态，城市与外部的交通联系较弱。其城市内部交通运输系统也因为城市发展初期的系统结构与功能相对简单，居民日常工作、生活、出行的交通需求也比较单一，而使得整个城市的交通运输系统较为原始。随着城市的进一步发展，由于城市系统具有开放性，在随机因素的作用下，如外部人口的迁入为城市空间结构系统持续带来负熵流，城市内部空间结构变得复杂，居民的日常出行和货运行为也逐渐复杂化，各交通运输系统要素间的非线性作用持续增强。当超过一定阈值以后，城市交通运输系统由无序状态转化为有序状态，城市发展初期较为简单稳定的非机动化交通运输系统开始形成。

工业技术的变革为城市交通工具的更新演替提供了技术支撑。而哈密由于其经济区位、交通区位偏远以及经济社会发展水平落后，国际上机动化交通时代的到来并没有很快给哈密城市交通运输系统的演变带来大的影响，哈密城市交通运输系统的突变基本上是受后期矿产资源大开发的推动而产生的。在矿产资源开发的影响下，各类型资源产业相继导入，城市与外部的联系更为紧密，外部物质与能量持续不断地流入城市。在城市内部，由于人口、产业快速发展，以及城市用地不断扩张，居民出行和产业运输需求愈发复杂和强烈，城市交通运输系统内部的微涨落频发。在系统内部要素和子系统的非线性作用下，某些微涨落被放大为巨涨落，并进一步促使城市交通运输系统发生演变（图6-68）。

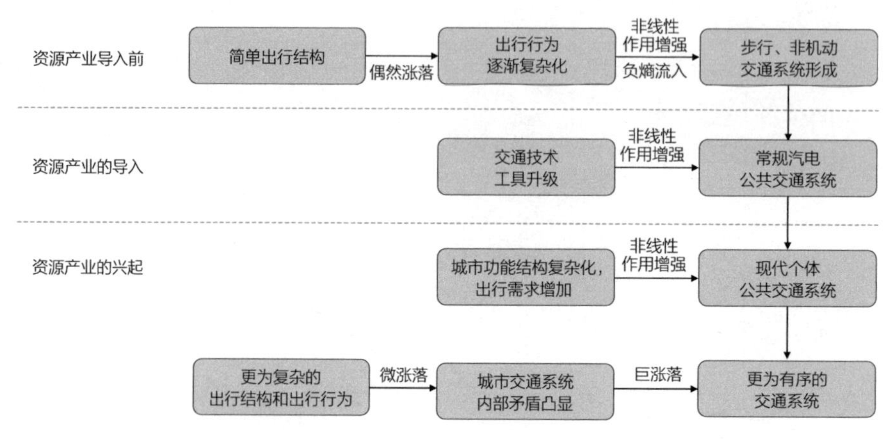

图6-68　哈密交通系统演变示意

目前，哈密仍处于资源型城市生命周期中的快速成长期，城市人口保持增长态势，产业正在快速发展、规模不断扩张，城市用地也在以较快的速度向外拓展，城市交通运输系统正在不断远离无序的平衡态，并逐步演变成中高级的有序系统，具体表现为城市内部交通矛盾逐渐缩小，交通系统内部熵增率减少。

6.4.4　交通演变特征

一般来说，对外大交通会决定城市的兴衰，对内小交通会决定城市的骨架。中华人民共和国成立以来，国家和地方政府一直高度重视哈密地区的交通发展。在过去几十年里，公路运输、铁路运输以及航空运输的迅速发展对哈密当地经济的带动作用很强，促进了当地矿产资源的开发和经济社会发展水平的提升。长期以来，西部大开发、“一带一路”等国家政策和倡议的出台加速了哈密地区交通格局的构建和完善，交通发展演变与当地产业的互动性较强。首先，哈密地区公路路网密度不断增加，交通可达性日渐提高，为工业产业的发展提供了有力的支撑。其次，铁路干线随着经济的发展也不断完善，承担着联系内陆城市和远距离大运量货物运输的任务（图6-69）。

（1）公路路网覆盖率提高

哈密的城市交通系统演变是一个长期的过程，随着当地工矿业发展需求的增加，生产生活物资运输对道路建设提出了更高的要求。如G405哈密段过境高速公路的建设，虽然历经多次更新改造，但其公路总体服务能力仍然无法满足当地的运输要求，

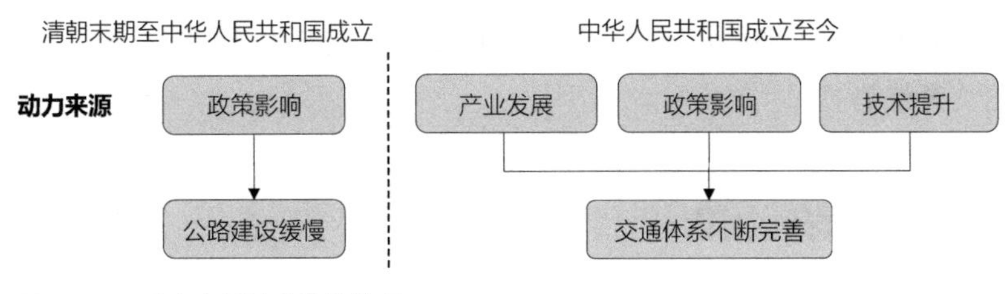

图 6-69　哈密交通演变整体情况

并且存在多级公路并存的现象[166]。因此，针对存在的突出问题，利用现有科学技术合理地对其进行升级改造显得尤为重要。在改革开放后，尤其是 20 世纪 90 年代以来，随着经济发展和城市化进程加速推进，哈密的公路建设也取得了卓越的成就，公路网密度和路况都有了很大的提升。

由前文的分析可以看出，1999—2018 年，哈密的公路建设与城市发展进程几乎是同步的。这一阶段初期，随着资源型城市开发战略不断深入，矿区公路建设不足、农村公路可达性不够、道路通行能力差及安全性低等问题相继暴露出来，制约着资源型城市矿业产业的发展。因此，在这一时期，城市产业发展需求、国家援疆政策的出台是推进城乡公路建设的主要动力，资源产业发展与公路建设相辅相成。只有对道路不断进行改扩建，提高公路网的覆盖率，才能切实完善哈密地区的交通运输系统。目前，哈密地区公路网的覆盖率已大幅提高，但仍有一些国道、省道以及农村公路需进一步完善，需根据未来城市发展要求，尤其是根据产业发展方面的需求及时进行调整和完善。

（2）铁路线路不断完善

铁路运输具有运量大、运距远、运输成本低等特点，只有加快铁路建设才能使哈密融入国内、国际经济发展网络，跟上国家经济社会整体发展的步伐。为此，哈密地区铁路建设的计划由来已久，但在中华人民共和国成立以前，受物力、财力、技术条件等的限制，尽管多次提出修建铁路，但是修建工作却始终未能按照计划进行。

中华人民共和国成立以后，在国家和地方政府的支持下，兰新铁路哈密段的修建提上了日程，从勘测、修建到各条复线的开通历时数十载，解决了大规模货物进出新疆的问题，加强了哈密与内地城市以及新疆维吾尔自治区内其他城市的交流与联系。兰新铁路的开通，吸引了大量工矿企业入驻哈密，哈密地区的产业结构开始升级，众多企业以兰新铁路为发展轴进行产业布局。

进入 21 世纪以来，哈密处于资源型城市发展的快速成长期，疆煤外运量以及外运地区仍在不断扩大。为进一步提升新疆自治区经济社会发展水平，促进区域协调发展，国务院于 2009 年 6 月正式批复兰新铁路第二双线修建计划，并在同年 11 月正式开工建设。兰新铁路第二双线为高速铁路，于 2014 年 12 月全线开通运营。高速铁路的开通更高效地完成了客流运输，为哈密地区带来巨大的经济和社会效益，提升了哈密的综合交通优势。

6.4.5　交通演变影响因素

交通建设对城市空间结构系统的演变起着关键性作用，而自然地理环境、国家及地方发展政策、产业用地布局等方面又对交通演变起着重要的影响作用。

（1）自然环境

哈密地处我国西北干旱区，市域范围内除一些绿洲分布区域之外，大多地域范围被荒漠和戈壁占据，而绿洲与水域对交通系统具有制约其扩张方向的作用。从历史沿革来看，哈密城市依水而建，自西汉时期的回王城到清代逐步新建的老城和新城，均选址于泉水河畔，交通发展也始终未突破东西河坝的限制。直至铁路新区、大营房城区的扩张，在河坝上陆续修建了多座桥梁之后，东西河坝两侧城市功能区的联系才逐渐增强。

哈密地区的自然环境不佳，地形及气候对交通线网的建设、维护、通行有很大制约。具体来说，哈密属温带大陆性干旱气候，且气候变化激烈，加上山体高大，戈壁广布，往往容易形成一些灾害性天气。尤其是对生产、生活影响较大的干旱、大风、低温、冻害、干热风以及浮尘和沙尘暴等，以及山区常有的大雪、严寒天气，极大地制约了交通线网的建设与拓展。

（2）政策推动

哈密有“西域襟喉、中华拱卫”与“新疆门户”之称，作为内地连接新疆的桥头堡和丝绸之路的咽喉区，国家及新疆维吾尔自治区针对哈密发展而实施的相关政策有重要的战略意义，对哈密交通运输系统发展与完善有不可忽视的作用。

在中华人民共和国成立初期，哈密地区只有兰新和哈巴两条公路线，直至1978年底，公路通车里程仅为697km。1978年，党的十一届三中全会后，哈密的公路建设进入了历史发展的黄金时期，在改革开放后的20年内，公路建设投资量是前30年的58倍，达到了7.5亿元[167]。

1983年，国务院决定撤销哈密县，政区并入哈密市。同期，新疆军区生产建设兵团农十三师进驻哈密，这促进了哈密旧城区道路交通网络的整体改善，城市道路建设加速。在这段时期内，哈密新建了部分城市道路，同时对大部分道路进行了改扩建。

2000年3月，全国人大会议通过《中华人民共和国国民经济和社会发展第十个五年计划纲要》，对西部大开发政策进行了具体的战略部署。2006年12月，国务院正式审议通过《西部大开发“十一五”规划》，将西部大开发作为国家战略政策进行了规划部署，哈密也借政策东风加速推进其交通建设，具体包括广东路、复兴路、瑞金路、天山南路、天马路等的新建和改扩建工程。

（3）产业发展

作为资源型城市的哈密，其丰富的自然资源如煤炭、石油、天然气等依托资源开发、“疆煤外运”、“疆电东送”等，极大地增加了哈密地区交通运输的周转量，并且建设了多个与其资源开发产业相关的工业园区。伴随工业的快速发展，城市内部交通和城市对外交通演变进程逐渐加快，道路新建和改扩建等工作如火如荼。1992 年之后，吐哈石油基地、广东加工园、纺织产业园、重工业园区等以产业园区模式发展的工业园区逐渐进入快速发展期，城市用地布局逐渐演变为多园区区块化发展。基于交通距离、客货运输、新旧城融合等，在 1992—2000 年，哈密修建了横跨东西河坝的若干座桥梁，加强了老城区与西河坝西侧片区的交通联系。八一路、天山路、延安路东段、兰新铁路第二双线等交通工程的修建和改扩建陆续完成，312 国道改线，老 312 国道成为连接城区与哈密机场的主要交通线。可见，资源开发对哈密交通运输系统的演变起到了极大的推动作用。但与此同时，也衍生了一系列问题。

哈密市区内分布有国铁干线、矿业企业铁路专用线，以及多处矿产品货物堆场，这对城市空间尤其是城市道路网结构造成了很大的干扰。其中，影响最大的是兰新铁路主干线和从主干线引出的多条铁路支线。主干线从哈密城区穿过，将城区分为南北两部分，位于铁路北侧的城区受铁路线阻断的影响，城市发展进程大幅落后于铁路南侧的城区。各条铁路分支线路也切断了其两侧城市道路的联系，导致道路系统发育不成熟。例如，哈密火车站站场及沿线空间布局了铁路干线、货物堆场和多条分支线路，受此影响，该区域内很多南北向城市交通道路被切割，形成“断头路”“丁字路”或断面宽度不统一的道路（表 6-6、图 6-70），破坏了铁路线南北两侧的空间联系。又如新民五路与新民四路交叉口西北方向的大片用地，堆放了大量煤炭与矿渣，并建有铁路支线通向货场。这不但影响了附近道路的通畅，也对周围环境风貌造成很大负面影响，同时阻碍了城市用地向西侧拓展的空间。

兰新铁路沿线部分道路受影响情况　表 6-6

序号	道路名称	道路级别	道路受影响情况
1	八一大道	城市主干路	下穿通过
2	新华路	城市支路	与东西向道路形成丁字路
3	天山北路	城市主干路	与东西向道路形成丁字路
4	光明路	城市主干路	与东西向道路形成丁字路

续表

序号	道路名称	道路级别	道路受影响情况
5	融合路	城市次干路	下穿通过
6	胜利路	城市次干路	与东西向道路形成丁字路
7	建国北路	城市主干路	下穿通过
8	红星南路	城市支路	断头路
9	青年南路	城市次干路	断头路
10	新民四路	城市支路	断头路
11	哈钢路	城市支路	断头路

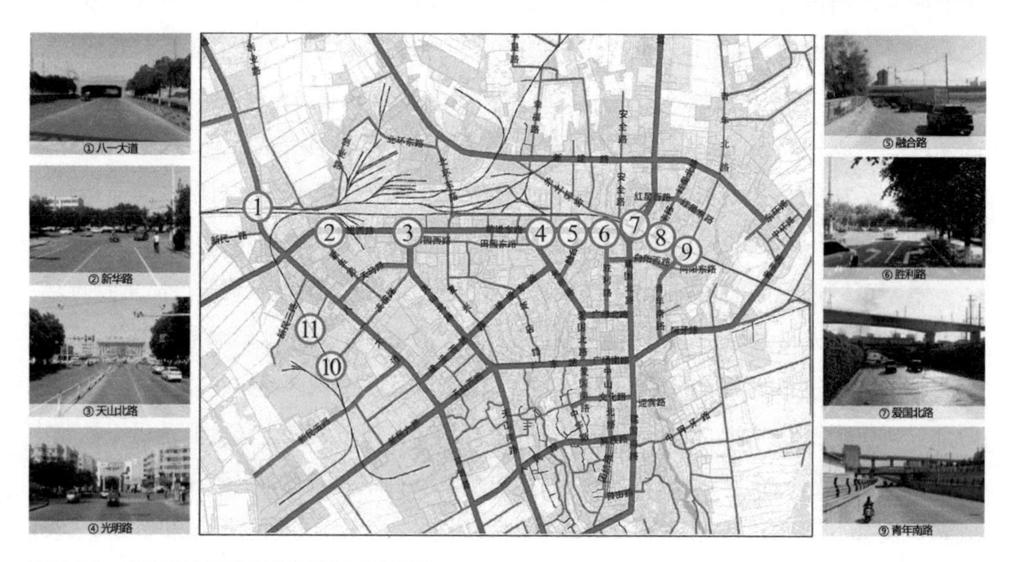

图 6-70 兰新铁路沿线部分道路受影响情况

第7章 哈密城市空间结构系统综合分析

第1章 初识资源型城市空间结构系统
第2章 资源型城市空间结构系统相关理论及成果概述
第3章 资源型城市空间结构系统演变及其特征
第4章 资源开发与资源型城市空间结构系统关联作用
第5章 哈密城市发展概况
第6章 哈密城市空间结构系统演变分析
第8章 资源开发对哈密城市空间结构系统的影响作用
第9章 哈密城市空间结构系统优化发展策略

7.1 哈密城市空间结构系统的协调度分析

7.1.1 哈密城市空间结构系统与其子系统间的相关性分析

前文已对近年来哈密城市空间结构系统中的用地、产业、人口及交通等子系统的演变进行了单独的熵分析与评价，下文将首先对“用地 + 产业 + 人口 + 交通”构成的整个城市空间结构系统进行熵分析，得出其综合评分。然后再对各子系统的评分与整体城市空间结构系统的评分进行相关性分析，进而分析各子系统与整体系统在演变过程中的差异。

在运用熵值法评价哈密城市空间结构系统前，应构建其评价体系，并组成其数据矩阵。城市空间结构系统评价体系一级指标包括前述章节中详细分析过的用地子系统、产业子系统、人口子系统及交通子系统。其中，用地子系统包括居住用地、公共设施用地、工业用地、仓储用地、公用设施用地、道路与交通设施用地及绿地与广场用地等；产业子系统包括第一、第二、第三产业产值；人口子系统包括总人口、常住人口、中心城区常住人口、城镇人口与乡村人口等；交通子系统包括道路长度、道路面积、人均道路面积、公路货运量、公路客运量（附表 9）。

其后，计算上述数据矩阵的熵总和、差异性系数及权重（附表 10），得出哈密城市空间结构系统在各年度的综合评分（图 7-1）。

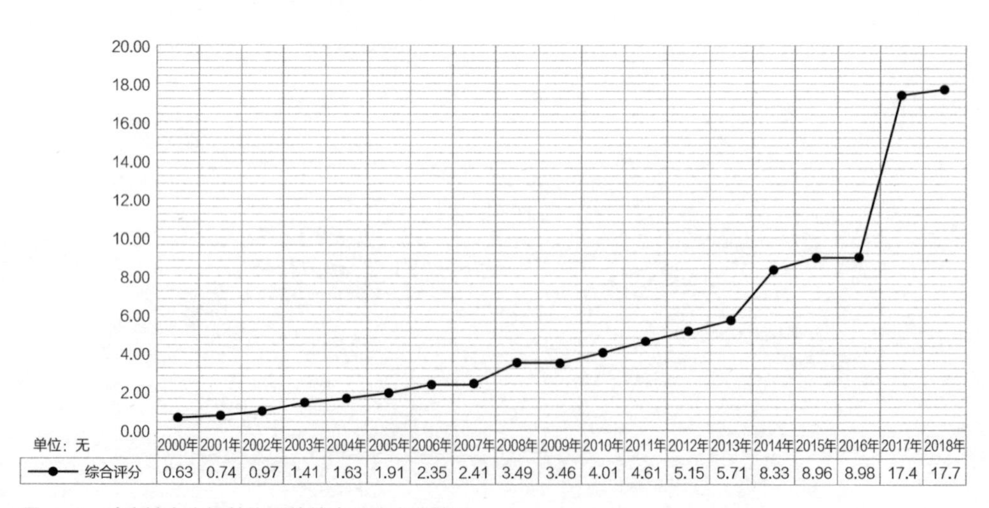

图 7-1　哈密城市空间结构系统综合评分变化情况

从图 7-1 可以看出，哈密城市空间结构系统的综合评分除了 2009 年出现小幅降低外，整体呈现出明显的上升态势，由 2000 年的 0.63 上升至 2018 年的 17.7，这说明哈密城市空间结构系统整体发展情况良好。

为探究哈密城市空间结构系统内部各子系统的发展情况，需对哈密城市空间结构系统与各子系统的综合评分依次进行相关性分析。本书采用线性、二次曲线模型、三次曲线模型、复合模型等回归分析方法，对哈密城市空间结构系统与各子系统的综合评分进行相关性分析。其中，自变量分别为用地、产业、人口及交通等子系统的综合评分，因变量为城市空间结构系统的综合评分。通过测算出各回归模型的拟合度（即校验后的 R^2，其值越接近 1，模型的拟合度越好），并选取其中 R^2 最接近 1 的模型，用以观测和判断未来哈密城市空间结构系统与子系统的发展趋势。

（1）城市空间结构系统与用地子系统

哈密城市空间结构系统与用地子系统综合评分的相关性方面，校验后的 R^2 最高值为 0.980，两系统拟合度强，其拟合曲线方程见式（7-1）：

$$y=-0.4118064930214586+1.658134592584297x-0.02553350813467463x^2-0.0004292420492164416x^3 \quad 式（7-1）$$

根据拟合曲线方程的走势判断，哈密城市空间结构系统的综合评分与用地子系统综合评分的增长速率不成正比，未来短时期内，用地子系统的综合评分增长速率将逐渐高于城市空间结构系统的综合评分增长速率（图 7-2）。

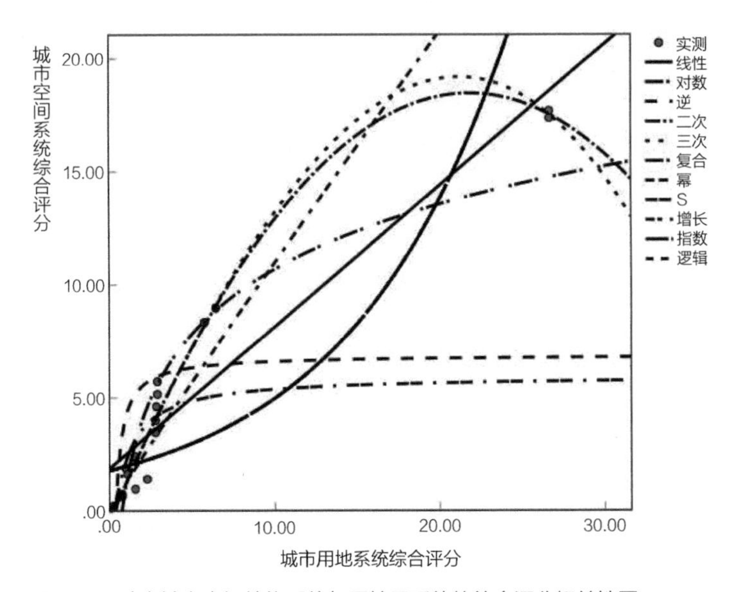

图 7-2　哈密城市空间结构系统与用地子系统的综合评分相关性图

（2）城市空间结构系统与产业子系统

哈密城市空间结构系统与产业子系统综合评分的相关性方面，校验后的 R^2 最高值为 0.971，两系统拟合度强，其拟合曲线方程见式（7–2）：

$$y=0.2873299695827729+1.784759119883706x-0.2958223736755657x^2+0.01860716906137032x^3 \quad 式（7–2）$$

分析拟合曲线方程的走势可以发现，未来短时期内，哈密城市空间结构系统综合评分增长速率逐渐高于产业子系统综合评分增长速率（图 7–3）。

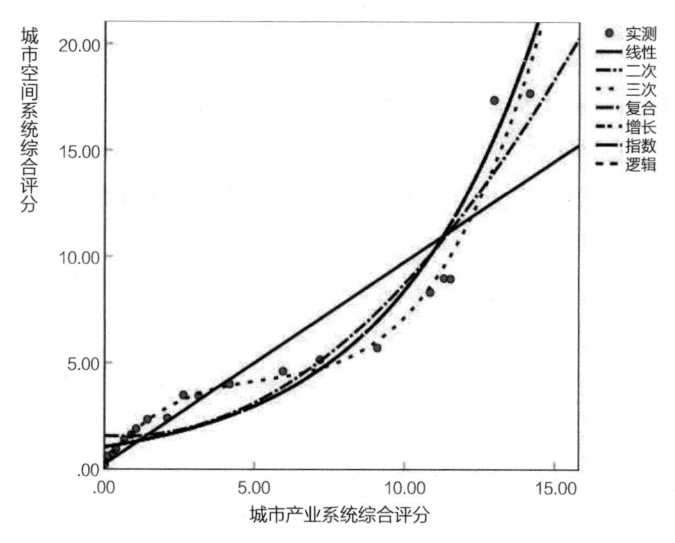

图 7–3　哈密城市空间结构系统与产业子系统综合评分相关性图

（3）城市空间结构系统与人口子系统

哈密城市空间结构系统与人口子系统综合评分的相关性方面，校验后的 R^2 最高值为 0.889，两系统拟合度强，其拟合曲线方程见式（7–3）：

$$y=0.5664018712505234\times\exp(0.3322825384446062x) \quad 式（7–3）$$

与产业子系统类似，未来短时期内，哈密人口子系统综合评分增长率逐渐低于城市空间结构系统综合评分增长率（图 7–4）。

（4）城市空间结构系统与交通子系统

哈密城市空间结构系统与交通子系统综合评分的相关性方面，校验后的 R^2 最高值为 0.985，两系统拟合度强，其拟合曲线方程见式（7–4）：

$$y=-0.5661046745263896+1.952543522558045x-0.2823634765887714x^2+0.01714827262658253x^3 \quad 式（7–4）$$

与产业子系统类似，未来短时期内，哈密交通子系统综合评分增长率逐渐低于城市空间结构系统综合评分的增长率（图 7–5）。

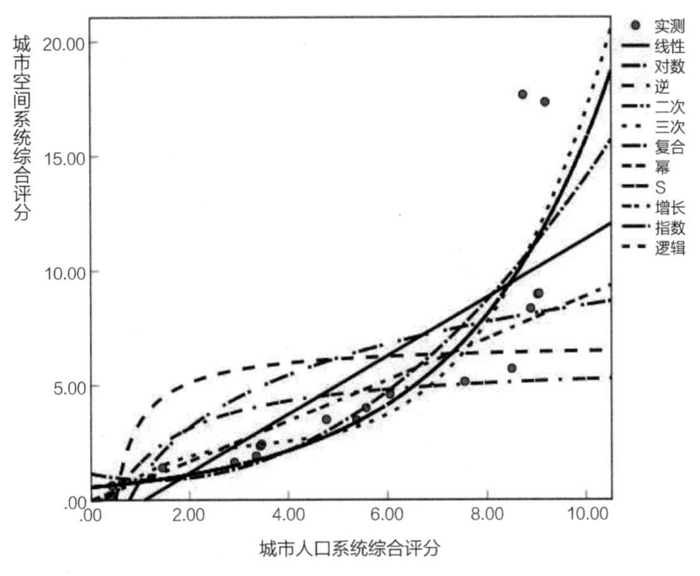

图 7-4　哈密城市空间与人口系统综合评分相关性图

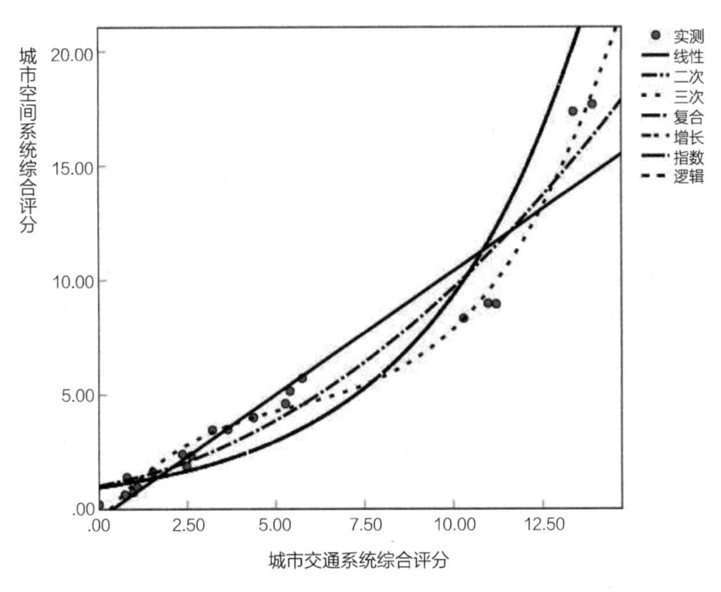

图 7-5　哈密城市空间结构系统与交通子系统综合评分相关性图

7.1.2　哈密城市空间结构系统的耦合协调度分析

结合熵值法和相关性分析对哈密用地、产业、人口与交通子系统的增长趋势进行预测，能判断各子系统未来的演变趋势，但并不能体现出四个子系统的协调发展情况。因此下文将结合耦合协调度模型，对哈密用地、产业、人口与交通子系统进行协调度评价。资源型城市的用地、产业、人口、交通子系统间存在着复杂的互动关系，单一子系统的变化会对其他子系统产生促进或制约作用（图 7–6）。

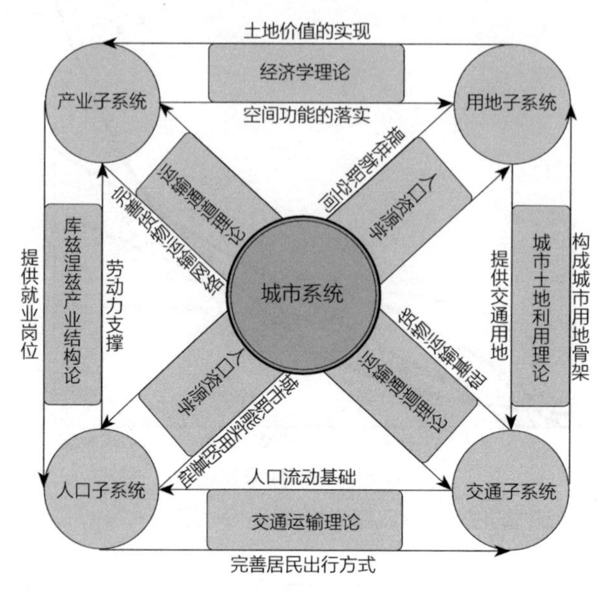

图 7–6 城市用地、产业、人口、交通子系统的互动关系

人口子系统与产业子系统的关联性分析可以追溯到传统的经济学理论。佩蒂—克拉克定理便是对产业结构演变的规律进行探讨，并总结出劳动力在各产业中的分布状况变化与产业结构之间变动的经济规律。同时发展经济学规律指出，一个地区的产业结构决定了当地的就业结构 [168]，而就业结构的变化在一定程度上也会反过来影响当地产业结构的优化与升级，两者之间相互制约与影响，最终表现出近似相同的演变规律 [169]。

产业子系统与用地子系统之间具有相对敏感性。现代经济学研究者指出，产业的质态转变首先通过相应的土地利用变化得到反映 [170]，这也构成了土地资源的重新分配和组合，即用地结构的调整变化。此外，资源型城市的生命周期理论也阐释了城市空间发展与产业之间的互动关系，即随着城市的发展，产业结构和布局不断调整，而这一过程也将会对城市用地性质和布局等造成影响 [171]。

人口子系统与用地子系统的发展在一定程度上也会表现出一致性。城市就业结构是城市职能的一种外部表现，城市职能是土地利用结构形成的基础条件，而用地结构在很大程度上又反作用于城市职能 [172]。其中，城市职能是联系就业结构与用地结构的媒介，它使两者相互适应。

最后，交通子系统与产业、用地和人口子系统之间同样表现出强烈的相互影响作用。交通子系统是产业子系统的运行基础，而产业子系统则是城市交通子系统完善的重要驱动力；在用地子系统中，由城市土地利用理论可知，交通子系统是用地子系统的骨架，用地子系统则通过提供交通用地和影响交通需求对交通子系统产生影响作用，两者相互制约、相互影响；在人口子系统中，通过交通运输理论可知，交通子系统是人口出行流动的基础，而人口子系统演变产生的出行方式与需求变化是交通子系统演变发展的驱动力。

总体而言，资源型城市用地、产业、人口与交通子系统之间的相互关系综合复杂，既相互促进，又彼此制约。若四者不能协同演变，势必会影响整个大系统的进一步优化升级。因此，只有四者协调发展，才能促进整个城市空间结构系统健康合理发展。本书将运用耦合协调度模型，依次测算四个子系统的发展评价指数、协调度和耦合协调度等，以衡量哈密城市用地、产业、人口及交通子系统间的协同发展水平。

根据上文标准化处理的指标和权重，采用加权平均方法分别计算用地、产业、人口和交通四个子系统的发展评价指数，具体公式见式（7–5）：

$$f(u_i)=\sum_{j=1}^{n} w_i y_{ij} \qquad （式 7–5）$$

其中，i=1，2，3，4，$f(u_1)$ 表示用地子系统发展评价指数，$f(u_2)$ 表示产业子系统发展评价指数，$f(u_3)$ 表示人口子系统发展评价指数，$f(u_4)$ 表示交通子系统发展评价指数，w_i 为上文计算出的指标权重，w_{ij} 为经过标准化处理的指标数值。

之后再基于四个子系统的发展评价指数，计算城市空间结构系统的综合发展评价指数，具体公式见式（7–6）：

$$T=\alpha f(u_1)+\beta f(u_2)+\gamma f(u_3)+\delta f(u_4) \qquad 式（7–6）$$

式中，α、β、γ、δ 均为常数，通过对先期文献的分析总结可知，本书认为在城市空间结构系统中，用地、产业、人口和交通子系统同等重要，所以将 α、β、γ、δ 的值均设置为 0.25。

其后，依据用地、产业、人口和交通子系统的发展评价指数，计算整个城市空间结构系统的耦合度 [173] 见式（7–7）：

$$C=\sqrt[4]{\frac{f(u_1)f(u_2)f(u_3)f(u_4)}{\left[f(u_1)+f(u_2)+f(u_3)+f(u_4)\right]^4}} \qquad 式（7–7）$$

C 的取值范围为 [0，1]，C 越大表示四个子系统之间越是高度关联、相互促进的；C 越小则表明子系统间关联作用弱，是相互制约的。

最后计算整个系统的耦合协调度，公式见式（7–8）：

$$D=\sqrt{C\times T} \qquad 式（7–8）$$

D 值越大，表明耦合协调程度越好，城市空间结构系统越已达到较高的协同发展水平 [174]，具体协调等级划分见表 7–1。

耦合协调度等级划分标准　　表 7-1

D 区间	耦合协调等级	发展类别	D 区间	耦合协调等级	发展类别
[0，0.1]	极度失调	衰退	[0.5，0.6]	勉强协调	发展
[0.1，0.2]	严重失调	衰退	[0.6，0.7]	初级协调	发展
[0.2，0.3]	中度失调	衰退	[0.7，0.8]	中级协调	发展
[0.3，0.4]	轻度失调	衰退	[0.8，0.9]	良好协调	发展
[0.4，0.5]	濒临失调	衰退	[0.9，1]	优质协调	发展

资料来源：根据廖重斌. 环境与经济协调发展的定量评判及其分类体系：以珠江三角洲城市群为例 [J]. 热带地理，1999,（2）：76-82. 游细斌，杨青生，付远方. 区域交通系统与城镇系统耦合发展研究：以潮州市域为例 [J]. 经济地理，2017，37（12）：96-102. 绘制

（1）综合发展水平指数评价

分别计算用地、产业、人口、交通等子系统以及城市空间结构系统综合发展水平（图 7-7）。可以发现，在发展趋势上，城市内部四个子系统与城市空间结构系统发展趋势一致，均呈逐年上升态势。根据发展速率的差异，可以分为三个阶段：2000—2006 年，此阶段哈密城市空间结构系统综合发展水平稳步提升，由于城市正处于发展起步期，四个子系统中的用地、产业、交通子系统呈波动发展状态，而人口子系统相较于其他三个子系统则有更显著的提升。2007—2015 年，在西部大开发、内地对口援疆、“一带一路”等国家战略和倡议的影响下，哈密城市发展进入快速发展期，城市空间结构系统综合发展水平显著提升。此阶段，城市人口子系统仍然保持良性发展状态，具有较高的发展水平。城市产业、交通子系统的发展水平也在不断提高，尤

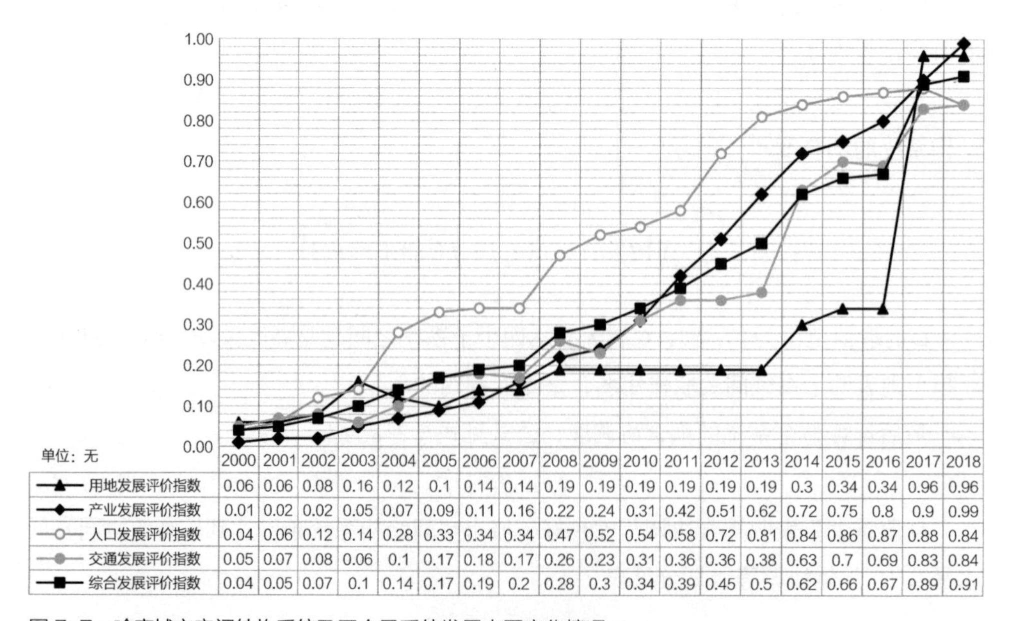

	2000	2001	2002	2003	2004	2005	2006	2007	2008	2009	2010	2011	2012	2013	2014	2015	2016	2017	2018
用地发展评价指数	0.06	0.06	0.08	0.16	0.12	0.1	0.14	0.14	0.19	0.19	0.19	0.19	0.19	0.19	0.3	0.34	0.34	0.96	0.96
产业发展评价指数	0.01	0.02	0.02	0.05	0.07	0.09	0.11	0.16	0.22	0.24	0.31	0.42	0.51	0.62	0.72	0.75	0.8	0.9	0.99
人口发展评价指数	0.04	0.06	0.12	0.14	0.28	0.33	0.34	0.34	0.47	0.52	0.54	0.58	0.72	0.81	0.84	0.86	0.87	0.88	0.84
交通发展评价指数	0.05	0.07	0.08	0.06	0.1	0.17	0.18	0.17	0.26	0.23	0.31	0.36	0.36	0.38	0.63	0.7	0.69	0.83	0.84
综合发展评价指数	0.04	0.05	0.07	0.1	0.14	0.17	0.19	0.2	0.28	0.3	0.34	0.39	0.45	0.5	0.62	0.66	0.67	0.89	0.91

图 7-7　哈密城市空间结构系统及四个子系统发展水平变化情况

其是城市产业子系统，其发展指数已经由 0.16 提升至 0.75。城市用地子系统虽然在 2013 年以前保持较低的发展水平，但在 2013—2015 年，其整体发展水平有一个显著提升的阶段。2016 年以后，哈密城市进入快速发展波动期，在撤地设市政策引导下，城市空间结构系统综合发展水平以及产业、用地子系统发展水平均显著提升，人口和交通子系统的发展水平则有比较大的波动。但整体而言，除产业子系统仍旧保持良好增长态势以外，用地、人口及交通子系统发展速度明显降低，城市空间结构系统的失衡矛盾已有显现迹象。

为进一步衡量城市空间结构系统各子系统的协同发展水平，下文将通过系统的耦合度和耦合协调度来分析各子系统的协同发展水平。

（2）系统耦合度与耦合协调度评价

通过对系统耦合度和耦合协调度的计算（图 7-8、图 7-9），可以发现哈密城市空间结构系统发展演变的波动性较大，但城市空间结构系统在不断波动中趋于良性发展。2000—2004 年，哈密城市空间结构系统耦合度的波动起伏较小，虽然耦合度值有一定增长，但增长较为缓慢，表明此阶段城市空间结构各子系统之间的协同作用不明显，系统耦合协调度仅由极度失衡转向中度失衡；2005—2010 年，系统耦合度在快速增长后趋于稳定，城市空间结构各子系统间的协同作用明显增加，系统耦合协调度达到勉强协调水平；2011—2013 年，系统耦合度值由 0.9286 下降至 0.8765，各子系统间的耦合水平略有减弱，从而也导致城市空间结构系统耦合协调度维持在初级协调发展水平；2014—2016 年，系统耦合协调度值显著提高，城市用地、产业、人口以及交通四个子系统相互促进，达到良好协调阶段；进入 2016 年以后，城市空间结构系统的耦合度再次快速增长，而且各子系统间的耦合协调度水平也达到优质发展

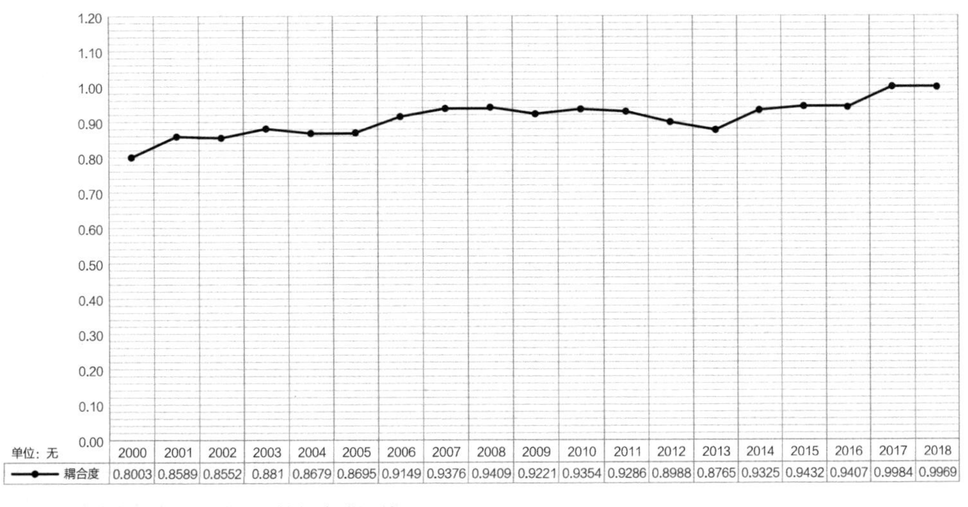

图 7-8　哈密城市空间结构系统耦合度评价

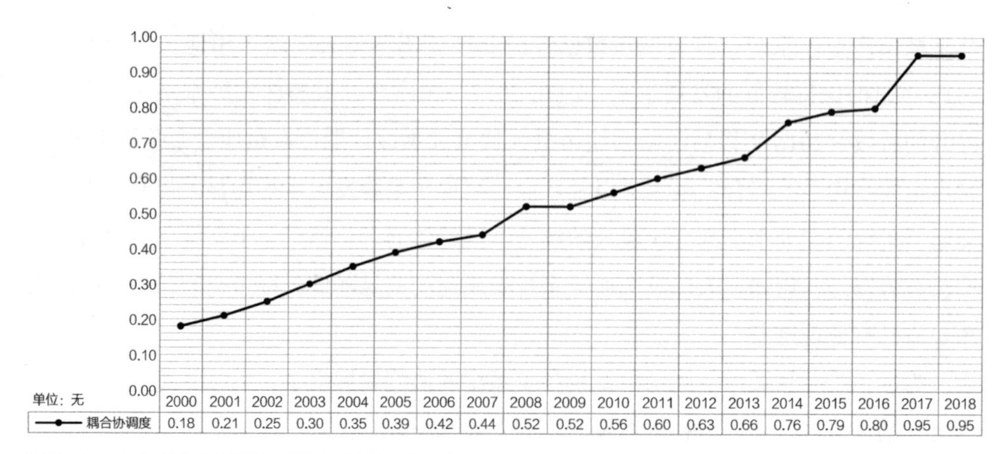

图 7-9 哈密城市空间结构系统耦合协调度评价

水平。但在 2018 年，城市空间结构系统的耦合度有所下降，子系统间的协同作用也稍微减弱。需要说明的是系统耦合度与耦合协调度水平的计算值来源于各子系统的基础数据，哈密地区撤地设市的政策会影响数据统计口径，从而影响计算得出的评价值。

7.2 哈密城市空间结构系统演变 SWOT 分析

本节通过 SWOT 方法梳理分析哈密城市空间结构系统的现状发展情况，并与阜康、乌鲁木齐等新疆城市进行比较，由此分析哈密城市空间结构系统在用地、产业、人口及交通方面存在的优势与劣势条件，也能清晰研判哈密所面临的机遇与威胁。

7.2.1 优势

（1）用地方面

目前哈密城市建设用地整体处于快速扩张的阶段，且主要体现在居住用地、公共管理与公共服务设施用地、商业服务业设施用地、公用设施用地等方面。在上述各类用地扩张的同时，哈密城市内部各类基础设施要素，例如商业设施、公共服务设施等也不断得到快速补充完善。一方面，哈密内部基础设施要素的增加促进了城市空间结构系统与外部环境的正向非线性关系加强，有利于城市空间结构系统与外部环境建立积极的互动关系。另一方面，哈密内部各类基础设施要素的增加也能够促进城市空间多元化发展，加强城市空间结构内部子系统间的联系，有利于城市形成更为多样、有序的高级结构。

此外，得益于国家的重点扶持，哈密的交通运输系统建设力度不断加强。这一方面奠定了哈密作为重要区域性交通枢纽的地位，从而提高了哈密城市的综合影响力和吸引力。另一方面，哈密城市空间结构系统的开放性也得到了提高，并增强了哈密与其他城市的相互联系，为哈密城市空间结构系统引入外界负熵流提供了更多可能性，进而消减系统内部作用产生的增熵，促进整个城市空间结构系统更为稳定、有序地演进（图 7–10）。

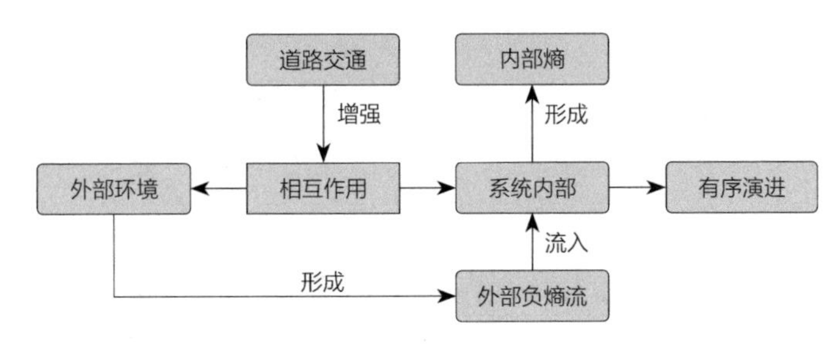

图 7–10　哈密用地子系统熵演变机制示意

（2）产业方面

得益于得天独厚的煤炭和石油资源优势，近年来，哈密在工业发展方面十分突出，不仅工业产量规模得到快速提升，而且在新型工业化的引领下，进行了大企业、大园区型的驱动产业升级，建设了新型综合能源基地、新型装备制造基地、新型材料加工基地、现代服务业和物流基地等。各类大型园区基地的建设减少了企业间在时空上的距离，有助于加强各企业的合作互助关系，从而形成正向互馈的作用关系，促进各类“流”在企业间积极流动。在产业集聚的溢出效应[①]下（图 7–11），不仅降低了企业之间的经济联系成本，有利于城市空间结构系统内部资源的合理配置与高效利用，

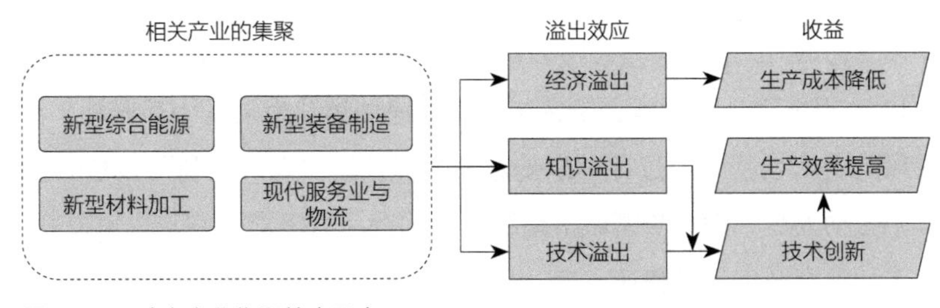

图 7–11　哈密产业集聚效应示意

① 溢出效应指企业在某方面的活动收益超过这项活动本身的收益。

同时还能够快速提高产业技术与信息的传播速度，进而促进产品创新。

此外，基于新型工业化带来的城市核心推动力，哈密也在大力发展城镇化和农牧业现代化，这进一步提高了其城市经济的综合发展能力。根据耗散结构理论，城市空间结构系统在其演变过程中并非是理想地朝着某个特定方向发展，而是一种螺旋式的发展。在未超过系统维持正常发展的弹性值时，系统最终将回到既有有序发展方向；若超过弹性值，则系统不会回到原有发展轨迹，而是向无序方向演进（图 7-12）。而综合发展能力的提升能够提高哈密城市空间结构系统的弹性值，使得哈密能够抵御更大的负向涨落。

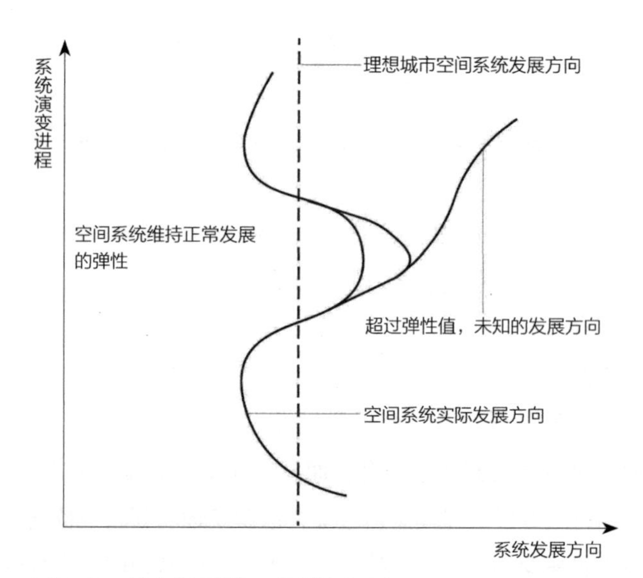

图 7-12 城市空间结构系统的演变示意

（3）人口方面

诺瑟姆曲线（S 形曲线）理论将城市发展轨迹分为三大阶段：当城镇化率低于 30% 时，城镇化速度十分缓慢；当城镇化率为 30%～70% 时，城镇化将加速发展；当超过 70% 时，城镇化速度会放缓并逐渐趋于稳定[175]。2018 年，哈密市的城镇化率为 62.71%，根据诺瑟姆曲线，哈密正处于高速城镇化发展的中后阶段（图 7-13）。处于此阶段的哈密在其发展过程中享受着最为明显的“人口红利”，城市能够不断吸引大量外来劳动人口，满足哈密城市系统内部的劳动力需求，并与快速提升的各类产业互补，推动哈密城市经济快速发展。另外，人作为信息、技术等的载体，在人口红利的作用下，外界新技术、新信息等负熵流能够随人口快速流入哈密城市空间结构系统内部。

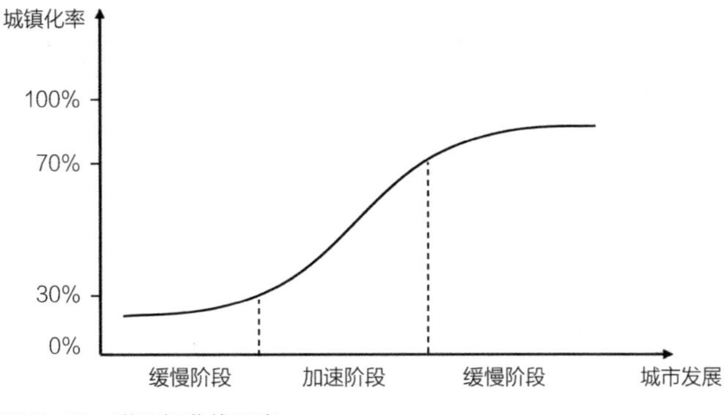

图 7-13　诺瑟姆曲线示意

（4）交通方面

独特的地理区位成就了哈密在我国西北区域性交通方面的突出优势。早在两千年前，哈密就是汉代张骞第一次出使西域开通“丝绸之路”的要塞之地，此后也一直作为新疆通向内地最主要的交通通道。近代以来，伴随着工业化进程的推进，哈密连通东西的交通区位优势愈发彰显。此后，随着兰新铁路、兰新高速铁路、连霍高速公路等铁路和公路干线相继建设，哈密进一步巩固了其新疆门户枢纽的地位，铁路公路等各条主要线路的客货运也都由哈密进出新疆。当前，哈密正在不断推进与完善其交通运输网络及相关设施的建设，在东西双向开放的地缘基础上，已形成公路、铁路、航空、管道四位一体的立体综合交通运输系统。

（5）与其他城市对比

① 哈密市与阜康市对比

阜康市位于新疆维吾尔自治区中北部的昌吉回族自治州境内，东靠吉木萨尔县，西邻乌鲁木齐市，北依阿勒泰地区。全市总面积约 8500km^2，有多个民族，下辖天池景区、阜康产业园（甘河子镇）和三镇三乡、三个街道办事处，市域有三个兵团农场、二十多家中央及区州驻市单位[176]。本书选取阜康市与哈密市进行对比分析，是由于阜康与哈密同样位于新疆维吾尔自治区，且主导产业均为矿产资源型中的煤炭产业（表 7-2）。但哈密市是地级行政区，阜康市是县级行政区。

哈密市与阜康市基本情况对比　　表 7-2

对比要点		哈密市 2018 年情况	阜康市 2018 年情况	差异
城市建设与发展	城市性质	现代文化型、新型工业型、生态宜居型、创新活力型、开放文明型的新疆东部中心城市和中国西部明珠城市	乌昌都市圈副中心、以天山天池旅游为主导、服务于新型能源工业基地的生态宜居城市	哈密综合性更强
	城市建成区面积 /km^2	52.25	21.60	哈密为阜康的 2.42 倍

续表

对比要点		哈密市 2018 年情况	阜康市 2018 年情况	差异
社会经济	GDP/ 亿元	536.61	206.18	哈密为阜康的 2.6 倍
	人均 GDP/ 万元	8.68	12.57	哈密低于阜康 3.89 万元
	各次产业比重	7.5%、60.1%、32.4%	14.6%、62.7%、22.7	哈密第二、第三产业占比高于阜康
资源开发与利用	主导资源型产业	煤炭开采、加工，兼有石油	煤炭开采、加工	些许差异
	城市生命周期	成长期	成长期	无
	原煤主要利用方式	基于煤炭资源开采及加工，并延长、拓展其产业链	基于煤炭资源开采及加工，并延长、拓展其产业链	无
交通条件	区域交通	哈临铁路、哈罗铁路、兰新高铁、兰新铁路、哈将铁路、连霍高速公路、京新高速公路等	G216、S303、S111、吐乌高速以及乌准铁路等	哈密具有交通枢纽地位，阜康是北疆城镇发展带的重要交通节点

阜康和哈密的产业具有一定程度的相似性。GDP 方面，阜康市从 2006 年的 40.15 亿元增长至 2018 年的 206.18 亿元，年均增长 13.84 亿元，人均 GDP 从 2006 年的 2.53 万元增至 2018 年的 12.57 万元，年均增长 0.84 万元，反映出阜康市人民生活水平有明显提高。在研究期范围内，城市第一、第二及第三产业呈现出不同的增长态势，但第二产业产值一直远高于其他产业，至 2018 年时各产业比重分别为 14.6%、62.7%、22.7%。

哈密市在行政等级、城市人口和城市面积等方面均高于阜康市，这也使其 GDP 整体高于阜康市。哈密市在 2006 年的 GDP 为 77.64 亿元，截至 2018 年已达 536.61 亿元，年均增长 38.25 亿元，GDP 及增长值均为同年份阜康市的近 3 倍。但 2018 年人均 GDP 为 8.68 万元，比阜康市低 3.89 万元。产业结构方面，2006—2008 年，第二产业占比低于第三产业占比，而 2009 年以后第二产业占比开始高于第三产业占比。截至 2018 年，各次产业比重为 7.5%、60.1%、32.4%。

哈密市与阜康市的产业发展情况在第二产业占比方面具有一定的相似性。两市的第二产业产值较高，主要源于煤炭工业的强力支撑，进而促进了经济建设的快速推进，带动了建筑材料、地质勘察、施工、电力、交通运输等其他相关产业的发展，同时也吸纳了大量人员就业。但不同的是，哈密市的第二产业、第三产业产值总量悬殊相对较小，第二产业约为第三产业的 2 倍；而阜康市的差距则比较显著，其第二产业约为第三产业的近 3 倍。这是由于哈密与阜康的发展定位有一定的差异。根据 2012 年哈密市总体规划，哈密被定为“现代文化型、新型工业型、生态宜居型、创新活力型、开放文明型的新疆东部中心城市和中国西部明珠城市”。而根据 2011 年阜康市总体规划，阜康被定为“乌昌都市圈副中心、以天山天池旅游为主导、服务于新型能源工业基地的生态宜居城市”。前者发展的综合性更强，为第三产业发展提供了更多可能性。而后者的旅游产业仍处于大力开发阶段，目前相对偏重或依赖于资源开发产业。

② 哈密市与乌鲁木齐市对比

乌鲁木齐市位于新疆维吾尔自治区中北部，是自治区的首府，下辖七区一县①。与哈密市不同的是，乌鲁木齐市并非资源型城市，与哈密市不存在资源开发产业的竞争与协同。但由于与哈密市共同位于新疆，且核心影响力较大，与哈密市存在其他发展要素的竞争。同时，作为自治区的首府，受到的关注度和政策资源倾斜度更大，发展机会更多。为实现区域有限资源的合理配置，促进自治区城市间协同发展，需在整体层面了解两座城市在经济、社会、产业等多方面的发展差异，故进行宏观的对比分析。

城市定位方面，乌鲁木齐市被定位为区域重要的综合交通枢纽、西部地区重要中心城市、面向中西亚的现代化国际贸易中心以及具有较强国际影响力和竞争力的特大城市。相比于哈密市，乌鲁木齐市未来定位更高，影响力和综合发展能力更具优势。

GDP 方面，截至 2018 年末，乌鲁木齐市已达 3099.77 亿元，约为哈密市的 5 倍多。城市规模方面，乌鲁木齐市建成区为 438.06km^2，是哈密市的 10 倍有余。人口规模方面，乌鲁木齐市市区人口约为哈密市的近 4 倍。三次产业比重方面，分别为 0.8%、30.6%、68.6%，可明显看出乌鲁木齐市的第三产业发展较为突出。区域交通方面，乌鲁木齐市的铁路有兰新高铁、兰新铁路、南疆铁路、北疆铁路等多条铁路干线，并设有通往阿拉木图、阿斯塔纳等的国际班列；公路有 G7、G3001、G30、G323、G314、G216 等高速公路和国道，S104、S105、S111、S112 等诸多省道；航线共计 235 条，包含国内 195 条、国际 40 条，通往 21 个国家和地区[177]，其交通枢纽地位较哈密市更为突出。

可以看出，乌鲁木齐市在除了能源产业之外各个层面的发展态势均优于哈密市，后续哈密需紧紧抓住能源产业这一具有绝对优势的发展机会，综合发力区位交通、文化旅游、果蔬农业等其他比较优势，与乌鲁木齐互相借势，共同提升新疆维吾尔自治区城市的量级和地位。

7.2.2　劣势

（1）用地方面

哈密城市建设用地处于不断向外扩张的阶段。但在其快速扩张过程中，整个城

① 七区一县：天山区、新市区、沙依巴克区、水磨沟区、头屯河区、达坂城区、米东区，以及乌鲁木齐县。

市内部用地的开发建设相对分散，依然存在很多低效利用的土地，明显降低了哈密城市整体土地利用效率，弱化了城市内部空间的相互联系（图 7-14）。特别是在哈密工业化加速发展的背景下，城市对土地资源的刚性需求增大，势必不利于城市内部土地的集约使用，从而造成土地资源浪费。

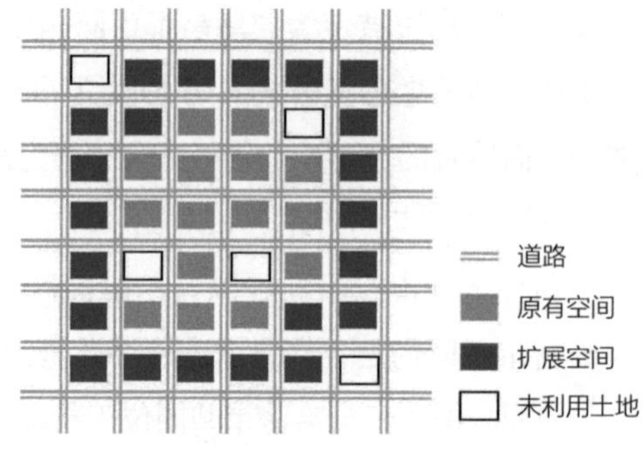

图 7-14 哈密用地扩张示意

此外，哈密城市用地空间的扩展方式较为粗放，这使得其城市内部的空地在未来需要长期以“填补”的方式被使用。这种“填补式”的土地利用方式作为新的空间涨落将会打破原有的空间秩序。为适应新的空间秩序，一方面，将对空地及周边功能提出更高的要求；另一方面，可能需要被迫重新配置或调整城市用地空间的功能，如为新增空间提供公服设施、市政公用设施配套，以及缓解新增空间带来的交通压力等。无论从哪一方面来看，均不利于城市用地的高效率使用（图 7-15）。

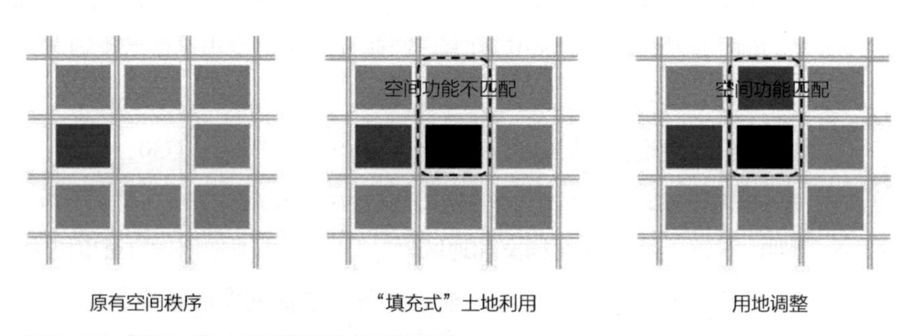

图 7-15 “填充式”土地利用导致的用地调整

除土地利用方面的不集约、不合理外，哈密部分城市用地内部表现出设施配置不足的状态。例如公共管理与公共服务设施用地，虽然其用地总量能满足城市建设用地分类标准，但分布不均衡，部分用地内设施配置较为缺乏，仍未能满足本片区居民的需求。尤其在哈密经济社会地位及影响力快速提升的背景下，哈密城市居民对社会、文化等诸多方面品质化的需求不断增加，需要更高标准的公共服务设施与之匹配。

（2）产业方面

自 20 世纪 80 年代以来，基于资源型产业的不断发展，哈密在城市化与经济发展进程中取得了巨大的成就。根据钱纳里经济理论模型及其延伸理论，城市化与经济发展的协同进程可被分为初期、起飞、高峰、后期四个阶段[178-179]（表 7-3）。2018 年哈密人均 GDP 为 8.68 万元，折算美元约为 1.24 万美元，处于后期阶段。但根据城市产业发展特征，哈密的第二产业逐渐占主体地位，初级工业产品仍占较大部分，重工业发展迅速，即处于起飞阶段后期至高峰阶段前期。综合考虑以上因素，并结合前文分析，本书判断其为高峰阶段前期。

钱纳里经济理论模型阶段划分　表 7-3

人均 GDP	阶段	产业发展特征
200 ~ 500 美元	初期阶段	第一产业占主体部分，没有或少有现代工业，生产力低下
500 ~ 2000 美元	起飞阶段	以传统农业为主体的产业结构逐渐转变为以现代化工业为主体的产业结构，工业产品以原煤、铁矿、硝石等初级产品为主
2000 ~ 10000 美元	高峰阶段	第二产业开始占主体，第三产业发展迅速。其中，第二产业中的重型工业将会迅速发展，并成为主导或影响城市及区域经济快速发展的关键力量
10000 美元以上	后期阶段	第一、第二产业协同发展，商务、金融等第三产业增速迅速提高，并成为城市及区域经济发展的核心要素

资料来源：根据 陈明星，叶超，周义. 城市化速度曲线及其政策启示：对诺瑟姆曲线的讨论与发展［J］. 地理研究，2011，30（8）：1499-1507. 张颖，赵民. 论城市化与经济发展的相关性：对钱纳里研究成果的辨析与延伸［J］. 城市规划汇刊，2003（4）：10-18，95. 高月. 基于钱纳里模型的中国产业结构实证分析［D］. 长春：东北师范大学，2016. 绘制

处于此阶段的哈密由于重工业对工业技术的要求相对较低，产品的附加值不高。相比于其他高技术类工业城市，以粗放型模式进行产业发展的哈密，其城市经济产出与产业投入的比率更低，表现为低效率、高消耗的经济增长方式，意味着为获得等量的经济产出，其产业需要投入更多的人力、物力、资金、技术等资源。同时，这也将放大哈密城市产业系统内部的负向涨落，进一步扩大产业子系统内部熵增效应，不利于城市空间结构系统有序发展。

（3）人口方面

人口是推动城市各项事业发展的核心要素，是产业经济和科技发展的核心力量。虽然人口红利为哈密带来了巨大的人口数量增长，但就人口结构而言，由于哈密工业产品以低附加值、劳动密集型和资源密集型产品为主，目前初中级劳动力为城市劳动力主体，大部分劳动力层次相对较低，高精尖、领军和复合型等类型的人才严重缺乏。由此导致哈密科学技术创新动力不足，影响了外界负熵流流入系统内部的效率，降低了系统远离平衡态的速度，在很大程度上不能满足哈密市快速转型升级的发展需求。

（4）交通方面

哈密市因资源开发产业形成了众多矿产品货物堆场和矿业企业铁路专用线，它们

对城市空间的分割是导致哈密城市产生交通劣势的主要原因。其中，多处矿产品货物堆场破坏了城市空间的连续性，使城市物流系统混乱和土地使用效率不高，城市道路交通系统功能也较为混杂，较难形成分流体系。除此以外，铁路线路直接穿过城市内部，对城市道路网的正常衔接造成障碍，影响道路网的完整性。例如，兰新铁路主干线路从中心城区穿过，将中心城区分为南北两部分，而由主干线路引出的分支线路更是直接切断了南北两侧城市道路的联系，导致道路系统发育不成体系，形成多条“断头路”“丁字路”或断面宽度不统一的城市道路。

7.2.3　机遇

城市发展定位方面，哈密市被定位为国家煤电油气风光储一体化示范基地、新疆高质量发展的重要增长极、丝绸之路经济带重要枢纽、新疆生态文明建设样板区、展示新疆稳定发展改革成效的重要门户，综合优势十分明显。这种规划定位直接提升了哈密城市的核心影响力，具体表现在经济、产业、社会、文化等诸多方面，使城市与外界的经济联系、产业互动、社会互融、文化交流更为频繁，进而提升了经济流、技术流、创新流等流入城市的速率，有利于城市空间结构系统更为健康有序地演进（图 7-16）。

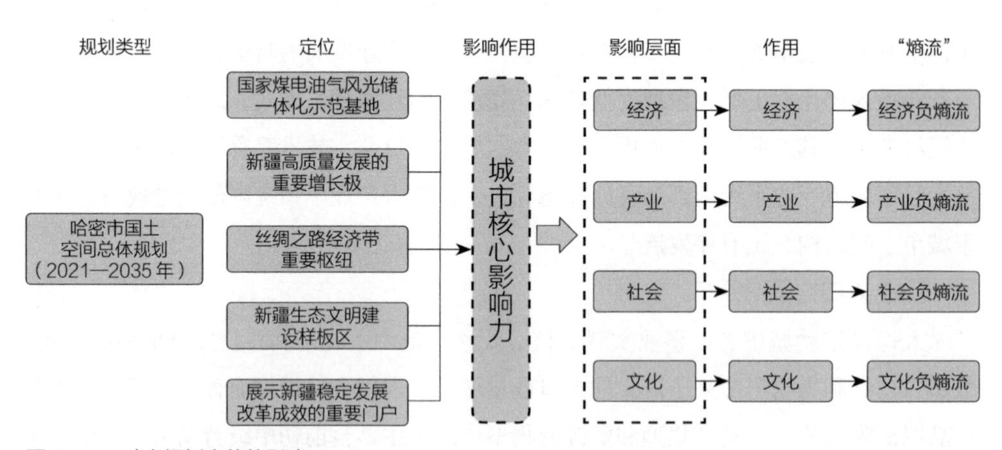

图 7-16　哈密规划定位的影响

此外，就资源产业的发展而言，我国内陆诸多老工业基地由于长期开采，矿产资源已经逐渐枯竭，而哈密地区的煤炭、石油等矿产资源，以及风能、太阳能等新能源资源丰富，随着交通运输条件的改善和特高压输电技术的成熟，未来将成为全国能源的主要供应地，这将使哈密的地位进一步提升。

7.2.4　威胁

哈密位于新疆维吾尔自治区东部，不在核心发展轴的交会处和城市带密集区，自治区内部城市之间在资金、人才、技术、市场等方面的竞争对哈密而言将是很大的威胁，尤其是在“新型城镇化”“西部大开发”“一带一路”等大背景下，彼此的竞争更为激烈。若能在城市规划建设方面拟定正确、创新的战略思路，充分挖掘自身的比较优势，便可获取更多的发展机会，从而在激烈的区域竞争中获胜。

例如，位于哈密西北侧的乌鲁木齐市与阜康市。通过前文的对比分析可知，阜康市虽然在城市规模、行政等级等方面不如哈密，但由于煤炭资源十分丰富，工业发展较为突出，且与哈密同属煤炭资源型城市。因此，哈密与阜康之间存在煤炭产业的竞争，两城市在产业发展方面会成为彼此竞争的对象，形成相互争夺市场、人才等的局面。而乌鲁木齐市作为新疆维吾尔自治区的首府，在经济实力、城市影响力及范围等方面均优于哈密，未来如果新疆维吾尔自治区也采取内地一些省份的“强省会”战略以提升乌鲁木齐领头羊的作用，哈密则会在竞争中进一步处于劣势。

第8章 资源开发对哈密城市空间结构系统的影响作用

第1章 初识资源型城市空间结构系统
第2章 资源型城市空间结构系统相关理论及成果概述
第3章 资源型城市空间结构系统演变及其特征
第4章 资源开发与资源型城市空间结构系统关联作用
第5章 哈密城市发展概况
第6章 哈密城市空间结构系统演变分析
第7章 哈密城市空间结构系统综合分析
第9章 哈密城市空间结构系统优化发展策略

8.1 资源开发与哈密城市空间结构系统的关联度评价

前文从用地、产业、人口、交通四个维度对哈密城市空间结构系统的发展演变历程进行了分析。其中，用地子系统经过了四个演变阶段，即起源至清代、清末至中华人民共和国成立前、中华人民共和国成立至20世纪80年代、20世纪90年代至今。整个演变经历了用地功能的更新、用地结构的维护、用地的外向扩张及内部置换等过程。产业子系统方面则主要经过了农业经济阶段、工业化阶段和综合发展转型阶段。产业子系统演变主要呈现出产业升级与技术革新、产业集聚与协同两大特征。而区域交通发展、环境基础、政策条件、生产技术等是影响哈密产业子系统演变的关键影响要素。人口子系统演变方面，通过对从中华人民共和国成立前、后两个时期进行分析可知，市域与城区的人口空间分异主要受城市发展历史、政策制度、经济与产业发展等的影响。交通子系统方面，主要经历了从中华人民共和国成立以前初步构建到中华人民共和国成立至今逐步完善两个阶段。目前，哈密的综合交通运输网络不断完善，区域交通枢纽地位不断凸显。

总体而言，这四个主要的子系统在不断地发展演变中相互作用，共同推动着哈密的城市空间结构系统持续演进。由于哈密是典型的资源型城市，所以其资源开发活动对哈密的产业子系统发展起着决定性作用。因此，在前几章研究的基础上，本章将首先运用前文建立的灰色关联作用模型，定量评价资源开发对哈密城市空间结构系统影响作用的强弱；其后会结合评价结果，从经济、社会、用地、交通等方面详细阐述资源开发产业对哈密城市空间结构系统演变的影响作用；最后将针对资源开发与城市空间结构系统发展演变之间的矛盾进行延伸性分析。

8.1.1 关联作用模型初始数据

关联作用模型所需的初始数据种类较多，一部分为官方发布的初始数据（附表11），主要来源于《中国城市建设统计年鉴》以及哈密市历年国民经济与社会发展统计公报等官方材料。

另一部分则是根据官方发布的初始数据进行相关计算后得到的数据（附表12）。其中，年人均货运量 = 年货运总量 / 城市总人口数、人均城市建设用地面积 = 城市建设用地面积 / 市辖区人口数、城市道路面积率 = 城市道路面积 / 建成区面积。

8.1.2　关联作用模型评价结果及说明

运用关联作用模型进行一系列运算，可求出哈密市资源开发与城市空间结构系统指标体系中各分项指标的关联度数值、波动率和总体关联度数值。其中，分项指标关联度数值情况如图 8-1 所示，波动率为 0.028，总体关联度数值为 0.784。将其与第四章计算得到的 20 座样本资源型城市的波动率和关联度数值水平进行比较，可以看出哈密的分项指标关联度波动率属于非稳态，总体关联度数值处于中游水平（图 8-2），即哈密市资源开发与城市空间结构系统间关联度水平属于“一般”程度。

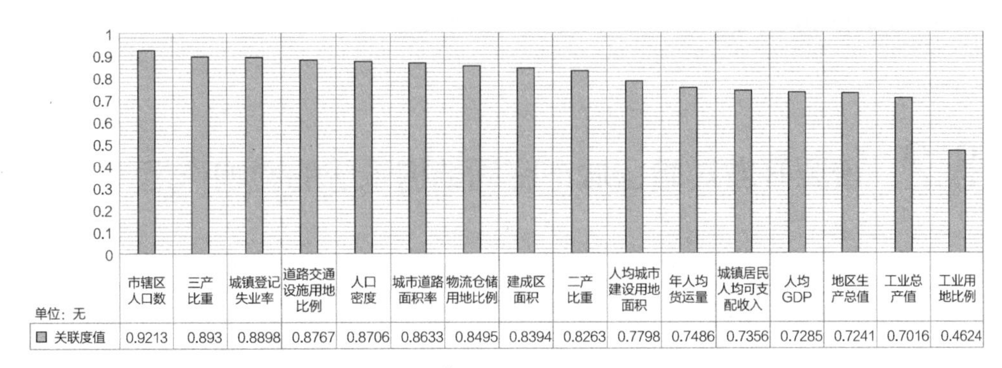

图 8-1　哈密的分项指标关联度数值

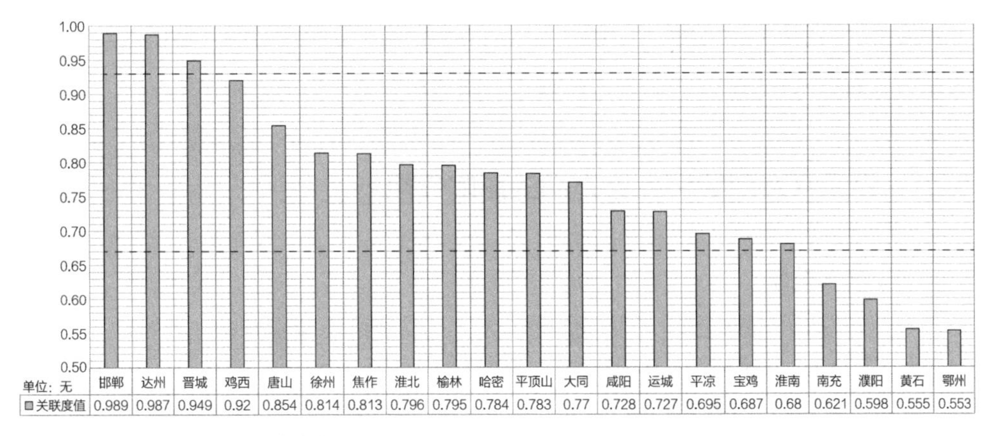

图 8-2　哈密的总体关联度数值水平

根据分项指标关联度评价结果可以看出，除了工业用地比例指标以外，哈密市资源开发与城市空间结构系统各项指标间的关联度均属于中等偏上水平，但具体数值存在差异，波动率处于非稳态的状况。其中，市辖区人口数、第三产业比重、城镇登记失业率三项指标的关联度最强。这说明哈密城市空间结构系统演变所受到的影响较广泛，并非仅有资源开发一个方面。从这个角度看，哈密的城市空间结构系统是处于一种相对健康、合理的发展模式，并没有受制于资源开发产业。

与此同时，资源开发与哈密城市空间结构系统的总体关联度水平也属于“一般”程度的关联，产生该结果的原因主要有以下几个方面：其一，哈密市属于新兴资源型城市，在资源开发产业发展起步之时，城市内部已有其他类型产业在持续发展；其二，作为处于成长期的资源型城市，哈密市资源开发及相关产业仍处在发展优化阶段，资源型产业在城市空间拓展过程中所占的比重处于波动发展状态，城市也在防止过度依赖资源开发产业；其三，作为先城后矿类的资源型城市，哈密市的资源开采区主要位于主城区外围，如三道岭矿区、沙尔墩矿区等，这些矿区的资源开发活动对城市空间结构系统的影响作用主要体现在经济、社会、人口等层面，这也会在一定程度上影响关联模型的评价，从而降低关联度数值水平。

8.2 资源开发对哈密城市空间结构系统的影响作用

根据前文所述，由于城市空间结构系统十分复杂，故可将其分解为多个层面，每个层面又包含有多种要素，通过分析资源开发与每个层面各个要素间的作用关系可以探讨资源开发对城市空间结构系统的影响作用。本节运用前文对资源型城市中资源开发与城市空间结构系统演变之间相互作用的分析思路，从经济社会、城市用地、交通系统等方面具体分析资源开发对哈密城市空间结构系统产生的影响作用。

8.2.1 资源开发对经济社会方面的影响作用

（1）经济发展

资源开发对哈密城市经济发展影响很大，是其经济不断攀升的主要推动力之一。具体影响力主要体现在以下几个方面。

一是资源开发及其衍生产业在经济总量中占有相当比重。哈密是典型的以重工业为主的城市，城市经济严重依赖工业及相关产业的发展，而在整个工业产业体系中，资源开发及一系列衍生产业又占较大比重，由此可看出资源开发产业在支撑哈密城市经济发展中的作用至关重要。通过对近10年矿产资源开采业增加值[①]占规模以上工业增加值的比例进行测算后可知，虽然矿产开采业增加值所占比重逐渐下降，但其数

① 此处数据仅包含矿产采选业增加值，如煤炭开采和选洗业、黑色金属矿采选业等，不含相关衍生产业。

值仍维持在总值的 1/3 左右（图 8-3），这表明资源开发对哈密城市经济发展的影响作用较强且具有持续性。

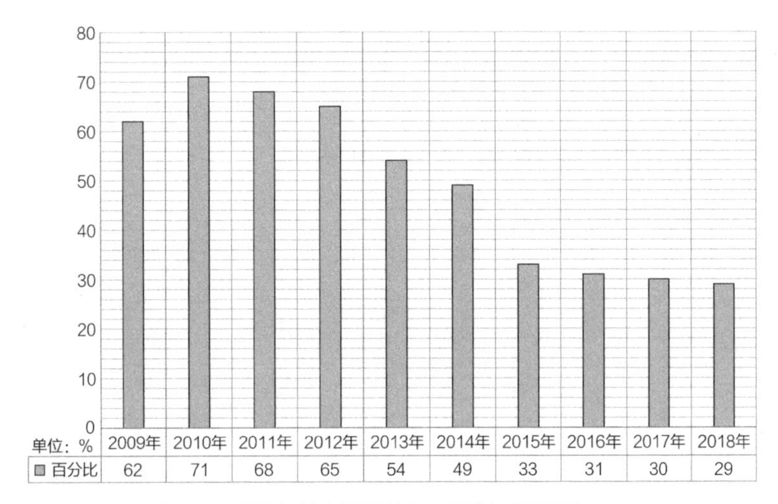

图 8-3　矿产资源开采业增加值占规模以上工业增加值百分比

二是资源开发产业是一类系统庞杂的产业，除了自身产业链条复杂外，还会形成一批上下游产业，这些产业都会影响城市的经济发展水平。具体而言，哈密的煤炭开采地主要分布在三道岭、大南湖等矿区，围绕这些煤炭开采地相继形成了采掘、选洗、煤炭初加工、集疏运等产业。同时，在远离煤炭开采地的哈密市城区，也设有煤炭开采企业办公总部、物资调配、后勤服务等相关部门，如矿产品质量检验检测中心、煤化工实验中心等。这些与资源开采直接相关的产业部门，连同因资源开采而衍生形成的上下游相关产业部门，如火电厂、物流仓储中心等，都是哈密城市经济体系中十分重要的组成部分。

三是对矿产资源这类自然禀赋要素进行开发具有投入少、见效快的特征，有助于推进城市工业化快速起步。如同哈密城市经济发展起飞的触媒，矿产资源开发激活了城市工业化大发展进程。资源开发产业的发展为哈密带来巨大经济效益的同时，也会吸引其他类型的产业进入城市，促进城市工业体系发展和经济提升。通过前文对关联度的计算也可以看出，资源开发产业的发展与哈密市城市经济发展水平明显正相关，在增速与增量上都有较高的一致性。

（2）产业结构

从灰色关联评价结果中的分项指标可以看出，哈密市的产业结构受矿产资源开发影响较大，其中第二产业发展所受到的影响尤为显著。在矿业产业进入大规模发展期之前，哈密市的第二产业所占比重不大。自 20 世纪 90 年代开始，哈密市依托其独特的资源优势和“桥头堡”交通区位优势，抢抓“西部大开发”“一带一路”等重大机遇，推进经济建设。期间，随着资源开发产业的发展，哈密市城市经济步入快速发展阶段，尤其是以资源开发产业及其上下游产业为主体的第二产业增速显著，在经济总量中的比重也逐年增加，至2018年末占比已达到60.1%（图8-4）。可见，矿产资源开发及其相关产业的快速发展影响了哈密的产业结构，推动哈密进入工业化快速发展阶段。这一时期哈密的主导产业转变为电力、煤炭开采、煤化工等产业，以资源开发为主的产业支撑起了哈密城市经济的发展（图8-5）。

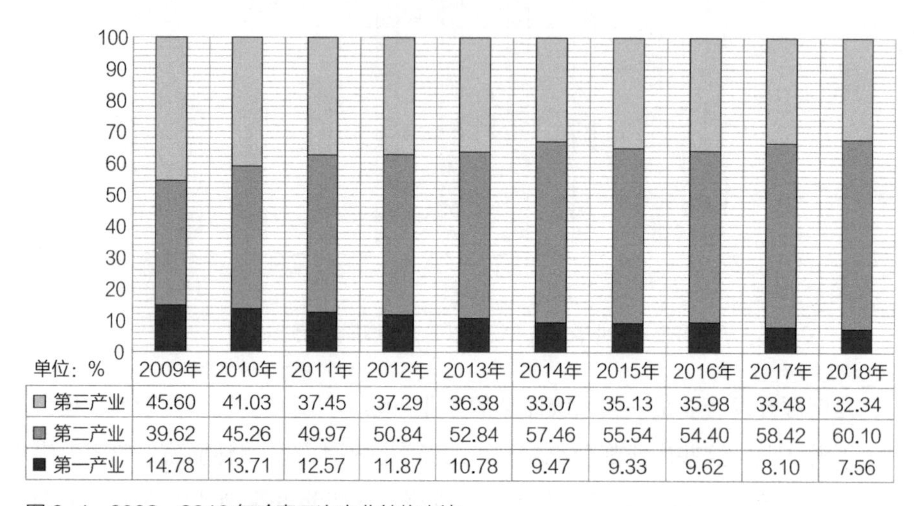

单位：%	2009年	2010年	2011年	2012年	2013年	2014年	2015年	2016年	2017年	2018年
第三产业	45.60	41.03	37.45	37.29	36.38	33.07	35.13	35.98	33.48	32.34
第二产业	39.62	45.26	49.97	50.84	52.84	57.46	55.54	54.40	58.42	60.10
第一产业	14.78	13.71	12.57	11.87	10.78	9.47	9.33	9.62	8.10	7.56

图8-4　2009—2018年哈密三次产业结构占比

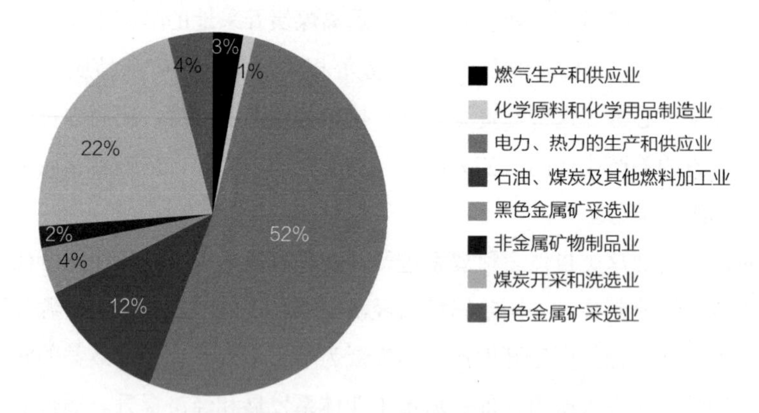

图8-5　2017年哈密不同类型产业规模以上工业增加值占比情况

（3）社会发展

能体现城市社会发展状况的指标要素有很多，例如城市化率、城镇登记失业率、人均可支配收入、人口结构等。而资源开发活动从多个维度直接或间接地对这些要素发挥着影响作用，直观体现在以下几点：其一，在哈密三道岭等煤矿的开采初期，有大量技术人员和煤炭工人从东北、河北等地区迁入，这给当地人口结构与地域文化带来了巨大影响，例如目前三道岭镇的方言仍以东北话为主。其二，哈密的资源开发及上下游产业在发展过程中需要大量劳动力，这些劳动力主要由农业人口转变而来，这使其城镇化率得到快速提升。其三，在 2015 年哈密市城镇单位从业人口中，有约 26.5% 的人从事与资源开发类产业直接相关的工作，如煤炭开采和选洗业（占 12.8%）、电力热力生产和供应业（占 5.2%）[180]。如此庞大的产业从业人口规模在带来经济收益的同时，也会带来复杂的社会问题，例如当煤炭市场行情变差时，煤炭企业经营利润下降，职工收入相应减少，这不但会对工人个体产生影响，也会严重影响庞大职工群体背后整个家庭的生活状况。

8.2.2　资源开发对城市用地方面的影响作用

（1）用地规模

随着城市由初级向高级不断发展，城市用地规模会不断扩大，而资源开发活动一般会加快这一进程。在运用灰色关联模型进行评价的过程中，哈密市建成区面积与资源开发的关联强度较高，反映出城市用地扩张与资源开发活动之间的相互作用和影响较为明显。

在中华人民共和国成立之初，哈密的城市人口显著增加，也进行了一定的基础设施建设，但是整体的城市用地规模未发生较大变化。在兰新铁路开通至哈密之前，城市建设集中在老城区，早期城市用地的拓展主要是沿东西河坝两侧进行，其后逐渐朝南北两边延伸。随着兰新铁路和部分城市道路的建设，城市用地由沿河发展转变为沿河和沿路双向发展，这一阶段城市建设用地规模增长缓慢，且主要集中于火车站周边及东西河坝两侧（图 8-6）。

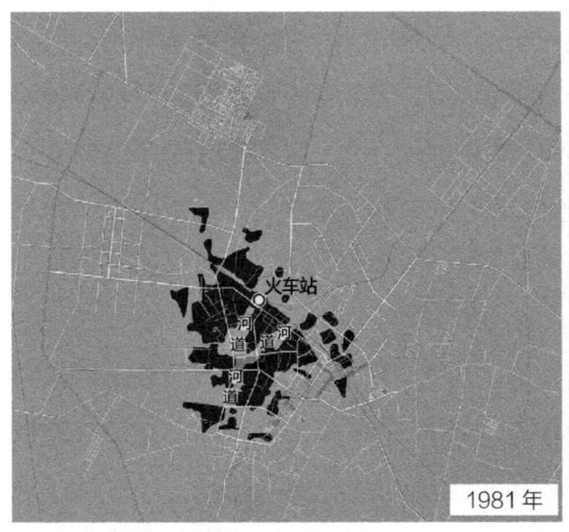

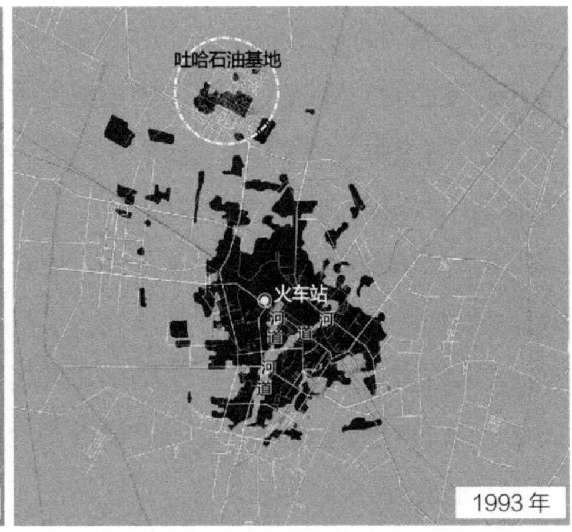

图 8-6　早期哈密城区用地拓展示意

20 世纪 90 年代以后，哈密逐渐开展大规模的资源开发活动，并相继建成和投产了煤炭、石油等多种资源开采区，吸引了大批工矿企业入驻哈密。受此推动，哈密城市用地规模急剧扩张。尤其是位于老城区西北部的吐哈石油基地的建设，极大地拓展了城市用地范围和开发建设规模。该基地与老城区遥相呼应，成为哈密用地扩张的锚点，促使城市在石油基地与老城区之间开展建设（图 8-7）。

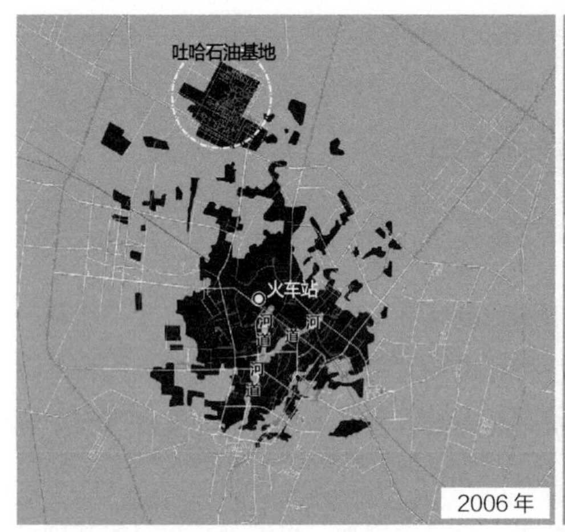

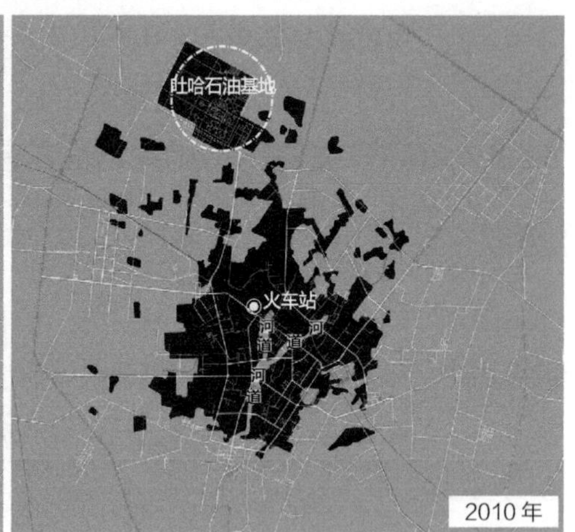

图 8-7 吐哈石油基地建设对城市用地拓展的影响

（2）用地类型

城市内部各种用地类型的不同比例可以在很大程度上体现城市发展的历程和特征。从哈密市 2010 年的建设用地构成表（附表 13）可以看出，在所有用地类别中，居住用地占比最高，占城市建设用地总面积的 37.67%。其次为工业用地，占城市建设用地总面积的 17.35%。其中，对居住和公共设施等环境有严重干扰和污染的三类工业用地面积比例较高，约占总用地面积的 11.98%。由于哈密的主要产业是资源开发类产业，所以大多数工业用地上承载的也都是与资源开发息息相关的产业类型。物流仓储用地受资源开发影响较大，约占总用地的 2.52%。工业用地和物流仓储用地合计占城市建设用地的 19.87%。由此可以看出，资源开发及其相关产业对哈密城市用地性质的影响较大，尤其是对工业和物流仓储用地的规模有明显的正向增加效应。

不同用地性质承载的产业类型和功能业态存在差异，这将使城市形成不同的空间结构布局与肌理。哈密市城市建设用地中工业类用地所占比重较高，在城市空间布局上形成低强度开发的态势，这不利于城市土地集约化利用。同时，较多的工业用地也会影响城市空间的合理拓展，在拓展方向选择和集聚发展等方面成为限制因素。

（3）用地布局

哈密城市用地性质与用地布局受资源开发产业发展的影响，显示出典型的工业城市用地布局特征，而且这种影响是随着资源开发产业规模的扩大而逐步显现的。1983 年版哈密城市总体规划中确定的城市性质是以发展轻工业及建材工业为主的城市，彼时其资源开发产业规模不大，对城市的影响尚未凸显，对城市用地布局的导向作用也不太明显。而 1994 年版哈密城市总体规划中确定的城市性质则是以原材料工业为主，以能源、建材、化工、石油为四大支柱产业，第三产业发达的新型工业城市。由此可以看出，这一时期哈密的资源开发产业发展迅速，能源产业及其相关产业被确定为城市支柱产业。1994 年版总规的用地规划图，与之前最明显的变化是新设立并建设的吐哈石油基地，且以石油基地为中心发展石油化工、电力和其他大型工业项目，形成了老城区和石油基地两个城市片区。而在老城区内部，工业用地主要集中分布在城市西部，且占据了较大的用地范围。

在这两版城市总体规划和哈密既有发展框架及趋势的基础之上，哈密市在 2006 年版城市总体规划中将城市性质确定为新疆东部地区重要的铁路、公路、航空、管道运输交通枢纽和物流集散中心，新疆重要的新型工业基地，新丝绸之路上重要的旅游服务中心，体现“生态化、信息化、工业化、现代化”的文化型城市和宜居城市。同时还突出了以煤电、煤化工为主的能源型产业特色。得益于当时煤炭产业良好的市场行情，哈密的资源开发产业发展势头强劲，成为城市经济发展的主要推动力量，并对城市用地产生了强烈影响。从 2010 年的哈密城市现状建设用地图中可以看出（图 8–8），经过多年的发展，城区西部、北部及铁路货运站场周边的工业用地布局较为集中，且单个地块面积较大，形成单位大院式用地格局。

除了主城区内部用地布局受到资源开发产业的影响外，哈密市域城镇体系布局也受到资源开发产业的巨大影响。在哈密现状城镇体系中，城镇人口规模最大的是哈密市中心城区，接下来便是中型城镇，有三道岭镇和巴里坤镇；再次是小型城镇，有雅满苏镇、回城乡等 10 个镇（乡、场）（表 8–1）。在这些城镇中，发展规模较大的几个城镇，如三道岭镇、雅满苏镇等，都是依托矿产资源开发业形成的。资源产业的发展为这些城镇的镇区形成、经济发展、人口聚集提供了可能，也促进形成了整个区域城镇体系规模的梯度等级配置。

哈密城镇等级规模现状　　表 8–1

等级结构	城镇数量 / 个	城镇名称
一级	1	哈密市中心城区
二级	2	三道岭镇、巴里坤镇

续表

等级结构	城镇数量 / 个	城镇名称
三级	10	雅满苏镇、回城乡、红星一场、红星二场、红星四场、黄田农场、火箭农场、伊吾镇、淖毛湖镇、红山农场
四级	36	七角井镇、二堡镇、星星峡镇、沁城乡、乌拉台哈萨克族乡、双井子乡、大泉湾乡、陶家宫乡、花园乡（哈密市）、南湖乡、五堡乡、柳树沟乡、德外里都如克哈萨克族乡、西山乡、天山乡、白石头乡、柳树泉农场、红星二牧场、博尔羌吉镇、大河镇、奎苏镇、海子沿乡、下涝坝乡、石人子乡、花园乡（巴里坤县）、三塘湖乡、大红柳峡乡、八墙子乡、萨尔乔克乡、良种繁育场、苇子峡乡、下马崖乡、盐池乡、吐葫芦乡、前山乡、淖毛湖农场

资料来源：哈密市人民政府. 哈密市城市总体规划（2012—2030 年）[Z].

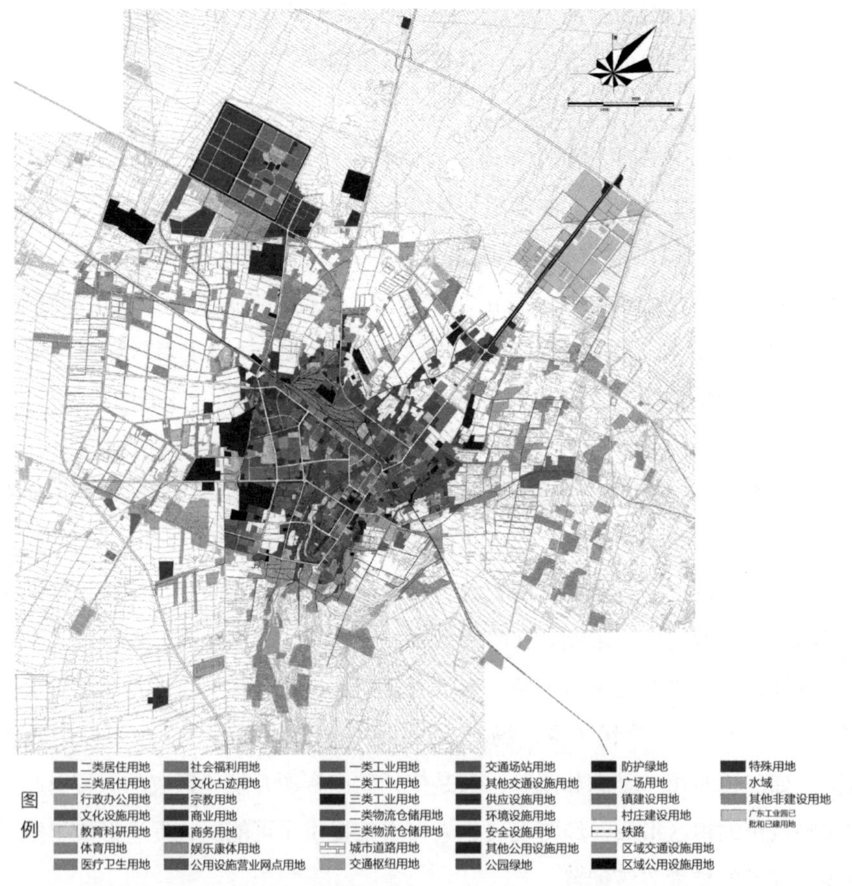

图 8-8 2010 年哈密城市建设用地现状图

图片来源：哈密市人民政府. 哈密市城市总体规划（2012—2030 年）[Z].

（4）开发建设强度

矿产资源开发产业是一种高产出、高收益的产业类型，易使所在城市在短期内积累大量资本，进而产生对矿产业的依赖。受此影响，城市会逐渐脱离原有发展轨迹，以高速度、低强度、低成本的方式向外扩张城市空间。这种蔓延式的空间发展方式对哈密这种位于西北内陆干旱区绿洲中的城市来说，会严重威胁地区生态环境安全，也影响城市健康可持续发展。

受矿产资源开发对产业、人口等的吸引和集聚作用影响，近年来哈密城市空间以向外快速扩张为主，这导致城区内部用地开发强度较低，单位面积用地容积率偏低（图 8-9），用地不够经济。居住用地方面，除城区内部新建居住小区及商住综合体容积率大于 2.0 外，其余现状居住用地容积率一般不超过 1.5，现状三类居住用地容积率不超过 0.6，小区整体开发强度不高。商业服务业设施用地方面，位于城区商业中心领先广场周边的商业用地容积率为 2.0～3.0，其他片区级的商业用地容积率一般不高于 2.0。公共服务设施用地方面，除少量近年兴建的公共建筑外，其他公共服务设施及市政公用设施用地容积率一般不超过 1.5。可以看出，用地较为粗放和不紧凑是当下哈密城区内部用地的典型特征（图 8-10）。

图 8-9　哈密老城区容积率强度

图 8-10　哈密城区较低的开发建设强度

除用地容积率较低之外，在另一项反映城市空间开发建设强度的指标——空间紧凑度方面，根据白永平等[181]对陇海—兰新—北疆铁路沿线城市综合紧凑度的测度可知，与其他城市或同级别城市相比，哈密的城市空间紧凑度仍处于较低水平（表 8-2），尚属一般紧凑型城市。究其原因，主要是矿产资源开发相关产业的高速发展带来了巨大的经济效益和发展机遇，城市建设相关各方积累了足够的财力用以开展大规模建设，政府也致力于提升城市建设水平与形象。但基于旧城区进行拆迁改造的复杂性和困难性很高，城市建设更倾向于从旧城区以外寻找新的发展空间。在多种因素叠加的情况下，哈密城市用地范围向外扩张，城市空间蔓延式发展现象明显，这必然导致城市紧凑度下降、用地不经济和土地资源浪费等情况。在当前国土空间规划对城市建设用地数量强约束的机制下，对于可建设用地不多且自然环境限制性因素较多的干旱区绿洲城市来说，未来需要更加关注内聚式存量发展，着力实行集约紧凑、精明增长的城市空间发展模式。

陇海—兰新—北疆铁路沿线城市紧凑度综合得分一览表　　表 8-2

城市	紧凑度得分	位序	城市	紧凑度得分	位序	城市	紧凑度得分	位序	城市	紧凑度得分	位序
石河子	1.220	1	宝鸡	0.204	7	咸阳	0.097	13	新沂	0.003	19
西安	0.760	2	天水	0.188	8	伊宁	0.095	14	乌鲁木齐	−0.010	20
克拉玛依	0.510	3	奎屯	0.180	9	嘉峪关	0.061	15	荥阳	−0.036	21
郑州	0.3	4	兰州	0.168	10	武威	0.047	16	张掖	−0.041	22
徐州	0.356	5	商丘	0.154	11	三门峡	0.031	17	开封	−0.0042	23
金昌	0.269	6	洛阳	0.114	12	偃师	0.029	18	巩义	−0.047	24
邳州	−0.069	25	敦煌	−0.123	29	乌苏	−0.231	33	吐鲁番	−0.488	37
昌吉	−0.070	26	连云港	−0.166	30	义乌	−0.255	34	定西	−0.567	38
灵宝	−0.077	27	哈密	−0.178	31	博乐	−0.378	35	华阴	−0.661	39
玉门	−0.114	28	渭南	−0.187	32	酒泉	−0.422	36	兴平	−0.697	40

资料来源：白永平，狄保忻．陇海—兰新—北疆铁路沿线城市紧凑度及其影响因素研究［J］．经济地理，2012，32（7）：37−42.

8.2.3　资源开发对交通系统方面的影响作用

（1）路网体系

矿产资源开发活动对哈密市道路交通系统的影响主要表现在城区内部的交通运输站点与市域范围的货物运输通道两个方面。城区内部的交通运输站点主要是指为资源产品提供集疏运服务的货运堆场、运输枢纽等，如哈密站、哈密南站（图 8-11）、哈密东站等。煤炭等大规模资源产品会从开采矿区运送至煤炭堆场，经统一装车后通过铁路或公路运往各地消费市场或下一级转运节点。

图 8-11　哈密南站

由于煤炭等矿产资源产品具有大规模的体量与数量，其货运堆场往往需要有较大的用地面积。货运堆场和货运铁路线会分隔和切割城市道路系统，形成“断头路”“丁字路”等，由此阻隔两侧用地的空间联系，进而产生城市交通问题。为了克服铁路的切割问题，城市主干路一般以高架或下穿的立体交叉形式衔接铁路两侧道路，以完善城市道路网。但由于造价昂贵、占地较多，立交道路也仅能用于衔接城市快速路或主干路，数量较多的次干路和支路则仍处于被铁路切断的状态。而且修建立交桥也会挤占城市在其他地方修建道路的资金，并会影响城市景观风貌，尤其是立交桥下常会形成消极的灰色地带[182]。货运堆场和铁路线的存在还会阻碍城市空间合理拓展，导致城市只能优先选择在距其较远的地方和铁路线某一侧开展建设，这限制了城市空间发展的多种可能性，增加了城市开发和运营的成本。

为满足矿产资源产品运输需求，哈密在市域范围内建设和规划了多条货运专用通道，将各个矿产资源开采点与货运场站连接起来。例如，铁路方面有货运南环线、哈罗铁路、哈临铁路等，公路方面有南部绕城快速通道、东天山隧道等（图 8-12）。这些货运通道主要用于通行运载矿产的列车和大型货运汽车，以使它们尽量避开城市集中建设区，不给城市日常运行带来干扰。虽然这类交通运输线路对主城区的影响不大，但它们是城市交通运输系统的重要组成部分，承担着城市与外部联系的通道功能，是城市与外界进行物质和能量交换的重要媒介。

（2）物流系统

煤炭等矿产品被开采并经过洗选和初加工后，通过铁路、公路等运送至产业园区或物流园区集中，再经过深加工或直接通过铁路、公路集运后运送至资源消费市场地。在这个过程中，矿产资源开采区与物流节点、运输线路、转运中心等物流系统成为相互联系、相互作用的有机整体，共同实现矿产资源的价值。对先城后矿类的资源型城市哈密来说，矿产资源开采区的位置距离主城区较远，为了能发挥主城区良好的区位和交通优势，哈密市在主城区周边建设了多个产业园区、物流园区（图 8-13），如南湖重工业园区、广东工业园区、货运南站物流园区、二道湖物流园区等。这些园区多依托资源开发产业，发展或服务于与其紧密结合的上下游相关产业。例如，南湖重工业园区以煤电、黑色金属加工冶

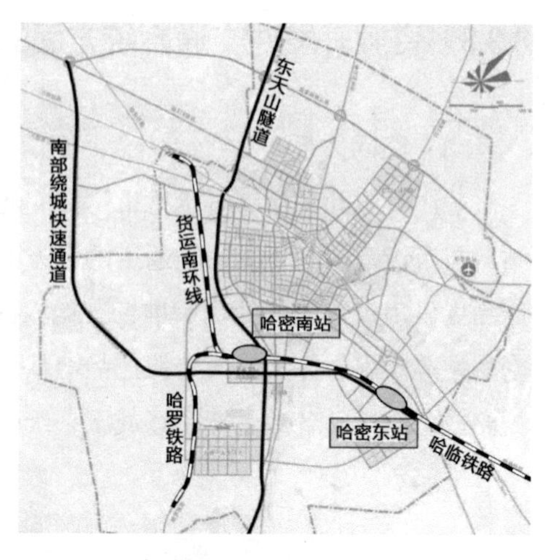

图 8-12　哈密市区外围货运通道

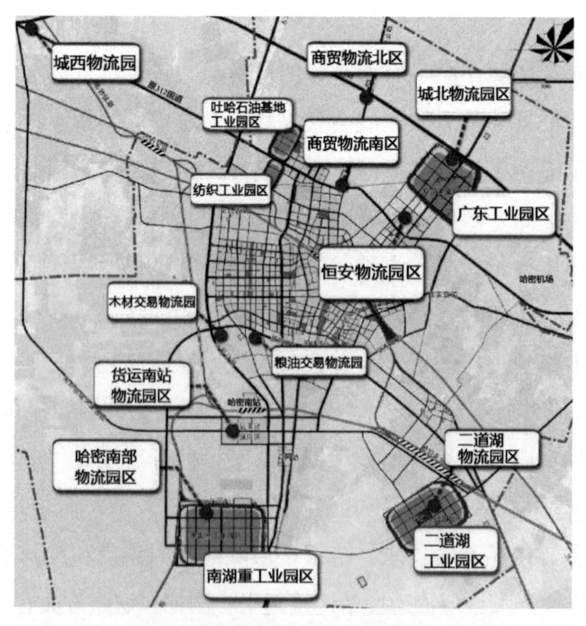

图 8-13　哈密主城区周边产业园区和物流园区规划图
图片来源：根据哈密市人民政府. 哈密市城市总体规划（2012—2030 年）[R]. 绘制

炼、矿产品深加工等产业为主；货运南站物流园区是按现代化供应链管理模式运作的一体化综合煤炭物流中心，已成为哈密亿吨级煤炭运输的主要基地[183]。

与此同时，哈密主城区周边的这些产业园区和物流园区也对哈密城市空间结构产生了显著的影响。首先，园区自身的布局和建设本身就是城市空间拓展的一部分。与主城区集中建设的风貌不同，这些园区的开发多以低层低密度的建设模式出现，占地面积大，内部仓库和厂房多，风格统一且辨识度高。这种布置于城市外围的大面积独立地块若选址布局不当便会严重阻碍城市空间的合理拓展，造成城市空间发展方向选择上的被动。其次，连接矿产资源开采区与园区之间的交通线路也会影响到城市空间的发展。由于这些交通连接线以点对点的通道性功能为主，对沿线空间的正向影响作用较为有限，但它们对未来城市可能发展方向上用地的分割作用却比较明显。

8.2.4　哈密城市空间发展演变形势研判

在前文对资源开发与城市空间结构系统关联度的评价中，关联程度“较高”的资源型城市多数处于资源产业发展的成熟后期或衰退期。此时，资源产业高速发展带来的经济效益和人口红利等快速减少，城市多元化发展的需求与资源类产业独大的矛盾日益凸显。处于这一阶段的资源型城市已经错过了产业结构优化升级和转型发展的黄金期（图 8-14），此时转型发展的迫切性和转型的成本都会急剧增加。由此可见，选择恰当的时机尽早启动产业结构优化升级和转型发展，把城市生命周期中的转型期提前，对资源型城市最大化利用资源禀赋并持续保持平稳健康发展有着十分积极的意义。

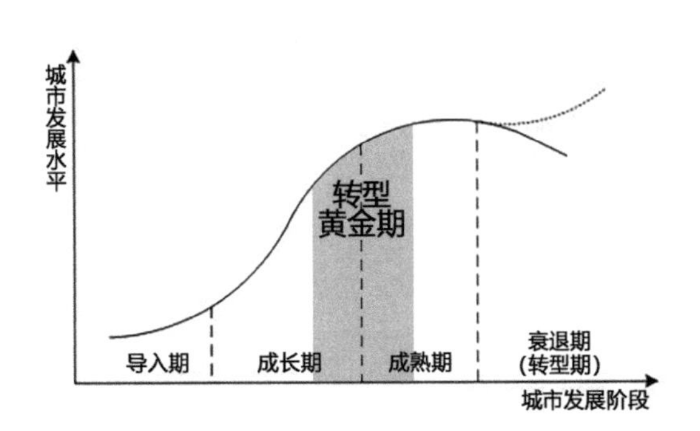

图 8-14　资源型城市转型发展节点示意

由 8.1 节中对哈密资源开发与空间结构系统作用关系的定量分析结果可以看出，哈密的城市空间结构系统受资源开发的影响尚处于正常水平，即两者处于关联程度“一般”的阶段。但由 8.2 节中从三个方面展开的详细定性阐释可以发现，哈密城市空间的发展演变已经显现出典型的资源型城市空间结构系统特征。在经济发展方面，资源开发相关产业居于首要地位。在社会发展方面，资源类产业快速发展带来的大量从业人口影响着城市社会发展的各个方面。资源开发的影响作用在城市用地和交通方面的体现则更为明显，工业和物流仓储用地规模、货运道路建设等多个方面都受到资源开发产业的较大影响。

如果按照现有趋势持续发展下去而不积极做出控制和调整，资源开发产业对哈密城市空间结构系统发展演变的影响作用将越来越大，并会逐渐占据主导地位，哈密城市空间结构系统与资源开发的关联程度将由“一般”水平转变为“较高”水平。那时资源开发产业在城市发展过程中产生的虹吸效应也将越来越大，形成“资源陷阱”，但对城市快速发展的拉动作用却会逐渐减弱，对城市多元化可持续发展的阻碍作用也愈来愈强。所以为避免此种情况发生，此时应当着手研究哈密市的产业结构优化升级和转型发展问题，以延续城市经济社会快速发展的势头。在产业方面，应积极培育接续替代产业，完善产业链条的深度和广度，走多元化产业发展道路。在空间方面，应优化城市空间结构布局，挖掘存量空间，采取紧凑集约、疏密有致、重心突出的空间发展模式。

8.3 资源开发与城市空间发展矛盾分析

通过灰色关联模型的评价，将哈密市的评价结果与20座样本资源型城市进行对比，可以合理识别出哈密市当前的发展阶段，并基于此类发展阶段城市的特征剖析哈密市的发展概况。根据灰色关联模型评价结果可知，资源开发对哈密市的影响作用体现在经济、社会、用地等多个方面，其中，在经济结构、用地布局、人口数量、路网体系等方面的影响作用最为明显（图8-15）。下文将结合评价结果及其分析，从三个方面进行阐述。

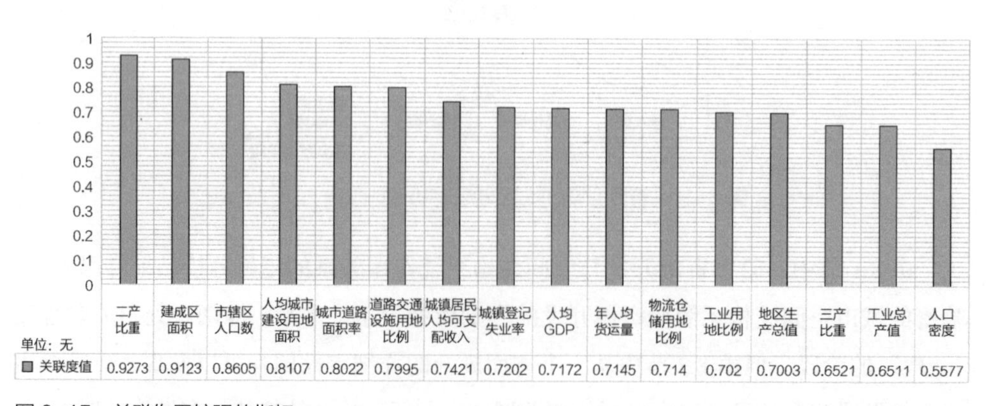

图8-15 关联作用较强的指标

8.3.1　城市空间发展的资源诅咒效应

资源开发产业强大的经济效益吸引了众多生产要素聚集于哈密，相关产业逐渐发展为城市的支柱性产业之一。总的来看，哈密市的资源开发产业正处于蓬勃发展时期。资源型产业的繁荣会导致经济发展过程中出现大量短期行为，产生对其他产业部门甚至本部门的人力资本和技术研发投入的挤出效应[184]，城市产业容易陷入低级别循环发展的困境。产业结构也容易由原有的多元化综合发展模式转变为以资源开发产业为主导的单一产业结构模式。城市经济发展若过多地依赖丰裕的自然资源，会在短时期内呈现繁荣的经济景象，这当然也会掩盖其他产业发展的颓势。但由于可开采资源总量是有限的，资源开发具有时限性，短时期的经济高速发展带来的是城市发展的不可持续性，往往造成城市最终的经济增长反而慢于自然资源稀缺地区，这就是经济学界所说的“资源诅咒”效应。

除了城市经济发展方面的“资源诅咒”效应之外，在资源开发兴盛时期短期充裕资本的刺激下，城市空间的发展同样面临着“资源诅咒”的情况。此时城市会摆脱既有的渐进式空间拓展方式，以一种激进、快速的方式向外扩张。空间发展重规模轻质量，城市空间规模和用地面积快速扩张的表象背后是低效、无序、杂乱的内部空间。例如国内外众多资源型城市建设的大规模新区普遍存在人气和空间利用率较低、用地浪费的现象。又如哈密老城区西北部建设的吐哈石油基地，不但基地内部建成区密度与容积率较低（图 8-16），而且在基地与老城区之间仍遗留有大面积的空置用地，造成城市建成区不连续、风貌不协调、城市用地布局松散。对于哈密这类中小城市，遗留在建成区内部的空置土地需要花费较长时间去开发和填充，而且会作为城市空间发展的长期性障碍存在，给城市外部形象展示和实际发展过程带来困扰。同时，哈密作

图 8-16　吐哈石油基地内部建成环境

为典型的干旱区绿洲城市，城市的自然承载力有限，也不宜采用此类大范围、低密度的空间扩张模式。

8.3.2 空间极化作用不强

当前，从事煤炭、石油等自然资源开发的公司基本为大型上市国有企业，其规模和掌握的能量较大、拥有的资源较多，对所在地的影响不只局限在经济层面，还会波及政治、社会等层面。虽然哈密市矿产资源开采点分布于城区外围的矿区，但这些资源开发企业的办公经营场所、货运站场等多布局在城区内部。由于这些企业拥有众多资源，它们在哈密市区范围内形成了一些独立的、内向式的地块。与此同时，哈密境内还驻有兵团第十三师师部。可以看出，哈密市空间发展同时面临地方政府、资源开发企业、生产建设兵团三方角力的现状，以及“矿地融合”“兵地融合”如何实现的难题。对于建成区规模本就不大的哈密来说，这种情况会导致城区分散化发展，缺乏空间集聚核心。而根据中心地理论和点轴发展理论，没有区域中心地的带动作用，会使该区域的发展缺少吸引力和凝聚力。

哈密现状城区是由老城区、兵团第十三师、吐哈石油基地三大板块构成的，在三大板块之间又穿插了多个零散的由很多企业内向型用地形成的小板块。多方角力的格局导致城市空间缺乏强有力的增长极核，较难形成集聚效应，不利于空间结构系统效能的提升和优化。从哈密现状商业服务业设施分布（图 8-17）可以看出，虽然在市区内部的火车站附近、广场南路与中山北路交叉口附近以及石油基地东侧存在商业服

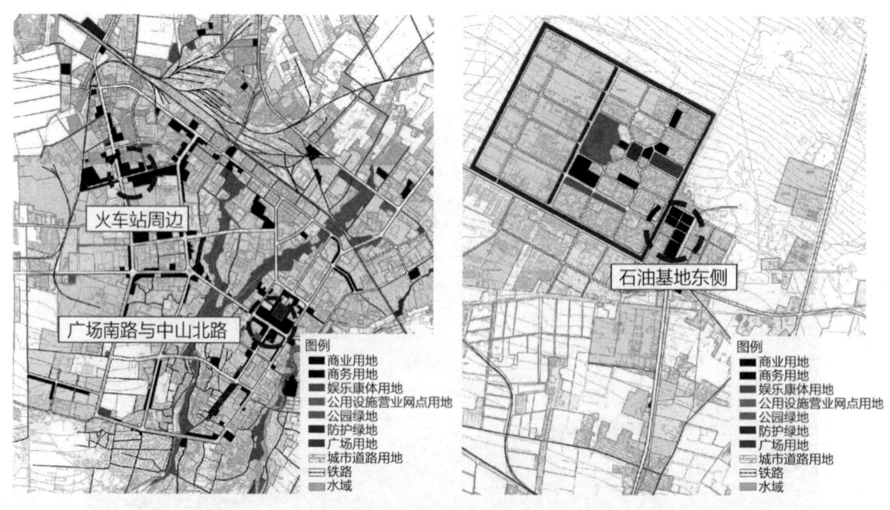

图 8-17 哈密商业服务业设施集聚效应示意

图片来源：哈密市人民政府. 哈密市城市总体规划（2012—2030 年）[Z].

务业设施用地集聚的现象，但这些设施的集聚程度较低、业态不丰富、能级不足，无法对周边片区形成良好的辐射带动作用。

8.3.3　非矿资源未被充分利用

除矿产、风能、太阳能等能源资源外，哈密还具有丰富的非矿类资源，例如文化和旅游资源。旅游资源除哈密魔鬼城、伊吾胡杨林生态园景区、哈密王景区（图 8-18）、巴里坤古城等自然和历史文化景区外，因矿产资源开发而产生的矿业文化遗存、工业遗产等也是非常值得进行保护性展示和再利用的非矿类资源。虽然当前哈密市矿产资源开发产业处于蓬勃发展期，但一部分很早期便投产的矿产开采区经过长期的开发，目前已经资源枯竭。随着生产部门、管理部门和矿业工人逐渐离开，为其提供服务的各类第三产业也趋于凋零，围绕矿产开发形成的生产、生活聚集区走向衰落，城镇矿业文化氛围和产业凝聚力变差[185]。但作为见证工矿城镇发展过程的工业建筑和资源开发产业文化遗存，例如厂区建构筑物、废弃矿坑、废弃铁路线等却保留了下来。若不善加保护利用，则不单单是对工业资产的极大浪费，也是对其城镇历史发展脉络、矿业文明进程的淡化与忽视。

图 8-18　哈密回王府

以哈密三道岭镇为例，其煤炭开采历史悠久（表 8-3），开采规模大，拥有西北地区最大的露天煤矿。近年来，随着部分煤矿资源枯竭和煤炭市场行情剧烈波动，三道岭镇的经济社会发展及城镇风貌（图 8-19）也受到了明显影响，尤其是位于矿区附近的矿工生活区逐渐趋于废弃。例如，随着周边矿产资源的枯竭，位于三道岭镇南泉片区的矿工生活区居民陆续搬迁到镇区。目前南泉生活区内部只留下了残破的建筑物（图 8-20），绝大部分处于废弃状态，呈现典型的矿兴城兴、矿竭城衰的矿业依赖性特征。可以预见，哈密市未来会有更多类似的采矿区和工矿城镇将随着矿产资源枯竭而走向衰落，如何合理对待已衰落工矿城镇的价值和作用，充分利用其资源开发产业的遗存价值，是当下哈密亟需思考解决的问题。

三道岭煤炭开采重要历史节点　　表 8-3

时间	重要历史事件
1761 年	三道岭开始开采煤矿，解了哈密军民商户燃料缺乏之困
1880 年	哈密办事大臣明春指派军队至三道岭重开煤窑，解决了当时燃料紧缺的问题
1884 年	哈密人口锐减，煤炭需求量相应减少，三道岭煤矿随之衰落，同时，煤矿从官办转为民营
1895 年	煤矿由民营转为哈密回王经营
1938 年	煤矿实行官商合营，并成立“新东煤矿股份有限公司”
1951 年	实行公私合营，成立“新兴煤矿股份公司”，属于地方国营企业
1970 年	西北地区最大的露天煤矿建成投产，揭开了三道岭现代化采煤历史的新篇章
2007 年	哈密煤业有限责任公司与山西潞安矿业合并，成立为潞安新疆煤化工（集团）有限公司

图 8-19　三道岭镇区风貌

图 8-20　三道岭南泉生活区现状

第9章 哈密城市空间结构系统优化发展策略

第1章 初识资源型城市空间结构系统
第2章 资源型城市空间结构系统相关理论及成果概述
第3章 资源型城市空间结构系统演变及其特征
第4章 资源开发与资源型城市空间结构系统关联作用
第5章 哈密城市发展概况
第6章 哈密城市空间结构系统演变分析
第7章 哈密城市空间结构系统综合分析
第8章 资源开发对哈密城市空间结构系统的影响作用

9.1 用地优化发展策略

由第 6 章中对哈密城市用地子系统熵的分析可知，自 1999 年之后，哈密城市用地子系统的熵整体以较快的速度持续增加，主要原因在于哈密城市用地空间在此期间一直保持着快速外扩的状态。在用地扩展的过程中，资本、人口、技术等负熵流虽也快速流入城市空间结构系统内部，但由于哈密城市用地以横向扩张为主，用地之间时空距离的增大减弱了各类“流”间的流通效率，造成要素间联系成本增加，降低了城市发展、建设及治理等方面的效率，进而提高了用地系统的内部熵增。此外，结合第 8 章中对哈密资源开发与城市空间结构系统关联度的分析可知，哈密城市用地系统已开始表现出资源型城市的典型特征，而其产业结构优化调整和城市经济发展也正处于适宜转型的黄金时期。如何有效避开资源型城市发展中的“资源诅咒”效应，科学引导其城市用地合理布局，对哈密未来健康可持续发展有积极的影响作用。为此，本书提出四种优化方向，通过增加各类“流”的流动效率，降低用地子系统的内部熵增，最终达到优化哈密城市用地子系统的目的。

9.1.1 建立西北、东北方向拓展轴和环城生态圈

哈密目前正处于城市用地快速扩张阶段，以老城区的西北部和东北部最为明显。但在其城市空间扩展过程中，由于扩张方式较为粗放，西北部的吐哈石油基地、东北部的广东工业园区这两个片区与老城区间存在较多存量用地，造成了土地资源的不必要浪费。此外，在老城区南部较远处还有两块飞地，分别是哈密重工业园区和二道湖工业园区。由于重工业园区对主城区有较大的干扰作用，如有灰尘、废气、噪声等污染，因此需要与主城区之间保有一定的绿色生态防护。

为避免城市土地资源的浪费，考虑工业园区布局的需要，并结合哈密城市用地适宜性情况，本书提出，首先，提出建立西北方向和东北方向的城市拓展轴，未来优先在西北方向连接吐哈石油基地的轴线上进行城市空间拓展，也可适度向老城区西部拓展，其次是在东北方向连接广东工业园区的轴线上进行城市空间拓展。通过优先利用及发展这两条轴线方向上的土地，进行合理的功能用地配置，有效连接吐哈石油基地与哈密老城区，营造连续的城市空间组织与衔接关系，从而促进负熵流高效流动，减少城市生产、生活等方面的低效熵增。此外，在三大工业园区与老城区之间设置绿色

生态圈，这样一方面能增加城市绿地，形成大的环城生态圈，进而促进城市生态文明建设；另一方面，环城生态圈能在老城区与工业园区之间形成有效过渡，既避免土地资源浪费，同时也能避免工业园区对老城区产生过多不良影响（图 9–1）。

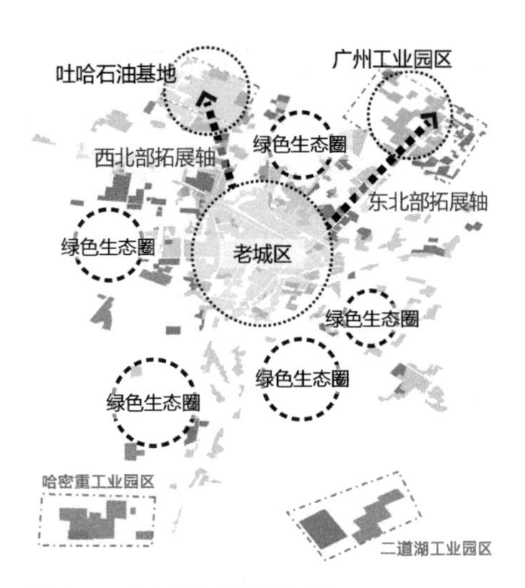

图 9–1　哈密优先发展圈示意

9.1.2　打造空间极核，提升城市活力

哈密在历史发展进程中形成了较多的碎片化用地。在进行城市规划和推动城市用地空间有序演进的过程中，这些碎片化用地空间不能直接舍弃，需要采用人为干预的手段进行城市更新。基于此，本书结合哈密目前的城市用地情况，梳理了碎片化用地，选择其中条件较好的建筑和城市空间，利用相对集中的碎片化城市空间，在其原有功能基础上配置一定程度的公共服务、商业服务等配套设施，将其打造成新的不同层级的城市空间极核。通过极核的触媒效应和片区空间织补，促进城市更新，使碎片化城市用地空间连片成为连续性整体空间，进而降低城市空间结构系统的内部熵增（图 9–2、图 9–3）。

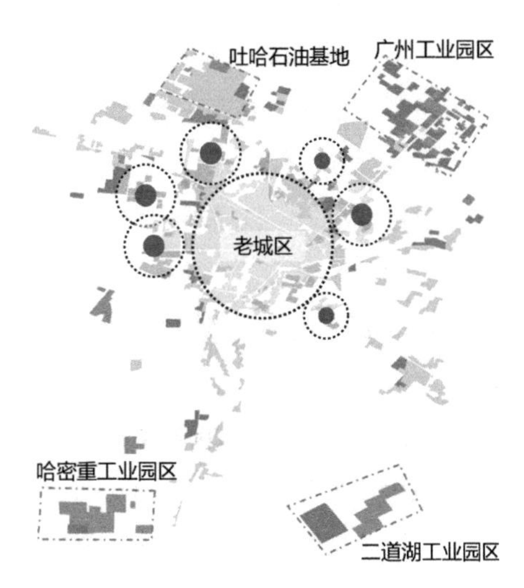

图 9–2　打造城市空间极核示意

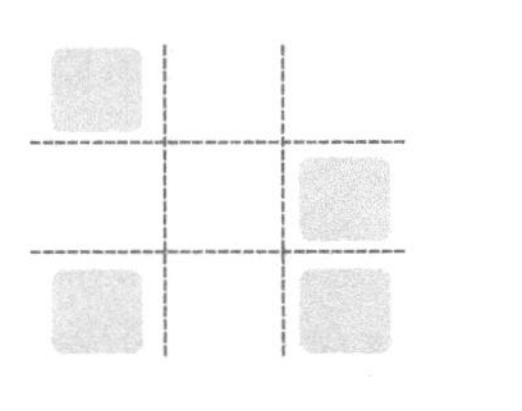

进行碎片化空间整理

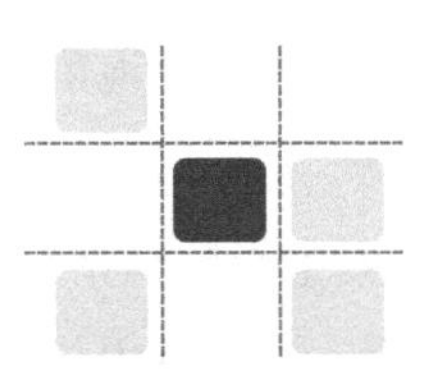

配置一定设施功能

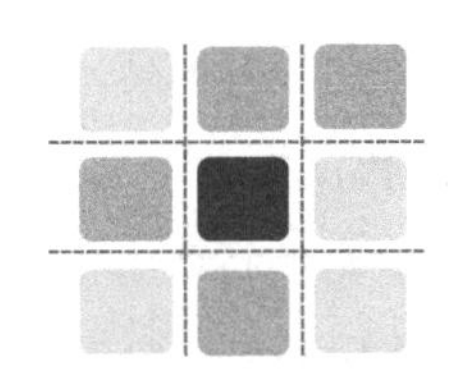

空间微生，形成整体性空间

图 9–3　城市空间更新示意

9.1.3　开展城市更新行动

系统梳理哈密城市内部低效、低质量用地空间，开展城市更新行动，挖掘城市内部存量空间，提升用地绩效和人居环境品质，促进城市高质量、可持续发展。在城市更新具体实施过程中，识别不同类型用地现状，有的放矢地开展更新改造。总体上看，哈密城市内部可纳入城市更新的类型主要是老旧小区和城中村两大类。

老旧小区主要是指2000年以前修建的小区，这类小区在经历了较长时间的使用后，普遍存在基础设施老旧、线网杂乱、环境品质不高、管理不善等问题。通过先期摸底调研居民改造意愿，确定小区改造名单，并筹措资金进行改造。改造的方向可以从基础设施的完善、房屋建筑的修缮、环境品质的提升、安防设施的升级等方面开展。改造方式以政府统筹、居民参与、政策资金支持为主。

城中村主要是指在城市开发边界内部，仍保留村集体建设用地的村落，是城市空间快速扩张的产物。城中村内部建设环境差、开发建设强度低、人员混杂，对城市整体风貌影响很大。故需系统梳理哈密城市建成区范围内的村集体建设用地，根据村集体建设情况和区位，施行“一村一策”的改造策略，或改造提升，或拆除重建，以释放存量用地潜力，改善城中村居住环境，提高城市用地的集约性。

9.1.4　提升老城区建成环境的“质”

通过分析1999—2018年哈密城市用地系统演变情况，并结合实地调研发现，哈密在城市用地向外拓展的过程中，总量提升速度较快，但对“质”的提升有所忽视，这也是资源型城市在成长期快速发展的通病，易造成城市空间结构系统内部产生较大的熵增。另外，由第6章的分析可知，2013—2018年，哈密的公共管理与公共服务设施用地占比相对较高。但根据实地调研结果，哈密居民对其公共管理与公共服务设施配套的满意度却并不高，主要原因在于该类用地虽然在“量”上达到了要求，但在“质”的方面仍需提升。

例如，哈密的行政办公用地主要集中于建国南路一带，包括哈密市中级人民法院、哈密市人民政府、哈密市水利局等。哈密市中共伊州区委员会位于广东路与爱国北路交会处，农十三师师部位于兰新铁路北侧、井冈山路西侧。其他市属机关及企事业管理机构用地在主城区呈分散布局。行政办公用地基本位于老城区中心地段，与其他类型的城市功能用地混杂在一起，部分行政办公设施建筑质量较差、发展空间受限、停车场地及绿地严重不足（附表14）。

除了城市公共管理与公共服务设施用地之外，位于哈密老城区八一大道两侧、回城乡周边等的老旧街区空间环境及建筑品质较差，与哈密整体城市空间不协调（图 9–4）。

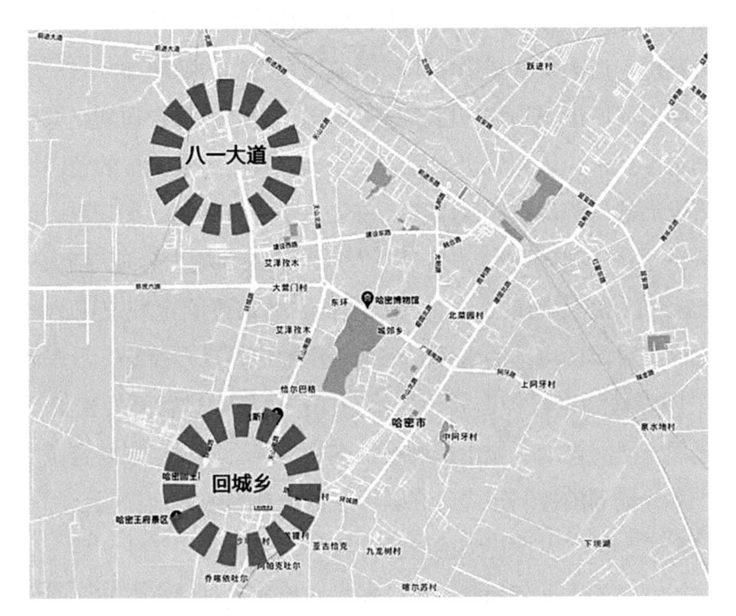

图 9–4　八一大道、回城乡周边老旧街区分布空间示意

因此，建议：一方面，要合理控制城市空间向外拓展的速度，防止城市空间过快增长而破坏原有的空间秩序，导致城市空间结构系统内部熵增加剧；另一方面，通过总体城市设计和导则指引，从顶层谋划进而明确哈密在人文、环境等方面的城市意向和特色风貌，系统优化与改善城市形象，提升老城区城市建成环境的品质。如对哈密行政办公设施建筑进行维护与更新，补充相应的公共配套服务设施等。针对老旧街区空间，则宜结合哈密自身历史底蕴、人文及资源特色等，对既有低品质的环境、建筑、设施等进行维护、改善及更新，以营造更为健康、宜居的城市人居环境，有效提升哈密的城市品质与形象。与此同时，此举也能创建良好的投资营商环境，进而吸引外界更多资金、技术、人才等流入。

9.1.5　合理控制城市开发边界

城市开发边界又叫城市增长边界，是指划定在城市建设用地与城市外围非建设用地之间的界限，用于限制城市用地无序扩张。作为控制城市粗放蔓延以及保护周边农业用地和生态环境的一项措施，合理划定城市开发边界的有效性得到了国内外学者的广泛认可 [186]，也在很多国家的城市规划或空间规划中得以实施。根据前文分析，哈密的城市用地、产业、人口子系统的综合发展趋势为用地子系统综合提升速率大于产业、人口子系统综合提升速率，其主要原因在于哈密城市用地空间扩张较快。虽然用地的快速扩张在一定范围和一定时期内对城市空间结构系统的发展具有较好的推动作用，也能够缓解老城区各方面的空间压力，但这种扩张方式却多是以新建多个飞地及其快速扩张为基础，这无疑会提高城市空间结构系统的内部熵增。

因此，在哈密的城市规划和实际发展过程中，应当通过合理划定城市开发边界来限制城市空间过度扩张，优化城市空间结构布局，从而实现城市的精明增长，避免落入资源型城市发展的“资源诅咒”陷阱。首先，需要对哈密的水资源、地形地貌、气候等生态本底的承载力进行评估，结合对人口增长的预测，合理确定城市用地规模，结合实际优势分析城市空间最适合的拓展方向，并最终确定城市用地增长的边界范围。其次，也需要对城区内部的水系、绿地等用地边界进行控制，沿东西河坝和市区内部重要的公园绿地划定保护边界，严禁在保护边界内进行开发建设活动。总的来说，需要通过国土空间规划、城市控制性详细规划等法定规划来划定城市外围增长边界以及内部水系绿地等的控制边界，在城市各层次规划中明确标明，并严格落实到城市开发建设过程中，切实发挥规划的管控作用。

在限制城市空间无序蔓延的基础上，还需要提升现有城市空间的开发密度。哈密城区现状开发密度普遍较低，居住建筑多以多层甚至低层为主，只有近几年新建的少数楼盘为中高层。随着各类产业不断发展壮大，城市化进程加速推进，现有城市开发强度和用地效率难以满足城市未来的发展需求。鉴于此，哈密需要提高城市空间开发强度，高效率利用土地资源，并借此减少低效建设对用地的过度占用。此方面可通过限定城市规划中地块容积率、建筑密度、建筑高度、绿地率等经济技术指标的最低值和最高值来控制城市空间的开发强度。同时，可将整个城区划分为高强度、中强度、低强度等多个分类控制区，并在各类控制区内划分出核心单元、一般单元和特殊单元。这样便可以根据各个控制区的现状和未来规划定位，梯度化确定城市开发建设强度。例如，对于兰新线以北区域和兰新线以南的老城区，在空间开发强度上应区别对待。其中，老城区人口密度高、集聚效应强，适合采取高强度的更新开发策略；而铁路线北侧城区人口少，需要降低强度。综上所述，本书建议根据城市产业、人口系统的未来发展趋势，合理控制城市用地的扩张节奏，实现城市空间有序发展。

9.2 产业优化发展策略

产业方面的优化与发展策略主要包括拓展非资源型产业以及顺应产业系统自组织演变规律。此外，资源开发产业作为哈密的支柱产业，其发展方向对城市空间结构系统未来发展演变的影响颇为深远，积极采取协调用地类型、打造空间增长极、优化城镇体系等空间优化措施对资源开发与城市空间的协同具有重要意义。

9.2.1　拓展非资源型产业

近年来，哈密产业子系统的综合评分提升明显，这主要得益于其工业产业尤其是重工业的发展。根据《哈密统计年鉴》中统计的 2015 年规模以上工业企业增加值指标，按轻重工业分类统计，哈密的重工业占总值的百分比高达 98.67%（表 9–1）。其中资源开发及相关产业是哈密重工业体系的重要组成部分，成为哈密工业发展的主要推动力。然而，资源型城市的发展容易对资源开发产业高度依赖，未来，资源一旦枯竭，哈密产业子系统的正常运转将无以为继，会导致系统结构失衡与紊乱，最终陷入“矿兴城兴、矿竭城衰”的窘境。

哈密规模以上轻重工业增加值情况　表 9–1

工业类型	产值 / 万元	占比 /%
轻工业	12404.8	1.33
重工业	921878.1	98.67

来源：根据哈密市统计局. 哈密年鉴 2016［R/OL］. 绘制

因此，哈密作为典型的成长期煤炭资源型城市，不宜在发展过程中过于强化对单一资源开发产业的依赖，否则势必会降低城市未来发展的可持续性，以及产生生态环境恶化等不良后果。故在产业方面，哈密需积极利用资源开发产业带来的资本、人口等优势，积极推动非资源型产业发展，以减少城市对资源型产业的依赖。通过综合性、多元化、创新化的产业发展，打下更为稳固的城市产业发展基础，并创造良好的经济社会效益，规避未来资源枯竭带来的城市发展风险。但产业结构多元优化和培育是一个漫长的过程，本书基于前述研究，建议从以下多个方面同时进行。

首先，哈密可结合自身特色，培育文化、旅游等当前弱势但可持续发展型产业的潜力。政府宜对弱势产业的发展给予有力的政策和资金扶持，助推这些产业平稳起步、良性发展。例如，虽然哈密的旅游业相较于其重工业、运输业等来说属于弱势产业，但因其区位及旅游资源优势，未来仍有良好的发展前景。此外，文化旅游业的发展不光能带来可持续的经济效益，还能大幅提升城市知名度、城市吸引力、居民幸福感等，带来巨大的社会效益。

其次，哈密需处理好资源型产业结构优化转型的效益性、稳定性与可持续性之间的关系（图 9–5）。一方面，需充分分析城市自身的经济支撑能力与抵御风险能力，切忌在产业结构升级过程中因政策变化过大而导致产业子系统运行不稳定；另一方面，需十分重视产业子系统的后续发展能力，包括产业的经济性、循环性、低碳性等。例如，积极引进和创新技术以破解化石能源的约束瓶颈，充分利用丰富的风能、太阳能等生态资源实现可持续发展。

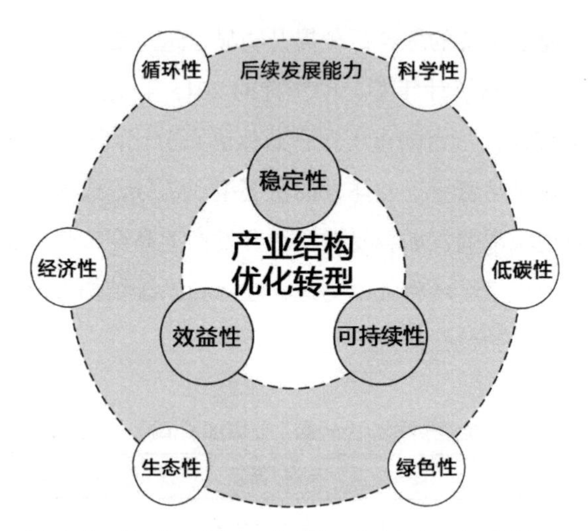

图 9-5　产业结构转型中效益性、稳定性与可持续性的平衡

在哈密产业结构向多元化发展的过程中，需要努力实现对优势自然资源的高附加值开发，与装备制造等上下游产业形成紧密关联的产业链，并培育引入链主企业带动产业链高质量发展。例如大庆在石油产业基础上大力发展现代装备制造、新材料、新能源等新兴产业，成功使其非油经济在总体经济中占到约 1/2 的比重。哈密亦可围绕煤炭、风能、太阳能等优势资源，协同市场需求优化调整产业结构，在以哈密工业园区为平台的基础上，重点打造规模效应突出、带动能力强的各类装备制造和新能源产品，培育龙头企业，推动产业集群发展，构建哈密市装备制造和高新技术产业自主化、设备成套化、制造集约化、服务网络化的新型产业体系。

9.2.2　顺应产业系统发展规律

产业系统由初级向高级的演变过程在主体上遵循自组织演变机制，一个大经济体的发展过程一般是以传统农业经济为基础发展轻工业，再以轻工业为基础发展重工业，进而实现全面工业化。其后会逐渐发展至以技术密集型产业为主的后工业化，最后发展出以知识密集型产业为主的现代化产业系统。由此可见，在特定的产业发展阶段会产生特定的产业系统结构，若不顺应基本的产业系统自组织演变规律，则势必需要强有力的外部政策或资本介入，才能加速或跳过个别阶段，但这样也会造成系统内部熵增加速，进而影响产业系统的运行效率。

哈密当前正处于资源型城市的成长期，其产业体系发展特征主要表现为第二产业成为产业结构的主体，特别是重工业快速发展，已成为城市经济的支柱产业，同时第三产业发展也较为迅速。因此，基于哈密当前的发展情况与矿产资源优势，本书结合产业系统基本发展演变规律，提出以下两条建议：第一，继续发展资源采掘等资本密集型工业，并将其产业链延长，从而拓宽资源型产业发展领域，推动资源的深度开发与利用，大力提高资源产品的附加值。例如积极发展煤化工、煤制油等高价值资源产品，构建不同类别的煤炭产业链；第二，发挥电力、建材、装备制造等资本密集型工业的引领和奠基作用，并逐步转向高端装备、新材料、新能源等低污染和高附加值的技术密集型工业。

9.2.3　资源开发与城市空间协调发展

本书在第 8 章中分析了资源开发产业与哈密城市空间发展的矛盾，这里进一步分析并提出解决策略，助力哈密实现资源开发与城市空间结构系统协调发展。

（1）协调用地类型，疏解城区工矿职能

在《新疆城镇体系规划（2011—2020 年）纲要》中，哈密市的发展定位是国家重要的能源基地、西北重要的交通枢纽和物流集散中心、东疆的区域中心城市和新型工业化城市。在《哈密地区城镇体系规划（2013—2030 年）》中，哈密中心城区的发展定位是按照区域中心城市进行规划建设，是哈密地区的政治经济文化中心、一级综合交通枢纽和现代物流集散中心，主导产业性质为综合服务型。综上可知，哈密中心城区是以服务和支撑国家能源基地建设为发展目标的，中心城区内部职能是服务型、总部型而非生产型。这个职能定位投射到城市空间和用地上，就体现为以商业服务业设施、公共管理和公共服务、居住、绿地广场等类型的用地为主。故应疏解和优化当前主城区内较高比例的工业用地，通过“工业入园”和增强城区服务业职能，将哈密由“生产型城市”转变为“消费和服务型城市”，以彰显中心城区龙头带动作用，改善城市风貌和环境品质，提升城市的综合竞争力。

根据前文对哈密城区不同用地性质的分析可知，城区内部居住用地和工业用地占了过半比例。且通过 2007—2010 年的统计数据发现，哈密在这 4 年间所批的城市建设用地中，居住用地和工业用地占很大比例（表 9-2），可见哈密城区空间受资源开发产业的影响十分明显。

哈密城区 2007—2010 年批建用地情况 表 9-2

用地类型 / 年份	2007 年 / m²	2008 年 / m²	2009 年 / m²	2010 年 / m²	单项用地合计 / m²	比例 /%
居住用地	338961	637745	731242	685229	2393177	47
公共服务设施用地	109554	143466	20422	42840	316281	6.2
工业用地	647336	453314	649077	137031	1886757	37
道路广场用地	49633	—	—	106619	156252	3.1
市政设施用地	36190	39549	33886	17720	127345	2.5
绿地	—	—	—	211783	211783	4.2
年度用地合计	1181674	1274074	1434627	1201222	5091595	100

注：表中所列用地性质为老版用地分类标准。

在此情况下，需首先对主城区内部的矿业工业进行疏解，将其布局于城区周边的工业园区内，而其企业总部和后勤支持部门则保留在主城区内部。例如位于城区东北部的广东工业园、位于南部的南湖重工业园区和二道湖重工业园，均可以承载从城区转移出来的工矿企业。其次，需在疏解矿业工业用地的同时，调整城区内部用地结构，提升商业服务业用地、公共服务设施用地、绿地与广场用地的比例，完善各类配套服务设施。最后，调整铁路运行组织，哈密火车站仅保留客运功能，将其货运业务转移至哈密南站和哈密东站，以降低货物运输与堆放对主城区空间的影响。同时，加大力度建设哈罗铁路周边的货运南站物流园区、南部物流园区等物流园区，将其建设为哈密亿吨级煤炭运输的主要基地，以承接大规模煤炭资源的集疏运业务。

（2）突破行政限制，打造空间增长极

由于历史发展原因，哈密主城区空间目前分为三大板块，即老城区、吐哈石油基地和兵团第十三师师部区域。吐哈石油基地距离老城区较远，且拥有独立完善的公共服务及市政管理设施，与老城区的联系不够紧密。位于哈密老城区东部的兵团第十三师师部区域，虽经过多年发展已与老城区连为一体，但仍然存在许多城市基本功能及配套设施不协调的问题[187]。多方角力的格局导致哈密城市空间缺少绝对意义上的核心区域，空间发展缺乏“引擎”带动。在此情况下，三方应当淡化行政区域观念，树立城市发展“一盘棋”的思想，共同促进实现“矿地融合”“兵地融合”，走融合发展道路，互利互惠，创建多赢局面，推动哈密城市又快又好发展。

在突破行政主体藩篱、三方共融共赢的前提下，借鉴“中心地”“增长极”等理论提出开发模式，即在哈密主城区范围内确定城市空间发展的主要和次级核心，发挥城市级主要核心和片区级次要核心的“触媒”作用，以一个或多个“增长中心”逐渐向其他地区传导，进而带动城区整体空间优化和提升（图 9-6）。结合哈密当前情况，考虑到广场南路与中山北路交叉口片区现状商业基础条件良好，且与市政府距离适中，建议将该片区打造成哈密的城市级商业和服务业中心。通过提升业态品质和开发强度，形成哈密城市发展的主要核心。其次，建议将哈密火车站站前片区及兵团第十三师师部片区打造为片区级次要核心，与城市级主要核心共同构成“一主两副”的空间布局结构（图9-7）。通过不同层次极核，带动市域全面发展，促进城市空间品质优化升级。

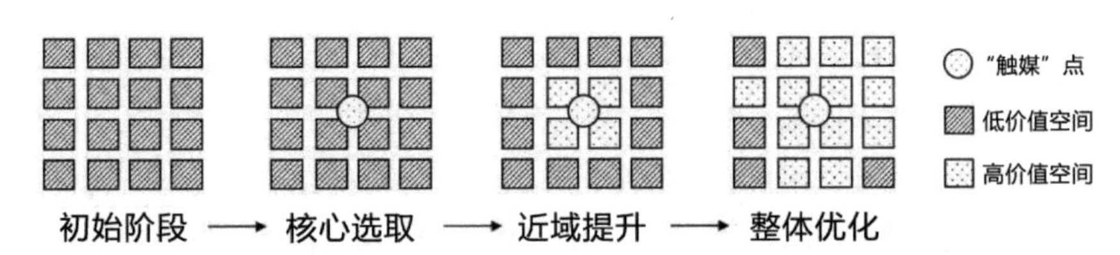

图9-6 空间“触媒”效应示意

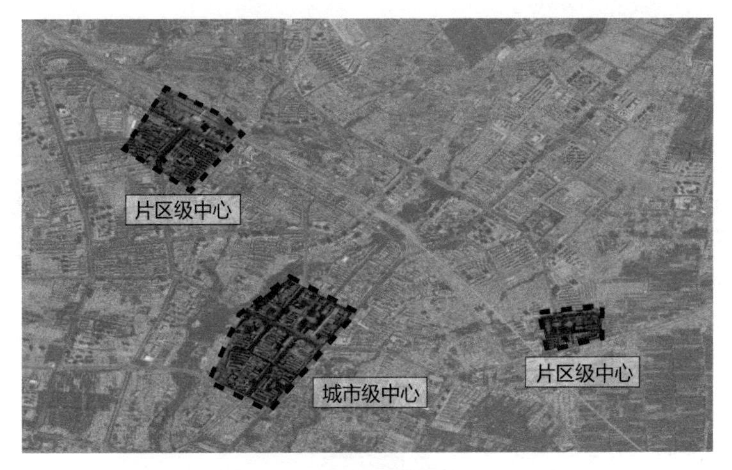

图9-7 哈密“一主两副”的空间布局结构

（3）优化市域城镇体系，深度利用矿业资源

哈密市域范围内分布较多依托资源开发而形成的工矿小城镇，如三道岭镇、雅满苏镇等。如果这类小城镇能拥有持续发展的动力，不随资源枯竭而衰落，则有助于加强市域范围内的城镇增长极和增长点数量，进一步完善城镇体系的等级结构，推动经济社会平稳快速发展[188]。要达成这一目标，需要深度利用其矿业资源优势，既着力矿产资源本身的开发，也着力矿业资源延伸出的多维度发展。

以三道岭镇为例进行分析，可借助其良好的交通条件以及丰富的工矿文态环境①，如艰苦奋斗的矿业精神、独特的移民文化、浓厚的邻里关系以及承载这些非物质文化的具有时代特色的建构筑物等，充分开发利用正在生产的和已经废弃的矿产开

① 文态环境是指在政治经济、文化社会、自然环境等各种因素共同作用下，逐渐形成的具有独特地方性的文化形态和空间氛围。它包括物质形态和精神文化两个层面，并处于动态更新过程中。

采点及矿工生活区，将城镇打造为集资源开发和矿业观光于一体，第二、第三产业协同发展的工矿型特色小镇，以实现城镇的多元化、特色化可持续发展。通过规划分区、布局功能、改造建筑等，界定和完善镇区内矿业工业遗存的保护再利用范围、载体及措施等，唤起大家对工矿城镇矿业文明的情感价值认同，达到吸引人流和发展旅游观光业等第三产业的目的[189]。具体措施主要有以下几点。

首先，根据三道岭镇区已有的居住及服务功能，将其规划为生活服务区。结合矿区已经停产的大型露天矿坑（图 9-8）和仍有较多建构筑物的废弃生活区，以及尚在小规模生产的采矿点等，用目前全国独家仍在运行的蒸汽火车（图 9-9）将它们串联起来，形成矿业特色文化体验带（图 9-10），以展现其独特的工矿风貌和矿业文明。

图 9-8 已停产的大型露天矿坑

图 9-9 正在运煤的蒸汽火车

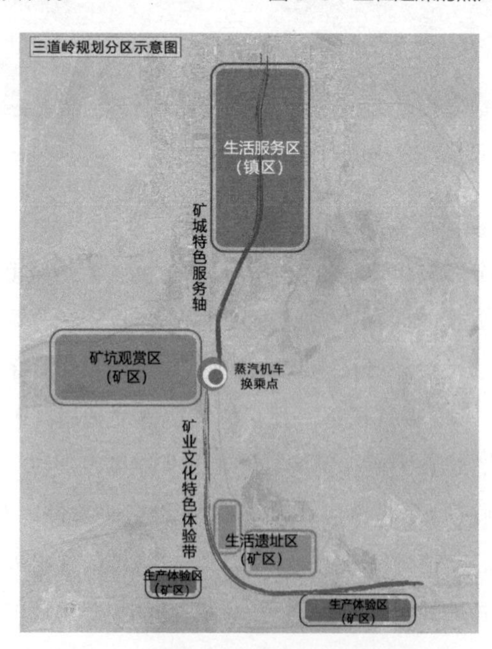

图 9-10 三道岭镇区与矿区规划分区示意

图片来源：于洋，赵博，严杰，等. 基于文态环境保护的工矿城镇改造规划研究：以哈密市三道岭镇为例［J］. 小城镇建设，2018（4）：90-96.

其次，分别评估镇区和矿区内部的发展建设情况，筛选具有保护和改造再利用价值的地块及建构筑物，通过确定各个地块的主题和功能，制定能发挥其文态环境价值的改造规划方案，有针对性地实施改造（图 9-11、图 9-12）。

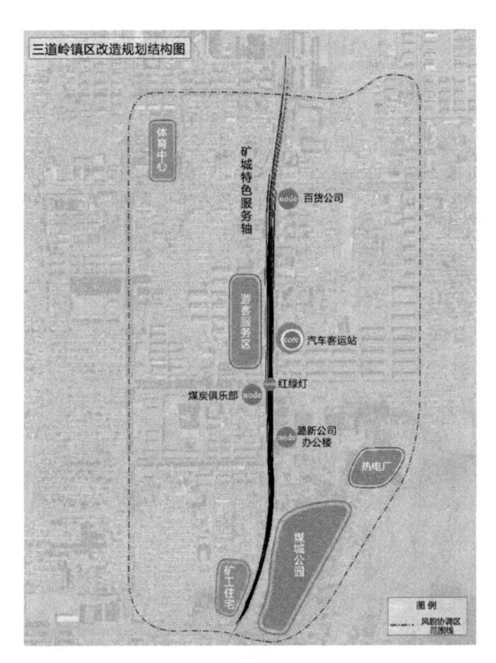

图 9-11　三道岭镇区改造规划示意

图片来源：于洋，赵博，严杰，等. 基于文态环境保护的工矿城镇改造规划研究：以哈密市三道岭镇为例［J］. 小城镇建设，2018（4）：90-96.

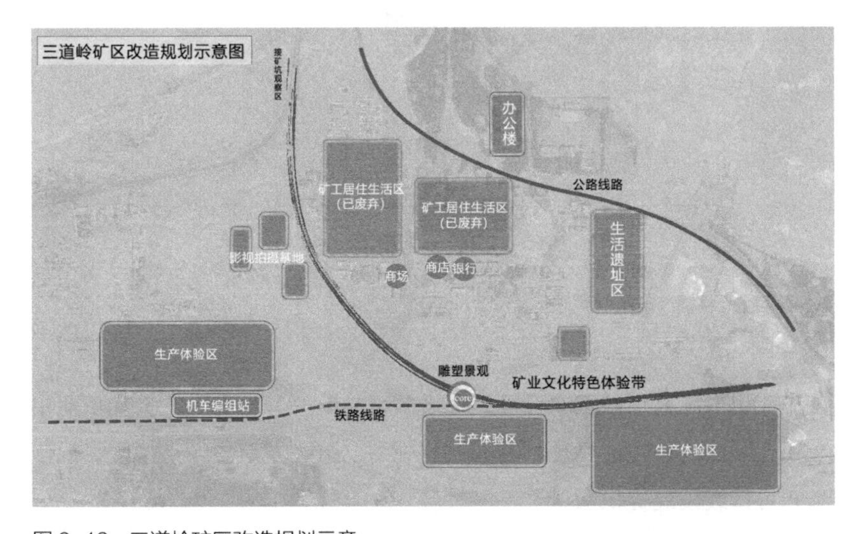

图 9-12　三道岭矿区改造规划示意

图片来源：于洋，赵博，严杰，等. 基于文态环境保护的工矿城镇改造规划研究：以哈密市三道岭镇为例［J］. 小城镇建设，2018（4）：90-96.

最后，根据镇区和矿区内建构筑物的质量和风貌，采取多样化的改造利用方式（表9-3、图9-13），最大限度发挥建构筑物承载历史记忆的功能，使众多建构筑物作为工矿文明记忆的基础载体。

建筑改造利用方式说明　表9-3

建筑改造程度	改造具体措施	方式图示
较大	保留结构框架，改红砖材质的面墙和部分屋顶为玻璃材质，以增加建筑内部透光量，可用于博物馆、体验馆、展示馆等	方式一、方式二、方式三
一般	针对规则型建筑，对山墙面边角进行挖空处理，改造为吸引人的建筑入口空间，可用于体验馆、展示馆等	方式四
较小	改变小型建筑群空间零散的缺点，用连廊连接各建筑单体，对新空间进行装饰，设置卡座及小型景观，形成公共休闲活动空间	方式五

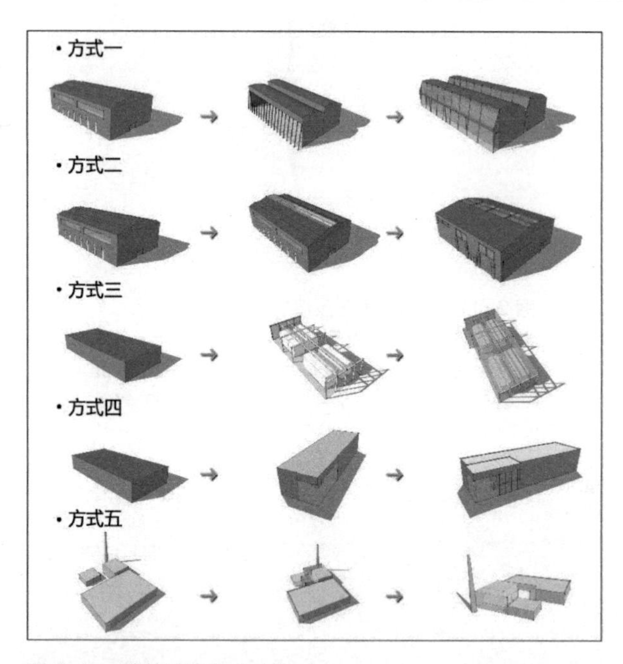

图9-13 建筑改造方式示意

图片来源：于洋，赵博，严杰，等. 基于文态环境保护的工矿城镇改造规划研究：以哈密市三道岭镇为例［J］. 小城镇建设，2018（4）：90-96.

这些举措可以改善城镇空间环境，促进城镇品质提升，有助于推动矿业小城镇走多元化、可持续的特色发展路径，为其通过规划改造、城市更新来摆脱资源依赖，并实现转型与可持续发展提供参考。

9.3 人口优化发展策略

城市是人类聚落发展的高级形式，人是城市各项活动的主体，人的生产关系、交往联系、行为活动等会推动城市产生各类物质和社会空间，也可以说是城市为各类人群的生产生活行为活动提供了各种场所空间，可见城市和人之间始终保持着紧密直接的关系。基于此，学者们立足城市的发展，从多方面多维度探讨了人口的优化策略。北京大学穆光宗教授界定了“人口优化”的含义，强调要从决策、队列、代际、遗传、环境和生态六个路径实施优化策略，而其中最为重要的生态优化又包括人口数量优化、人口素质优化、人口结构优化和人口分布优化[190]。对于哈密城市高质量发展而言，人口也是决定其能否持续发展的重要子系统，因此本书在借鉴相关理论的基础上，综合考虑哈密的人口现状情况、空间分布特征，从人口的流动、分布、素质结构等方面提出优化策略。

9.3.1 提高城市吸引力

人既是城市生产生活的主体，也是信息、技术、资金等传输的媒介与载体，是城市系统运行的负熵之源。因此，人口的流入在很大程度上意味着城市系统外部负熵流的流入。但哈密在现阶段的城市发展中，却存在着不少的流出人口。根据第 6 章对哈密人口系统演变态势的分析可知，哈密的净迁入人口虽仍然为正，但总迁入人口数量却在逐年减少，而总迁出人口数量却比较稳定。这一方面是由于哈密矿业产业的发展形成了特殊的就业结构，其中相当一部分人口以非正规形式就业（即合同工、临时工等），缺乏较好的劳动保障与风险抵御能力，在城市中缺乏安全感与归属感，当城市经济有较大波动时便容易流失；另一方面，早期通过各种支边形式在哈密安家的人群及其子女，当其家庭经济条件较好时也有很大可能会迁回内地或迁往新疆维吾尔自治区首府乌鲁木齐市。此外，根据第 7 章的分析，哈密城市空间结构系统综合评分的增长率大于人口子系统综合评分的增长率，这也反映出哈密人口子系统的发展相对偏弱。要解决此问题，首先需要避免现有人口过多流失，同时吸引外界人口流入。

基于以上现实情况，本书从两个方面提出哈密提高人口吸引力的策略。首先，哈密需尽可能为外来务工群体提供就业机会以及相关的各种劳动保障，给他们提供便利的落户政策、子女入学政策、老人就医政策等，以方便他们在哈密长期安家。同时，需着力营造宽容的社会环境，创建公平公正、安定和谐的城市氛围，提高外来迁入人群的归属感以及与本地人群的融入感，避免不必要的人口流失，促进哈密社会健康有序发展。其次，哈密需大力提升城市品质以留住本地人群，并吸引更多外部人群的流入，促进人口不断向城市集中。具体而言，需大力加强城市公共服务设施、商业服务设施、交通及蓝绿基础设施等方面的建设，提升主城区的能级，增强其对外的辐射能力与吸引力。

9.3.2 优化人口分布

人口的分布直接影响着城市未来空间格局的演变，以人口分布为研究视角探讨城市人口系统发展策略，对引领城市未来发展、促进城市产业空间重构有重要意义。从前文第 6 章中对哈密人口系统演变特征的分析可知，哈密城市人口分布的空间分异明显，在整个市域层面，除主城区外，哈密人口多围绕矿产开采点分布，呈大分散、小集中的空间格局。在主城区内部，人口又大多分布于老城区、吐哈石油基地、农十三师师部三大板块，总体来看，人口分布与城市组团的功能布局有直接联系。基于哈密城市现状人口分布情况，本书从宏观、中观、微观三个层面提出哈密城市人口分布的优化策略。

宏观层面的分析是根据整个新疆维吾尔自治区的人口分布情况，提出哈密城市人口分布的优化策略。王朋岗 [191]、李为超与刘贡南 [192] 通过对新疆生产建设兵团人口现状及优化策略的研究，一致认为整个新疆地域人口分布不均衡，呈现北疆多、南疆和东疆少的分布情形，并强调要扩大南疆、东疆人口规模，促进各区域人口分布相对平衡。哈密作为东疆地区的中心城市，基于其“撤地设市”“一带一路”建设等背景，更应该积极从国家和自治区争取支持政策，并按上一节所提出的策略着手，从各个方面提升自身的吸引力，促进疆内外的外来人口入驻。

中观层面的分析是以哈密整个市域为对象。从现状情况来看，哈密市域人口分布基本上是基于工业生产的引导而形成，资源开发等相关产业是市域人口分布集聚的关键影响要素。当前哈密资源开发产业还处于蓬勃发展期，对城市来说则正处于多元化转型发展的黄金时期。基于此，哈密需结合城市空间一主多辅、多中心组团式的发展趋势，谋划一核多点式的人口分布格局，促进人口与城市经济产业空间协调发展。

微观层面的城市人口分布是指人口在城市主城区内部的分布情况，为促进主城区内人口的合理分布，城市应以空间优化为先导，加强城市各类公共服务基础设施的均衡化建设，并以土地混合使用作为城市土地开发建设的重点，构建由多级中心地梯次递减的人口分布状态，实现人口分布与城市空间协调发展。

9.3.3 提升人口文化素质

哈密的人口文化素质结构目前表现出一定程度的失衡，城市人口以初、中级劳动力为主，高端人才较为稀缺，整体文化层级不高，这很大程度上降低或限制了哈密产业经济的发展效率。因此需采取多种方式补齐哈密人口文化素质结构不佳的短板，推动人口结构的优化调整，促进城市高效发展。

首先，城市内部需大力发展和创新育才路径，结合哈密未来的产业优化发展路径，围绕资源深加工、新能源、智能制造、新型材料等产业发展方向与需求，举办专题培训、讲座或组织研修等，以培养面向未来发展的高素质人才。其次，可采取优先给予资助、设置特设岗位、开辟绿色通道、打破地域限制等方式，以多方举措吸引外部人才，为其在哈密落地生根提供重点支持。最后，建立企业、政府、大专院校、科研院所、中介机构等多主体协同的创新机制，创新主体相互联系、作用与影响，并具有较强的资源和人才配置能力，以共同创建开放协同的技术创新系统以及人才发展体系。

其中，以企业、大专院校作为技术研发和人才培养的主体。技术研发方面，由企业协同大专院校、科研院所和中介机构，通过内部研发和外部引进先进技术成果，并加以推广和应用。人才培养方面，主要由大专院校定向为企业培养技术人才，由企业用好并留住人才；政府则通过制定人才、产业、技术创新等各类支持政策，以引导新技术、新知识创新与转移，并优化城市人口文化素质结构；而科研院所是基于企业发展的导向，协同企业承担新技术研发工作，为企业提供新技术成果。以上各类创新主体除了相互协同合作外，还可利用自身优势与外部主体进行联系与合作，达成对人才、技术、资本等资源内部培育、外部吸引的目标。

9.4 交通优化发展策略

城市空间结构系统优化的重要前提之一是构建与之相匹配的交通运输体系，因为交通子系统是用来串接和服务于前述用地、产业、人口三个子系统的。哈密市当前最主要的交通运输方式为公路和铁路，它们均是城市交通子系统的重要组成部分。公路又分为城市对外交通和城区内部道路交通，对外交通主要包括高速公路、国道、省道等，城区内部道路则主要用于满足城区内的各种交通运输需求。而铁路多是用于满足城市间的交通运输需求，也是作为一种对外的区域性交通运输设施使用。而且铁路是一套独立和封闭的系统，当铁路穿过城区内部时，会干扰城市道路系统，主要表现为封闭运行的铁路对城市道路网的正常衔接造成障碍，从而破坏路网的完整性。哈密城区内部有兰新铁路、兰新高速铁路以及一些货运铁路穿过，受此影响，城市道路衔接被阻隔，城市空间被割裂，道路网体系不畅通。

因此，哈密需要在延续现状“倾斜式方格网”道路结构的基础上，对城区内部道路网体系进行调整和优化。具体建议措施主要包括以下几个方面。首先，为克服铁路对城市空间的切割，需新增与铁路立交的下穿道路，并可在条件允许的情况下拓宽现有下穿道路，增加哈密城区南北向联系主干道路的数量和通行能力（表 9–4）；其次，多措并举改善城区道路网，如打通“断头路”、衔接错位相交道路等；最后，建立完整的快速路、主干道、次干道、支路四级道路体系，并大力完善城市支路系统。其中，快速路既可作为对外交通的过境公路，也可与主干道成环成网，串联起城市各主要分区。次干道要发挥好连接主干道和分区内部交通的作用，同时还需建设和疏通好高密度的街区支路，以增加城市交通系统的“毛细血管”数量，畅通交通微循环。例如，哈密市过境环路兵地融合大道的建设为哈密城市人居环境的改善创造了有利条件，由于各类大型货车过境时是通过兵地融合大道在城区外围绕行，这大大缓解了城区道路的交通压力，改善了交通服务水平。通过以上措施的有效实施，哈密城市交通子系统的提升也将有效支撑其城市用地子系统的优化，提升其产业辐射能力，利于吸引疆内外人才、技术、资本等流入哈密，助推哈密城市的高质量可持续发展。

城市道路下穿兰新铁路一览表 表 9–4

道路名称	规划建设措施	备注
八一大道	无	原有
新华路、创业路	连通新华路和创业路，下穿兰新铁路	新增
幸福路	向南延伸，下穿通过兰新铁路	新增
融合路	向北延伸，下穿通过兰新铁路，与老北郊路相交	新增
青年南路、青年北路	拓宽青年北路，下穿通过兰新铁路	拓宽
光明路	向北延伸，下穿通过兰新铁路，与北郊路相交	新增
建国北路、迎宾大道	无	原有
育英路、阿牙路	无	原有

结语

本书以矿产资源型城市空间结构系统为研究对象，在对城市空间、空间结构、资源型城市等相关概念，以及耗散结构理论、熵理论等相关理论进行界定和梳理之后，首先综合分析了资源型城市空间结构系统的布局类型与特征、演变历程与一般规律、影响因素与作用机制，以及资源开发在经济、社会、用地、交通等方面对资源型城市空间结构系统的影响作用。同时，为了探析资源开发与资源型城市空间结构系统间的作用关系，本书从用地、产业、人口、交通四个方面选取能表征城市空间结构系统的系列指标，构建了资源开发与城市空间结构系统间的灰色关联作用模型，并运用模型评价了20座典型的资源型城市，从关联度水平和波动率角度将它们分类，且针对不同关联度水平的城市提出了具体的发展建议。

其次，本书以新疆维吾尔自治区哈密市为案例展开实证研究。哈密是典型的成长型资源型城市，其城市空间结构演变历程可被归纳为缓慢拓展、快速扩张、跳跃发展、内聚填充等阶段。目前形成了以老城区、吐哈油田基地、兵团第十三师师部为主要板块的城市空间结构布局，并逐渐由稀疏低密度的空间格局向较为紧凑集约的格局发展，具有典型代表性。本书通过相关性分析、协调度分析、对比分析、SWOT分析等定量与定性方法综合评析了哈密的城市空间结构系统，并运用理论研究部分构建的灰色关联作用模型评价了资源开发与哈密城市空间结构系统发展演变间的关联关系。以此为基础，进一步分析了资源开发对哈密城市空间结构系统的影响作用以及二者的矛盾冲突。从评价分析结果可知，资源开发对哈密城市空间结构系统演变的积极和消极影响作用均较大。消极影响主要表现在空间扩张粗放、多方利益冲突、切割空间及路网等方面。为了避免这些消极影响，本书提出控制城市开发边界、发展核心空间、突破行政限制、协调用地类型、完善道路体系、优化城镇体系等多种对策。

最后，本书根据上篇理论分析和下篇实证研究的成果，针对哈密城市空间结构系统的演变情况，从用地、产业、人口、交通四个子系统优化发展的角度提出了针对性的策略建议，期望这些对策和建议能助力哈密实现资源开发与城市空间结构系统发展的协调，也能为其他同类型城市的高质量可持续发展提供借鉴与参考。同时，也期待本书的研究能在一定程度上丰富资源型城市空间结构的理论研究，为资源型城市发展研究提供新的视角和思路。

此外，由于资源型城市空间结构系统的内涵体系庞大，涉及的研究领域和方向众多。本书只探讨了其中的一小部分，尚存在诸多不足，主要存在的问题有两点。其一，受能够获得数据的限制，书中构建的关联作用模型存在一定的局限。模型的指标体系不够丰富，权重赋值方法简单，尚不能全面表征资源开发和空间结构系统的关联关系。同时，对城市空间结构系统的分析也存在一定局限，仅限于城市用地、产业、人口、交通四个子系统。其二，书中所做的定量分析仅限于对哈密城市空间结构系统中用地、产业、人口、交通四个子系统熵的分析，对于城市空间结构系统外部环境带来的各种负熵流，由于目前缺乏合理的定量分析方法，且无法获得相关数据，故仅能定性阐述，偏差可能较大，也可能影响研究结论的可实施性。以上两点也是我们在未来的研究中需要进一步深入思考和研究的问题，期待能有突破。同时，对本书目前存在的很多不足，恳请读者朋友们批评指正！

附 表

部分资源型城市建设用地情况　　附表1

城市名称	城区人口/万人	建设用地面积/km^2	人均建设用地面积/（m^2/人）	主要用地占建设用地面积比例/%				统计年份
				居住用地	工业用地	物流仓储用地	道路交通设施用地	
榆林	33.6	69.74	207.56	23.96	9.45	1.30	17.15	2017
邯郸	190.12	174.31	91.68	39.57	10.35	7.93	7.84	2017
大同	121.03	134.86	111.43	36.40	10.71	4.18	18.43	2017
鄂州	42.63	64.55	151.42	27.81	24.01	3.53	8.13	2017
运城	39	41.75	107.05	32.62	9.32	2.87	18.25	2017
鸡西	67.4	79.21	117.52	57.24	12.55	2.44	11.13	2017
淮南	105.8	104.16	98.45	44.55	17.91	0.96	15.83	2017
淮北	62.43	93.91	150.42	35.81	20.34	3.13	11.93	2017
黄石	85.05	78.12	91.85	27.57	27.10	0.67	22.80	2017
焦作	79.1	113.26	143.19	35.88	24.12	1.60	12.53	2017
徐州	197.41	255.02	129.18	25.97	11.78	8.69	6.14	2017
唐山	193.98	237.44	122.40	34.61	17.02	2.07	14.08	2017

资料来源：根据中华人民共和国住房和城乡建设部．中国城市建设统计年鉴 2000—2019[R/OL]．https://www.cnki.net/．绘制

附表 2

2015 年各城市各项指标统计数据

城市 / 因子	地区生产总值 / 亿元	人均 GDP/ 元	二产比重 / %	三产比重 / %	工业总产值 / 亿元	年人均货运量 / （t/ 人）	市辖区人口数 / 万人	人口密度 / （人 / m^2）	城镇登记失业 / %	城镇居民人均可支配收入 / 元	建成区面积 / km^2	人均城市建设用地面积 / （m^2/ 人）	物流仓储用地比例 / %	工业用地比例 /%	道路交通设施用地比例 /%	城市道路面积率 /%
南充	510.5	26546	52.22	33.24	1936	8.94466	197.1	780.32	4.2	23950	113	120.213	0.05221	0.14947	0.15089	0.13274
咸阳	741.4	69663	68.72	27.42	1328.5	21.2417	92	1742.99	3.2	29425	89	83.0835	0.03345	0.18126	0.18446	0.11494
榆林	515	79657	56.46	38.8	3398.5	83.42	55.5	78.75	3.5	27765	70	290.1	0.00979	0.13834	0.13915	0.12
平凉	117.6	22703	31.04	55.77	253.5	14.9936	51.3	7600	3.63	21490	36	116.209	0.05259	0.08943	0.1378	0.15556
邯郸	793.7	45463	51.83	47.01	1489	36.1428	174.1	3759	3.54	24630	124	82.5252	0.09157	0.12398	0.10208	0.2521
大同	800	45064	47.41	51.31	1081.1	64.7612	177.5	854	3	24471	125	104.146	0.05596	0.11351	0.17106	0.16232
晋城	229.9	47219	36.76	62.78	925.2	58.529	37.2	2604.2	1.6	26651	45	110.426	0.051	0.06936	0.01927	0.12711
运城	204.5	29634	30.96	62.84	1629.3	20.0647	69.5	571.69	2.93	24049	52	106.154	0.04831	0.14227	0.07536	0.13769
鸡西	164.1	19334	45.67	46.96	250.4	29.8584	84.5	367.39	3.84	20132	79	111.85	0.02417	0.12448	0.11046	0.08215
淮南	565.9	31290	54.46	38.45	953.9	86.4462	182.7	1052.19	4	28106	106	99.33	0.01891	0.14136	0.13167	0.13962
平顶山	466.5	43600	57.12	41.42	2546.1	21.9027	110	2482.17	3.3	25592	73	79.852	0.04455	0.21172	0.14891	0.14808
鄂州	686.6	64851	59.3	28.88	1362.4	25.6171	110.2	691.22	3.1	24774	64	155.052	0.03547	0.23988	0.08095	0.18234
达州	416.5	23041	54.2	30.29	1065.7	17.9116	181	577.5	4	23884	108	125.04	0.04282	0.19167	0.16205	0.03704
宝鸡	914.8	63080	67.13	26.17	2275	26.1985	142.2	392.28	3.16	29475	87	109.497	0.03219	0.17994	0.15227	0.15
淮北	556.1	51456	66.86	29.9	1342.1	88.4858	104.9	1380.79	4.1	25690	80	109.835	0.02377	0.2436	0.08094	0.13738
焦作	412	41606	48.3	49.59	910.6	44.1261	98.5	1803.48	3.97	25236	114	136.382	0.01402	0.19676	0.13244	0.10947
濮阳	367.5	53007	49.94	45.01	3069.3	12.7656	69.8	2655.13	2.6	24928	54	110.041	0.02756	0.10615	0.13408	0.1237
黄石	591.7	67028	62.24	36.86	2190.6	26.8691	84	3544.3	2.34	27536	88	85.2297	0.02234	0.32118	0.15529	0.17636
唐山	3172.8	96631	57.92	36.98	10337.5	50.7262	329.5	850.46	4	31272	249	108.533	0.00995	0.1491	0.0361	0.12434
徐州	2792.9	87617	51.75	44.97	11390.6	22.4006	331.5	1082.14	1.89	26219	255	141.386	0.01865	0.11522	0.05663	0.16902

资料来源：中华人民共和国住房和城乡建设部．中国城市建设统计年鉴 2000—2019[Z/OL]．https://www.cnki.net/．中华人民共和国国家统计局．中国城市统计年鉴 2015[Z/CD].

用地数据矩阵　　附表 3

年份	居住用地 / km^2	公共设施用地 / km^2	工业用地 / km^2	仓储用地 / km^2	市政公用设施用地 / km^2	对外交通用地、道路广场用地、绿地 / km^2	小计 / km^2
1999	11.45	2.34	5.88	0.64	0.35	3.87	24.53
2000	11.98	2.43	5.88	0.66	0.39	4.43	25.77
2001	11.98	2.43	5.88	0.66	0.39	4.43	25.77
2002	12.45	2.10	5.40	0.64	0.35	7.19	28.13
2003	15.59	3.30	6.56	0.64	0.35	7.19	33.63
2004	15.59	3.30	6.56	0.64	0.35	4.43	30.87
2005	18.19	2.43	5.88	0.66	0.39	4.43	31.98
2006	18.06	2.36	6.01	0.92	0.42	4.23	32.00
2007	18.06	2.36	6.01	0.92	0.42	4.23	32.00
2008	18.73	2.53	6.46	0.92	0.47	6.23	35.34
2009	18.73	2.53	6.46	0.92	0.47	6.23	35.34
2010	18.73	2.53	6.46	0.92	0.47	6.23	35.34
2011	18.86	2.57	6.04	0.91	0.46	6.50	35.34
2012	18.86	2.57	6.04	0.91	0.46	6.66	35.5
2013	18.86	2.57	6.04	0.91	0.46	6.66	35.5
2014	20.14	2.89	6.04	0.99	0.79	8.63	39.48
2015	21.10	3.27	6.45	0.99	0.88	8.70	41.39
2016	21.10	3.27	6.45	0.99	0.88	8.70	41.39
2017	24.31	4.43	2.25	1.60	4.06	15.60	52.25
2018	24.31	4.43	2.25	1.60	4.06	15.60	52.25

资料来源：根据中华人民共和国住房和城乡建设部．中国城市建设统计年鉴 2000-2019 [Z]．绘制

各类用地的信息熵与差异性系数　　附表 4

年份	居住用地	公共设施用地	工业用地	仓储用地	公用设施用地	对外交通用地、道路广场用地、绿地	小计
2000	0.0076	0.0285	0.0512	0.0071	0.0075	0.0141	0.1159
2001	0.0076	0.0285	0.0512	0.0071	0.0075	0.0141	0.1159
2002	0.0126	0.0000	0.0466	0.0000	0.0000	0.0519	0.1111
2003	0.0370	0.0684	0.0573	0.0000	0.0000	0.0519	0.2147
2004	0.0370	0.0684	0.0573	0.0000	0.0000	0.0141	0.1768
2005	0.0517	0.0285	0.0512	0.0071	0.0075	0.0141	0.1601
2006	0.0511	0.0239	0.0524	0.0522	0.0117	0.0099	0.2012

续表

年份	居住用地	公共设施用地	工业用地	仓储用地	公用设施用地	对外交通用地、道路广场用地、绿地	小计
2007	0.0511	0.0239	0.0524	0.0522	0.0117	0.0099	0.2012
2008	0.0544	0.0346	0.0564	0.0522	0.0179	0.0412	0.2568
2009	0.0544	0.0346	0.0564	0.0522	0.0179	0.0412	0.2568
2010	0.0544	0.0346	0.0564	0.0522	0.0179	0.0412	0.2568
2011	0.0550	0.0369	0.0527	0.0510	0.0167	0.0444	0.2567
2012	0.0550	0.0369	0.0527	0.0510	0.0167	0.0462	0.2585
2013	0.0550	0.0369	0.0527	0.0510	0.0167	0.0462	0.2585
2014	0.0609	0.0526	0.0527	0.0603	0.0463	0.0653	0.3381
2015	0.0650	0.0674	0.0563	0.0603	0.0524	0.0659	0.3674
2016	0.0650	0.0674	0.0563	0.0603	0.0524	0.0659	0.3674
2017	0.0770	0.0976	0.0000	0.1038	0.1228	0.1046	0.5059
2018	0.0770	0.0976	0.0000	0.1038	0.1228	0.1046	0.5059
信息熵总和	0.9291	0.8898	0.9637	0.8242	0.2484	0.5712	4.4264
差异性系数	0.0709	0.1102	0.0363	0.1758	0.7516	0.4288	1.5736
权重	0.0450	0.0700	0.0230	0.1117	0.4777	0.2725	1.0000

产业系统数据矩阵 附表 5

年份	第一产业	第二产业		第三产业				
	农业	工业	建筑业	运输、仓储及邮政业	批发和零售业	金融业	房地产业	其他
1999	62918.00	81838.00	25306.00	82294.00	26652.00	3633.00	7689.00	43741
2000	66595.00	86584.00	28120.00	101404.00	27548.00	4071.00	8940.00	48463
2001	65443.00	86855.00	33964.00	113675.00	29267.00	9024.00	10576.00	64368
2002	66532.00	96881.00	38223.00	130483.00	30493.00	9711.00	9862.00	72282
2003	86689.00	118092.00	49070.00	145524.00	33008.00	12097.00	12296.00	81875
2004	94972.00	135346.00	43800.00	160528.00	37842.00	17341.00	13761.00	99904
2005	109923.00	168717.00	50100.00	157335.00	35922.00	15269.00	14604.00	133845
2006	118097.00	203024.00	55500.00	162653.00	41722.00	18805.00	22727.00	153827
2007	145608.00	320628.00	65545.00	165889.00	47580.00	34160.00	30007.00	181559
2008	176701.00	500498.00	101200.00	170120.00	60756.00	45253.00	20105.00	202937
2009	189964.00	366477.00	147100.00	193733.00	67620.00	57227.00	30811.00	250224
2010	223487.00	522945.00	227100.00	200171.00	89182.00	70086.00	34186.00	306691

续表

年份	第一产业	第二产业		第三产业				
	农业	工业	建筑业	运输、仓储及邮政业	批发和零售业	金融业	房地产业	其他
2011	267198.00	748357.00	340000.00	216556.00	124264.00	85382.00	58041.00	369387
2012	302363.00	902700.00	435000.00	260802.00	161435.00	104405.00	52204.00	463609
2013	337749.00	1142402.00	580000.00	340595.00	201943.00	129896.00	62071.00	544849
2014	353842.00	1544857.00	710000.00	347279.00	219363.00	165503.00	78167.00	602939
2015	362907.00	1516057.00	767000.00	388797.00	229144.00	189626.00	77643.00	704644
2016	388371.00	1338625.00	813000.00	361490.00	190823.00	210716.00	53225.00	680561
2017	388779.00	1877072.00	927376.00	370424.00	247360.00	205853.00	56369.00	726886
2018	405845.00	2253824.00	969700.00	429726.00	271843.00	199397.00	62233.00	773517

哈密市产业系统信息熵和差异性系数等情况 附表 6

年份	第一产业	第二产业		第三产业					小计
	农业	工业	建筑业	运输、仓储及邮政业	批发和零售业	金融业	房地产业	其他	
2000	0.0028	0.0010	0.0012	0.0112	0.0014	0.0008	0.0045	0.0022	0.0251
2001	0.0020	0.0011	0.0032	0.0166	0.0034	0.0067	0.0090	0.0077	0.0497
2002	0.0027	0.0027	0.0045	0.0230	0.0047	0.0074	0.0072	0.0100	0.0622
2003	0.0129	0.0057	0.0074	0.0282	0.0072	0.0097	0.0132	0.0126	0.0969
2004	0.0164	0.0079	0.0060	0.0329	0.0114	0.0142	0.0163	0.0171	0.1222
2005	0.0220	0.0116	0.0077	0.0319	0.0098	0.0125	0.0181	0.0245	0.1381
2006	0.0248	0.0151	0.0090	0.0336	0.0144	0.0154	0.0324	0.0285	0.1732
2007	0.0334	0.0254	0.0114	0.0345	0.0186	0.0263	0.0428	0.0335	0.2259
2008	0.0419	0.0382	0.0187	0.0358	0.0269	0.0330	0.0281	0.0372	0.2598
2009	0.0452	0.0290	0.0267	0.0423	0.0308	0.0395	0.0438	0.0425	0.2998
2010	0.0528	0.0397	0.0385	0.0439	0.0416	0.0458	0.0481	0.0481	0.3585
2011	0.0616	0.0525	0.0522	0.0480	0.0560	0.0526	0.0722	0.0531	0.4482
2012	0.0680	0.0601	0.0618	0.0579	0.0685	0.0602	0.0671	0.0604	0.504
2013	0.0737	0.0703	0.0742	0.0726	0.0798	0.0691	0.0755	0.0642	0.5794
2014	0.0762	0.0843	0.0834	0.0737	0.0840	0.0798	0.0869	0.0664	0.6347
2015	0.0775	0.0834	0.0870	0.0800	0.0862	0.0860	0.0866	0.0721	0.6588
2016	0.0811	0.0775	0.0897	0.0759	0.0769	0.0908	0.0680	0.0886	0.6485
2017	0.0811	0.0935	0.0958	0.0773	0.0901	0.0897	0.0708	0.0917	0.69
2018	0.0834	0.1019	0.0979	0.0856	0.0948	0.0883	0.0756	0.0947	0.7222

续表

年份	第一产业	第二产业		第三产业					小计
	农业	工业	建筑业	运输、仓储及邮政业	批发和零售业	金融业	房地产业	其他	
信息熵总和	0.8596	0.8009	0.7764	0.9048	0.8063	0.8276	0.8660	0.8553	6.6969
差异性系数	0.1404	0.1991	0.2236	0.0952	0.1937	0.1724	0.1340	0.1447	1.3031
权重	0.1078	0.1528	0.1716	0.0731	0.1487	0.1323	0.1028	0.1110	1.0000

交通运输数据矩阵　　附表 7

年份	道路长度 / km	道路面积 / 万 m^2	人均道路面积 / m^2	公路货运量 / 万 t	公路客运量 / 万人次
1999	112	143.1	9.54	—	—
2000	115	157.6	9.88	454	344
2001	115	187.8	11.06	458	335
2002	115	189.3	9.95	472	366
2003	124.9	207.6	10.8	436	302
2004	127.16	212.9	10.95	567	343
2005	140	238	11.7	658	384
2006	142	282	13.46	567	368
2007	142	287	13.36	546	345
2008	185	314	13.07	696	381
2009	197.5	356.2	14.73	622	281
2010	214	391.9	15.73	765	317
2011	214.85	396.74	17.4	954	334
2012	216.65	399.62	14.94	1105	353.7
2013	218.67	409.69	14.35	1229	365
2014	222.44	418.59	14.56	2441	552
2015	230.58	444.08	21.16	2436	505
2016	234.58	476.04	22.55	2389	445
2017	283.85	584.82	21.83	3258	387
2018	285.22	587.97	23.93	3705	286

注：表中“—”表示数据缺失。

资料来源：根据中华人民共和国住房和城乡建设部. 中国城市建设统计年鉴 2000—2019［R/OL］. https://www.cnki.net/.、哈密地区统计局. 哈密地区统计年鉴［R/OL］. https://www.zgtjnj.org/navibooklist-n3022101703-1.html. 绘制

交通运输系统各项指标信息熵及其总和、差异性系数、权重情况　　附表 8

年份	道路长度	道路面积	人均道路面积	公路货运量	公路客运量	小计
2000 年	0.0044	0.0071	0.0062	0.0027	0.0422	0.0626
2001 年	0.0044	0.0174	0.0206	0.0032	0.0379	0.0835
2002 年	0.0044	0.0178	0.0073	0.0048	0.0518	0.0861
2003 年	0.0144	0.0230	0.0178	0.0000	0.0188	0.0740
2004 年	0.0164	0.0244	0.0194	0.0137	0.0418	0.1157
2005 年	0.0262	0.0306	0.0268	0.0207	0.0587	0.1630
2006 年	0.0275	0.0402	0.0412	0.0137	0.0526	0.1752
2007 年	0.0275	0.0412	0.0405	0.0119	0.0427	0.1638
2008 年	0.0515	0.0464	0.0383	0.0233	0.0576	0.2171
2009 年	0.0571	0.0537	0.0499	0.0181	0.0000	0.1788
2010 年	0.0638	0.0594	0.0560	0.0278	0.0283	0.2353
2011 年	0.0641	0.0601	0.0651	0.0386	0.0374	0.2653
2012 年	0.0648	0.0605	0.0512	0.0461	0.0466	0.2692
2013 年	0.0656	0.0620	0.0474	0.0517	0.0514	0.2781
2014 年	0.0670	0.0633	0.0488	0.0900	0.1006	0.3697
2015 年	0.0699	0.0668	0.0817	0.0898	0.0919	0.4001
2016 年	0.0713	0.0710	0.0867	0.0888	0.0778	0.3956
2017 年	0.0861	0.0833	0.0842	0.1054	0.0598	0.4188
2018 年	0.0864	0.0836	0.0913	0.1116	0.0060	0.3789
信息熵总和	0.8730	0.9117	0.8803	0.7620	0.9037	4.3307
差异性系数	0.1270	0.0883	0.1197	0.2380	0.0963	0.6693
权重	0.1898	0.1319	0.1789	0.3556	0.1439	1.0001

附表 9

哈密城市空间结构系统数据矩阵

一级指标	用地子系统						产业子系统			交通子系统				
二级指标	居住用地 /km^2	公共设施用地 /km^2	工业用地 /km^2	仓储用地 /km^2	公用设施用地 /km^2	道路与交通设施用地、绿地与广场用地 /km^2	第一产业 / 万元	第二产业 / 万元	第三产业 / 万元	道路长度 /km	道路面积 /hm^2	人均道路面积（人 /m^2）	公路货运量 / 万 t	公路客运量 / 万人次
1999	11.45	2.34	5.88	0.64	0.35	3.87	62918	107144	164009	112.00	143.10	9.54	—	—
2000	11.98	2.43	5.88	0.66	0.39	4.43	66595	114704	190426	115.00	157.60	9.88	454	344
2001	11.98	2.43	5.88	0.66	0.39	4.43	65443	120819	226910	115.00	187.80	11.06	458	335
2002	12.45	2.1	5.4	0.64	0.35	7.19	66532	135104	252831	115.00	189.30	9.95	472	366
2003	15.59	3.3	6.56	0.64	0.35	7.19	86689	167162	284800	124.90	207.60	10.80	436	302
2004	15.59	3.3	6.56	0.64	0.35	4.43	94972	179146	329376	127.16	212.90	10.95	567	343
2005	18.19	2.43	5.88	0.66	0.39	4.43	109923	218817	356975	140.00	238.00	11.70	658	384
2006	18.06	2.36	6.01	0.92	0.42	4.23	118097	258524	399734	142.00	282.00	13.46	567	368
2007	18.06	2.36	6.01	0.92	0.42	4.23	145608	386173	459195	142.00	287.00	13.36	546	345
2008	18.73	2.53	6.46	0.92	0.47	6.23	176701	601698	499171	185.00	314.00	13.07	696	381
2009	18.73	2.53	6.46	0.92	0.47	6.23	189964	509204	586052	197.50	356.20	14.73	622	281
2010	18.73	2.53	6.46	0.92	0.47	6.23	223487	737640	668677	214.00	391.90	15.73	765	317
2011	18.86	2.57	6.04	0.91	0.46	6.50	267198	1061888	795855	214.85	396.74	17.40	954	334
2012	18.86	2.57	6.04	0.91	0.46	6.66	302363	1295383	950193	216.65	399.62	14.94	1105	353.7
2013	18.86	2.57	6.04	0.91	0.46	6.66	337749	1655672	1139795	218.67	409.69	14.35	1229	365
2014	20.14	2.89	6.04	0.99	0.79	8.63	353842	2147397	1236033	222.44	418.59	14.56	2441	552
2015	21.1	3.27	6.45	0.99	0.88	8.70	362907	2160759	1366915	230.58	444.08	21.16	2436	505
2016	21.1	3.27	6.45	0.99	0.88	8.70	388371	2151625	1496815	234.58	476.04	22.55	2389	445
2017	24.31	4.43	2.25	1.6	4.06	15.60	388779	2804448	1606892	283.85	584.82	21.83	3258	387
2018	24.31	4.43	2.25	1.6	4.06	15.60	405845	3223524	1736716	285.22	587.97	23.93	3705	286

注：表中“—”表示数据缺失。

资料来源：哈密地区统计局. 哈密地区统计年鉴［R/OL］. https://www.zgtjnj.org/navibooklist-n3022101703-1.html.

哈密城市空间结构系统的熵总和、差异性系数及权重情况 附表 10

一级指标	二级指标	熵总和	差异性系数	权重
用地系统	居住用地	0.92912341	0.0708766	0.0272602
	公共设施用地	0.88978102	0.1102189	0.0423918
	工业用地	0.96374836	0.0362516	0.0139429
	仓储用地	0.82415266	0.1758473	0.0676335
	公用设施用地	0.54633501	0.4536649	0.1744862
	道路与交通设施用地、绿地与广场用地	0.84636345	0.1536366	0.0590909
产业系统	第一产业产值	0.85957076	0.1404292	0.0540111
	第二产业产值	0.79486539	0.2051346	0.0788978
	第三产业产值	0.86421952	0.1357805	0.0522232
人口系统	总人口	0.89818296	0.1018170	0.0391603
	常住人口	0.93491452	0.0650855	0.0250328
	中心区常住人口	0.94725361	0.0527464	0.0202870
	农业人口	0.91383552	0.0861645	0.0331401
	非农业人口	0.88551420	0.1144858	0.0440329
交通系统	道路长度	0.87289038	0.1271096	0.0488882
	道路面积	0.91151336	0.0884866	0.0340333
	人均道路面积	0.88046759	0.1195324	0.0459739
	公路货运量	0.74867434	0.2513257	0.0966635
	公路客运量	0.88858903	0.1114109	0.0428503

附表 11

模型指标初始数据 I

时间	地区生产总值 / 亿元	人均 GDP/ 元	第二产业比重 /%	第三产业比重 /%	工业总产值 / 亿元	货运总量 / 万 t	城镇化率 /%	采矿业从业人口 / 万人
2007	91.99	16910.00	34.60	49.90	25.30	1249.90	57.40	1.12
2008	126.90	22887.00	46.20	39.90	48.80	1570.20	58.24	1.17
2009	130.12	23020.00	38.70	45.90	37.29	1659.50	58.30	1.26
2010	165.96	29126.00	45.10	41.10	52.10	2082.60	60.10	1.35
2011	217.82	37694.00	48.90	38.10	72.49	2387.65	61.10	1.40
2012	274.61	46694.00	52.30	35.50	100.04	2504.99	61.97	1.44
2013	334.10	55643.00	53.40	35.40	121.97	3120.30	63.28	1.46
2014	400.00	65304.00	54.45	36.70	146.80	4846.70	64.23	1.57
2015	450.44	73026.00	57.80	33.60	183.65	4517.00	65.13	1.69
2016	403.68	65298.00	53.30	37.10	133.86	5007.10	66.80	1.30
2017	480.01	77495.00	58.40	33.50	187.71	5947.40	61.05	1.28
2018	536.61	86805.00	60.10	32.30	225.38	5055.00	62.71	1.17

续表

时间	城市建设用地面积 /hm^2	工业用地比例 /%	物流仓储用地比例 /%	道路交通设施用地比例 /%	城市道路面积 /hm^2	建成区面积 /km^2	城镇登记失业率 /%	城镇居民人均可支配收入 / 元
2007	3074.10	14.00	2.90	13.00	327.00	39.40	3.90	9008.00
2008	3192.30	15.50	2.70	12.70	354.00	42.70	3.50	10218.00
2009	3319.70	16.30	2.60	12.20	405.20	42.70	3.40	11556.00
2010	3463.20	17.50	2.50	11.70	442.30	42.70	3.20	13372.00
2011	3583.30	17.30	2.45	11.58	455.50	42.70	3.10	15666.00
2012	3550.00	17.01	2.56	9.07	458.40	42.70	3.00	18454.00
2013	3550.00	17.01	2.56	9.07	474.60	44.20	3.00	20865.00
2014	3550.00	17.01	2.48	9.71	486.10	48.40	3.00	24735.00
2015	3965.00	15.23	2.40	13.54	512.90	50.10	3.00	27975.00
2016	4139.00	15.58	2.32	13.09	476.00	41.39	2.52	30456.00
2017	5225.00	4.31	3.00	12.30	584.82	52.25	2.65	32902.00
2018	5225.00	4.31	3.00	12.30	587.97	52.25	3.00	35205.00

资料来源：根据中华人民共和国住房和城乡建设部. 中国城市建设统计年鉴 2000–2019［Z］. 哈密市统计局. 哈密市国民经济和社会发展统计公报［Z］. 绘制

模型指标初始数据 II

附表 12

时间	年人均货运量/(t/人)	人均城市建设用地面积/(m^2/人)	城市道路面积率/%
2007	22.88	73.19	8.30
2008	27.90	76.01	8.29
2009	29.23	75.46	9.49
2010	36.42	78.14	10.36
2011	40.89	80.20	10.67
2012	42.29	84.60	10.74
2013	51.29	76.26	10.74
2014	78.57	73.96	10.04
2015	73.24	81.25	10.24
2016	89.16	95.59	11.50
2017	106.00	120.67	11.19
2018	90.36	120.95	11.25

2010 年哈密建设用地构成表 附表 13

用地性质		用地代号	面积 /hm^2	比例 /%	人均用地 /（m^2/ 人）
居住用地		R	1315.1	37.67	49.63
小类	二类居住用地	R2	720.7	20.64	27.20
	三类居住用地	R3	594.4	17.03	22.43
公共管理与公共服务设施用地		A	436.6	12.5	16.49
小类	行政办公用地	A1	137.3	3.93	5.18
	文化设施用地	A2	21.4	0.61	0.81
	教育科研用地	A3	199.7	5.72	7.54
	体育用地	A4	17.3	0.50	0.65
	医疗卫生用地	A5	37.3	1.07	1.41
	社会福利用地	A6	13.4	0.38	0.51
	文物古迹用地	A7	8.7	0.25	0.33
	宗教用地	A9	1.5	0.04	0.06
商业服务业设施用地		B	284	8.13	10.71
小类	商业用地	B1	246	7.05	9.28
	商务用地	B2	12.7	0.36	0.48
	娱乐康体用地	B3	14.4	0.41	0.54
	公用设施营业网点用地	B4	10.9	0.31	0.41
工业用地		M	605.7	17.35	22.86
小类	一类工业用地	M1	60.1	1.72	2.27
	二类工业用地	M2	127.5	3.65	4.81
	三类工业用地	M3	418.1	11.98	15.78
物流仓储用地		W	87.7	2.52	3.31
小类	二类物流仓储用地	W2	53.3	1.53	2.01
	三类物流仓储用地	W3	34.4	0.99	1.30
道路与交通设施用地		S	423.5	12.13	15.98
小类	城市道路用地	S1	395.2	11.32	14.91
	交通枢纽用地	S3	4.5	0.13	0.17
	交通场站用地	S4	4.5	0.13	0.17
	其他交通设施用地	S9	19.3	0.55	0.73
公用设施用地		U	66.5	1.91	2.52
小类	供应设施用地	U1	44.5	1.27	1.68
	环境设施用地	U2	0.2	0.01	0.01
	安全设施用地	U3	2.3	0.07	0.09
	其他公用设施用地	U9	19.5	0.56	0.74

续表

用地性质		用地代号	面积 /hm²	比例 /%	人均用地 /（m²/ 人）
绿地与广场用地		G	272	7.79	10.26
小类	公园绿地	G1	87.2	2.50	3.29
	防护绿地	G2	176.3	5.05	6.65
	广场用地	G3	8.5	0.24	0.32
城市建设用地		—	3491.1	100.00	131.76

资料来源：哈密市人民政府．哈密市城市总体规划（2012—2030 年）[Z].

哈密老城区行政办公用地分布情况 附表 14

行政类别	名称	位置	用地规模 /m²
哈密地区行政办公设施	哈密地区林业局	环城南路	19360
	哈密地区公安局	环城西路	24489
	哈密地区检察院分院	环城西路	9974
	哈密地区中级人民法院	中山北路、文化路	14361
	哈密地区行署和地委	建国南路	30419
	哈密地区水利局	迎宾路	3220
	哈密地区财政局	文化路	4868
	哈密地区国家安全局	青年南路	13091
	哈密地区交通局	建国北路	8949
	哈密地区电信局	建国北路	12408
	哈密地区行政管理工商局	广东路	5909
哈密市行政办公设施	哈密市地税局	建国南路	4989
	哈密市人民法院	解放东路	2374
	哈密市财政局	文化路	14361
	哈密市人民政府	爱国北路	16851
	哈密市工商局	文化路	3702
	哈密市教育局	融合路	10237
	哈密铁路分局	前进东路	22736
	自治区人民检察院哈密分院	广东路	11486
	哈密市劳动和社会保障局	光明路	9782
农十三师行政办公设施	农十三师师部	东环路	54378
	农十三师检察院	东环路	4721
	农十三师人民法院	中环路	3652

资料来源：根据哈密市人民政府．哈密市城市总体规划（2012—2030 年）[Z]．绘制

参考文献

[1] 余建辉，李佳洺，张文忠．中国资源型城市识别与综合类型划分［J］．地理学报，2018，(4)：677-687.

[2] 国务院关于印发全国资源型城市可持续发展规划（2013—2020）的通知（国发［2013］45号）［Z］.

[3] 柳泽，周文生，姚涵．国外资源型城市发展与转型研究综述［J］．中国人口·资源与环境，2011，21（11）：161-168.

[4] 刘喆，李稼祎．平遥古城调研报告：中国古代城市空间［J］．信息记录材料，2017，18（S1）：112-113.

[5] 黎丽．中西方城市规划理论中人本主义思潮的演进及比较研究［D］．重庆：重庆大学，2013.

[6] 宗仁．霍华德“田园城市”理论对中国城市发展的现实借鉴［J］．现代城市研究，2018（2）：77-81.

[7] 李静薇，陈蓓丽．由“光辉城市”理论入手对比路易斯·康与柯布西耶［J］．重庆建筑，2018，17（7）：18-21.

[8] 张秀生，陈先勇．论中国资源型城市产业发展的现状、困境与对策［J］．经济评论，2001（6）：96-99.

[9] 刘云刚．中国资源型城市的发展机制及其调控对策研究［D］．长春：东北师范大学，2002.

[10] 龚立，阮仁俊，孔德诗，等．自组织理论及其在电力系统中的应用［J］．中国电力教育，2011（15）：104-105，110.

[11] 普里戈金．从存在到演化［M］．曾庆宏，严士健，等，译．北京：北京大学出版社，2019.

[12] 单丽辉．基于耗散结构的物流网络系统运作模式与运行机制研究［D］．北京：北京交通大学，2012.

[13] 何佩．基于耗散结构理论的港口城市航运服务系统空间布局研究［D］．宁波：宁波大学，2015.

[14] 李峰．基于熵和耗散结构理论的天津市旅游业竞争力研究［D］．天津：河北工业大学，2011.

[15] 沈小峰．耗散结构论［M］．上海：上海人民出版社，1987.

[16] 谭长贵．对非平衡是有序之源的几点思考［J］．系统辩证学学报，2005（2）：29-32.

[17] 杨懿，李秋艳．旅游融合发展自组织演变机理与进程研究［J］．资源开发与市场，2017，33（9）：1100-1103.

[18] 何跃，王爽．论自组织机制的创新性本质［J］．系统科学学报，2017，25（3）：15-19，63.

[19] 张庆普，胡运权．城市生态经济系统耗散结构特征和演变研究［J］．系统工程理论方法应用，1993（2）：37-41，79.

[20] 车林杰．协同创新系统耗散结构判定研究［D］．重庆：重庆大学，2016.

[21] 潘浩．基于熵的测量信息方法研究［D］．武汉：华中科技大学，2022.

［22］姜璐. 一部交叉科学的新著：介绍《协同论》[J]. 自然辩证法研究，1992（7）：60-61.

［23］托姆. 结构稳定性与形态发生学［M］. 成都：四川教育出版社，1992.

［24］申金山，吕康娟，张晓阳. 基于突变理论的城市空间拓展决策方法与应用［J］. 河南科学，2005（6）：61-64.

［25］严田田. 基于城市突变理论对城市更新模式的分析：以楚河汉街区域为例［J］. 华中建筑，2016，34（7）：75-79.

［26］刘耀彬，李仁东，宋学锋. 中国城市化与生态环境耦合度分析［J］. 自然资源学报，2005（1）：105-112.

［27］生延超，钟志平. 旅游产业与区域经济的耦合协调度研究：以湖南省为例［J］. 旅游学刊，2009，24（8）：23-29.

［28］王少剑，方创琳，王洋. 京津冀地区城市化与生态环境交互耦合关系定量测度［J］. 生态学报，2015，35（7）：2244-2254.

［29］王琦，陈才. 产业集群与区域经济空间的耦合度分析［J］. 地理科学，2008（2）：145-149.

［30］孙爱军，吴钧，刘国光，等. 交通与城市化的耦合度分析：以江苏省为例［J］. 城市交通，2007（2）：42-46.

［31］崔木花. 中原城市群9市城镇化与生态环境耦合协调关系［J］. 经济地理，2015，35（7）：72-78.

［32］姜磊，柏玲，吴玉鸣. 中国省域经济、资源与环境协调分析：兼论三系统耦合公式及其扩展形式［J］. 自然资源学报，2017，32（5）：788-799.

［33］孙平军，丁四保，修春亮. 北京市人口—经济—空间城市化耦合协调性分析［J］. 城市规划，2012，36（5）：38-45.

［34］李涛，廖和平，杨伟，等. 重庆市“土地、人口、产业”城镇化质量的时空分异及耦合协调性［J］. 经济地理，2015，35（5）：65-71.

［35］周正柱. 长江经济带人口、经济、社会及空间城镇化耦合协调发展研究［J］. 统计与决策，2019，35（20）：130-133.

［36］张玉萍，哈力克，党建华，等. 吐鲁番旅游—经济—生态环境耦合协调发展分析［J］. 人文地理，2014，29（4）：140-145.

［37］李萍，谭静. 四川省城市土地利用效率与经济耦合协调度研究［J］. 中国农学通报，2010，26（21）：364-367.

［38］王亮，宋周莺，余金艳，等. 资源型城市产业转型战略研究：以克拉玛依为例［J］. 经济地理，2011，31（8）：1277-1282.

［39］王小明. 我国资源型城市转型发展的战略研究［J］. 财经问题研究，2011（1）：48-52.

［40］INNIS H A. The fur trade in Canada[M]. New Haven: Yale University Press, 1930.

［41］MARSH B. Continuity and decline in the anthracite towns of Pennsylvania[J]. Annals of the Association of American Geographers, 1987, 77(3): 337-352.

［42］ROBINSON J L. New industrial towns on Canada's resource frontier[J]. The Canadian geographer, 1964, 8(1): 17-25.

［43］SIEMENS L B. Single-enterprise community studies in northern Canada[M]. Winnipeg: Center for Settlement Studies, University of Manitoba, 1973.

［44］LUCAS R. Minetown, milltown, railtown: life in Canadian communities of single industry[M].

Toronto: University of Toronto Press, 1971.

[45] RANDALL J E, IRONSIDE R G. Communities on the edge：an economic geography of resource-dependent communities in Canada[J]. The Canadian Geographer, 1996, 40(1): 17-35.

[46] WOOD C C, RENFREY G J. The influence of mining subsidence on urban development of Ipswich, Queensland[C]// VANCE W E. Second Australia-New Zealand conference on geomechanics. Barton, ACT: Institution of Engineers, Australia, 1975: 4-9.

[47] DALLAS W G. Environmental harmony: an objective in mine planning and development[J]. CIM bulletin, 1977, 70 (786): 81-88.

[48] BRADBURY J H, ST-MARTIN I. Winding down in a Quebec mining town: a case study of Schefferville[J]. The Canadian geographer, 1983, 27(2): 128-144.

[49] PARKER P. Queensland coal towns: infrastructure policy, cost and tax[M]. Canberra: Australian National University, Centre for Resource and Environmental Studies, 1986.

[50] BRADBURY J H. Towards an alternative theory of resource-based town development in Canada[J]. Economic geography, 1979, 55(2): 147-166.

[51] NEWTON P, ROBINSON I. Settlement options: avoiding local government with fly-in fly-out[J]. Resource development and local government: policies for growth, decline and diversity, 1987: 72-81.

[52] O'FAIRCHEALLAIGH C. Economic base and employment structure in northern territory mining towns[J]. Resource communities: settlement and workforce issues, 1988: 41-63.

[53] TAYLOR J C. Perspective of the minerals industry in relation to minerals planning[J]. Transactions of the institution of mining and metallurgy, section A: mining industry, 1987, 96: A1-A10.

[54] WALSH P, PAGET G, RABNETT R A. Tumbler Ridge: a new approach to resource community development[J]. CIM bulletin, 1983, 76(853): 69-75.

[55] MIEDECKE J G M, DUCKETT T A. Mining: a sustainable land use in the 90's?[J]. Resources policy, 1991, 17(4): 278-287.

[56] BRADBURY J H. Living with boom and bust cycles: new towns on the resource frontier in Canada, 1945-1986[C]//Resource communities: settlement and workforce issues. Canberra: Australian National University, 1988: 3-20.

[57] HAYTER R, BARNES T J. Labour market segmentation, flexibility, and recession: a British Columbian case study[J]. Environment and planning C: government and policy, 1992, 10(3): 333-353.

[58] HOUGHTON D S. Long-distance commuting: a new approach to mining in Australia[J]. The geographical journal, 1993, 159(3): 281-290.

[59] LOCKIE S, FRANETTOVICH M, PETKOVA-TIMMER V, et al.. Coal mining and the resource community cycle: a longitudinal assessment of the social impacts of the Coppabella coal mine[J]. Environmental impact assessment review, 2009, 29(5): 330-339.

[60] PITKETHLY A S. Natural resources: allocation, economics and policy[J]. Applied geography, 1991, 11(4): 327-328.

[61] 陈妍，梅林. 国外资源型城市发展研究评述及对我国的启示［J］. 资源开发与市场，2017，33（12）：1483-1487，1534.

[62] MARKEY S, HALSETH G, MANSON D. The struggle to compete: from comparative to competitive

advantage in Northern British Columbia[J]. International planning studies, 2006, 11(1): 19–39.

[63] 焦华富，陆林．西方资源型城镇研究的进展［J］．自然资源学报，2000（3）：291–296.

[64] WRIGHT G, CZELUSTA J. Resource-based economic growth, past and present[Z]//Natural resources: neither curse nor destiny. Washington, DC: World Bank, 2007: 183–211.

[65] 潘惠正，王道温，徐启敏．日本煤炭工业结构调整与政府的支持政策（上）［J］．中国煤炭，1995（11）：62–65，72.

[66] 赵景海．我国资源型城市发展研究进展综述［J］．城市发展研究，2006，13（3）：86–91.

[67] 王志鹏．国外资源型城市转型之路对内蒙古的启示［J］．内蒙古金融研究，2012（10）：17–19.

[68] MCMAHON G, REMY F. Large mines and the community: socioeconomic and environmental effects in Latin America, Canada, and Spain[M]. Washington, DC: World Bank Publications, 2001.

[69] 李文彦．煤矿城市的工业发展与城市规划问题［J］．城市规划，1978（1）：1–9.

[70] 魏心镇．矿产资源区域组合类型与地域工业综合体［J］．地理学报，1981（4）：358–368.

[71] 梁仁彩．试论能源基地的类型及其综合发展［J］．地理研究，1985（2）：9–17.

[72] 方觉曙．安徽省土地资源合理开发与利用问题初探［J］．安徽师大学报（自然科学版），1986（1）：94–98，93.

[73] 朱关鑫，吴勤学．区域支柱产业的选择、优化和转换：兼论山西省产业结构的转换［J］．中国工业经济研究，1990（4）：49–55，14.

[74] 马清裕，孙俊杰．关于矿区城镇合理布局问题的探讨［J］．城市规划，1981（4）：20–31.

[75] 邓念祖．工矿城市规划结构的探讨［J］．城市规划学刊，1990（5）：57–62.

[76] 齐建珍，白翎．煤炭工业城市要综合发展：抚顺、阜新两市经济发展对比的启示［J］．煤炭经济研究，1987（1）：9–11.

[77] 赵宇空．中国矿业城市：持续发展与结构调整［M］．长春：吉林科学技术出版社，1995.

[78] 樊杰．我国煤矿城市产业结构转换问题研究［J］．地理学报，1993（3）：218–226.

[79] 刘洪，杨伟民．关于煤炭工业城市产业结构调整的几个问题［J］．中国工业经济研究，1992（8）：6.

[80] 沈镭，姚建华，郎一环．长江中游矿产资源跨世纪开发布局［J］．长江流域资源与环境，1995（4）：289–295.

[81] 夏永祥，沈滨．我国资源开发性企业和城市可持续发展的问题与对策［J］．中国软科学，1998（7）：115–120.

[82] 赵永革，王亚男．百年城市变迁［M］．北京：中国经济出版社，2000.

[83] 孙雅静．资源型城市转型与发展出路［M］．北京：中国经济出版社，2006.

[84] 张志杰．成长型资源城市可持续发展研究［D］．北京：中国地质大学，2015.

[85] 景普秋，张复明．资源型地区工业化与城市化的偏差与整合：以山西省为例［J］．人文地理，2005，20（6）：38–41.

[86] 张以诚．矿业城市概论［J］．中国矿业，2005，14（7）：5–9.

[87] 郝惠，柳泽．区域视角下的资源型城市空间发展战略初探：以大庆市为例［J］．城市发展研究，2012，19（8）：145–149.

[88] 郑伯红，廖荣华．资源型城市可持续发展能力的演变与调控［J］．中国人口·资源与环境，2003，13（2）：92–95.

[89] 沈镭，万会. 试论资源型城市的再城市化与转型 [J]. 资源与产业，2003，5 (6)：116-119.
[90] 尹怀庭，郭淑芬. 中小煤矿城市发展及其经济、社会、环境分析评价的方法研究 [J]. 城市规划，1999 (2)：12-15，63.
[91] 焦华富. 中国煤炭城市发展模式研究 [D]. 北京：北京大学，1998.
[92] 杨显明，焦华富，许吉黎. 煤炭资源型城市空间结构演变过程、模式及影响因素：基于淮南市的实证研究 [J]. 地理研究，2015，34 (3)：513-524.
[93] 杨显明，焦华富，许吉黎. 不同发展阶段煤炭资源型城市空间结构演变的对比研究：以淮南、淮北为例 [J]. 自然资源学报，2015 (1)：92-105.
[94] 田燕，苏文龙. 资源型城市空间演变及发展优化策略 [J]. 规划师，2014 (9)：88-93.
[95] 于洋，魏哲，赵博. 转型期资源型城市主城区铁路沿线用地与交通优化研究：以黄石汉冶萍铁路磁湖南岸段为例 [J]. 西部人居环境学刊，2018，33 (3)：61-68.
[96] 张玉民，郑甲苏. 煤炭资源型城市空间结构重组战略模式研究：以山西省孝义市为例 [J]. 城市规划，2010 (9)：82-85.
[97] 钟纪刚. 山地资源型城市空间发展战略：关于攀枝花城市规划建设发展的思考 [J]. 规划师，2006，22 (4)：15-16.
[98] 王阿娜. 资源型山地城市空间结构演变研究 [D]. 武汉：华中科技大学，2010.
[99] 唐笑，石培基. 干旱区资源型城市空间扩展及驱动力分析：以甘肃省金昌市为例 [J]. 资源开发与市场，2016，32 (4)：418-423.
[100] 周敏，陈浩. 资源型城市的空间模式、问题与规划对策初探 [J]. 现代城市研究，2011 (7)：55-58.
[101] 宋飏. 矿业城市空间结构演变过程与机理研究 [D]. 长春：东北师范大学，2008.
[102] 高宜程，申玉铭，邱灵. 山西省晋城市空间结构演变与重构 [J]. 地理研究，2013，32 (7)：1231-1242.
[103] 廖凯. 转型期克拉玛依市城市总体规划编制策略研究 [D]. 北京：北京建筑大学，2014.
[104] 赵攀，于洋. 铁路煤炭物流基础设施影响下的平顶山市空间布局调整对策 [J]. 华中建筑，2016 (11)：101-105.
[105] 吕静，范默. 松原市城市空间结构规划变迁研究 [J]. 现代装饰：理论，2014 (4)：26-28.
[106] 罗国华. 大同市转型期城市空间结构研究 [D]. 西安：西安建筑科技大学，2006.
[107] 许琳琳. 唐山市城市空间发展研究 [D]. 邯郸：河北工程大学，2008.
[108] 鹤壁市人民政府. 鹤壁市城市总体规划 (2007-2020 年) [R].
[109] 赵景海. 我国资源型城市空间发展研究 [D]. 长春：东北师范大学，2007.
[110] 李松，崔大树. 城市空间耗散结构演变的特征和“熵”机制：关于城市空间耗散结构研究综述 [J]. 企业导报，2011 (10)：242-244.
[111] TAYLOR P J, HOYLER M, VERBRUGGEN R. External urban relational process: introducing central flow theory to complement central place theory[J]. Urban studies, 2010, 47(13): 2803-2818.
[112] 谷国锋，张秀英. 区域经济系统耗散结构的形成与演变机制研究 [J]. 东北师大学报 (自然科学版)，2005 (3)：119-124.
[113] 李俊峰，焦华富. 江淮城市群空间联系及整合模式 [J]. 地理研究，2010，29 (3)：535-544.
[114] 罗守贵，金芙蓉，黄融. 上海都市圈城市间经济流测度 [J]. 经济地理，2010，30 (1)：80-85.

[115] 毛蒋兴，何邕健. 资源型城市生命周期模型研究［J］. 地理与地理信息科学，2008，(1)：56-60.
[116] 张以诚. 矿业城市的诞生与消亡［J］. 国土资源，2001（5）：22-24.
[117] 宋飏，王士君. 矿业城市生命周期与空间结构演进规律研究［J］. 人文地理，2012（5）：54-61.
[118] 房艳刚，刘鸽，刘继生. 城市空间结构的复杂性研究进展［J］. 地理科学，2005，25（6）：754-761.
[119] 陈辞，李强森. 城市空间结构演变及其影响因素探析［J］. 经济研究导刊，2010，(18)：144-146.
[120] 石崧. 城市空间结构演变的动力机制分析［J］. 城市规划学刊，2004（1）：50-52.
[121] 熊黑钢，邹桂红，崔建勇. 城市化过程中地形因素对城市空间结构演变的影响：以乌鲁木齐市为例［J］. 地域研究与开发，2012，31（1）：55-59.
[122] 朱巍. 成都市城市交通与城市空间结构相互关系研究［D］. 成都：西南交通大学，2005.
[123] 何成. 煤矿城市产业发展对其空间结构演进影响［D］. 合肥：安徽建筑工业学院，2012.
[124] 王玉祺. 产业结构调整影响的城市空间结构优化研究［D］. 重庆：重庆大学，2014.
[125] 孙施文. 有关城市规划实施的基础研究［J］. 城市规划，2000（7）：12-16.
[126] 罗显正. 多中心城市空间结构的演变及规划干预研究［D］. 重庆：重庆大学，2014.
[127] 王洋洋. 物流节点布局对城市空间结构的影响分析：以成都市为例［D］. 成都：西南交通大学，2014.
[128] 刘国栋. 新疆矿产资源开发对当地经济的影响［J］. 佳木斯大学学报（自然科学版），2013，31（1）：157-160.
[129] 车志晖，张沛. 城市空间结构发展绩效的模糊综合评价：以包头中心城市为例［J］. 现代城市研究，2012（6）：50-54，58.
[130] 张鸿春. 攀枝花开发建设史是中国三线建设史的缩影［N］. 攀枝花日报，2014-12-24（003）.
[131] 周启昌. 新建重工业城市的人口结构问题：对株洲、马鞍山两市当前一些人口问题的调查［J］. 人口研究，1980（3）：56-58.
[132] 焦华富. 试论煤炭城市人口自然结构的演变特征：以淮南、淮北市为例［J］. 经济地理，2001（4）：423-426.
[133] 许吉黎，焦华富. 成熟期煤炭资源型城市社会空间结构研究：以安徽省淮南市为例［J］. 经济地理，2014，34（1）：61-68.
[134] 项清，阚瑷珂，刘飞，等. 基于产业用地拓展的山地资源型城市空间形态演变特征：以攀枝花市为例［J］. 资源与产业，2019，21（1）：80-87.
[135] 李小波，刘慧清. 川东古代盐业开发对行政区划和城市分布的影响［J］. 长江流域资源与环境，2000（3）：307-312.
[136]《新疆城市化发展对策研究》课题组. 新疆城市化发展对策研究［J］. 中共乌鲁木齐市委党校学报，2004（3）：32-35.
[137] 罗怀良. 攀枝花市资源开发与区域发展的地域分异演变［J］. 中国国土资源经济，2019，32（11）：50-58.
[138] 姜楠. 资源型城市产业调整对空间形态的影响研究［D］. 长春：吉林建筑大学，2016.
[139] 常春勤. 矿业城市空间结构演变及转型期优化调控［D］. 武汉：华中科技大学，2006.

[140] 姚琼．资源型小城市用地布局优化研究 [D]．西安：西北大学，2018.
[141] 王仕首．浅谈工业城市物流经济发展对城市交通网络的影响 [J]．智能城市，2019，5（8）：143-144.
[142] 赵攀．铁路物流系统建设对煤炭城市空间结构的影响研究 [D]．成都：西南交通大学，2016.
[143] 刘思峰，蔡华．灰色关联分析模型研究进展 [J]．系统工程理论与实践，2013（8）：2041-2046.
[144] 余长坤．交通运输对城市空间扩展的影响机理和实证研究 [D]．杭州：浙江大学，2015.
[145] 曲婷婷．唐山接替产业选择研究 [D]．北京：中国地质大学，2017.
[146] 谢明阳．城市更新视角下的煤矿废弃地工业遗产保护与再利用研究 [D]．合肥：合肥工业大学，2019.
[147] 李英．资源型城市转型背景下的矿区工业园规划探索 [J]．城市规划学刊，2012（S1）：198-202.
[148] 哈密市人民政府．哈密市概况 [EB/OL]．https://www.hami.gov.cn/hami/c120139/mlhm.shtml.
[149] 中国气象局．中国地面国际交换站气候标准值月值数据集（1971—2020 年）[Z].
[150] 哈密市国民经济和社会发展第十四个五年规划和 2035 年远景目标纲要 [Z/OL].（2021-09-22）．https://xjdrc.xinjiang.gov.cn/xjfgw/c108377/202109/7ec1398652214fa58e413f683a6eea82.shtml#_Toc75511680.
[151] 哈密市统计局．哈密市 2019 年国民经济和社会发展统计公报 [Z].
[152] 哈密市地方志编委会办公室．哈密年鉴 [M]．郑州：中州古籍出版社，2017.
[153] 马达汉．马达汉西域考察日记（1906-1908）[M]．王家骥，译，北京：中国民族摄影艺术出版社，2004.
[154] 赵柏伊．丝绸之路绿洲城市空间形态演变研究 [D]．西安：西安建筑科技大学，2018.
[155] 新疆哈密市历史沿革 [EB/OL]．http://www.tcmap.com.cn/xinjiang/hami_history.html.
[156] 哈密市人民政府．全面推动地区生态文明建设的建议 [Z].
[157] 周子英，段建南，梁春凤．长沙市土地利用结构信息熵时空变化研究 [J]．经济地理，2012，32（4）：124-129.
[158] 苗建军，徐愫．空间视角下产业协同集聚对城市土地利用效率的影响：以长三角城市群为例 [J]．城市问题，2020（1）：12-19.
[159] ELLISON G，GLAESER E L．Geographic concentration in US manufacturing industries: a dartboard approach[J]. Journal of political economy, 1997, 105(5): 889-927.
[160] LONG C, ZHANG X. Cluster-based industrialization in China: financing and performance[J]. Journal of international economics, 2011, 84(1): 112-123.
[161] 严杰．基于耗散结构理论的哈密城市空间系统演变研究 [D]．成都：西南交通大学，2019.
[162] 于洋，张凌，陈英武．疆煤外运铁路运输通道布局方案研究 [J]．煤炭工程，2013，45（10）：29-31.
[163] 冯玉新．清代哈密人口规模考论 [J]．甘肃社会科学，2010（4）：224-227.
[164] 庞瑞秋．中国大城市社会空间分异研究 [D]．长春：东北师范大学，2009.
[165] 樊晨琛．建国以来新疆哈密铁路建设研究 [D]．乌鲁木齐：新疆师范大学，2016.
[166] 苗江涛．我国西部地区干线公路规划研究 [D]．上海：上海海事大学，2005.
[167] 王新友．加快发展哈密交通业的战略思考 [J]．新疆社科论坛，2003（S1）：44-45.

[168] 张美玲，赵旭强，潘晔．产业结构与就业结构协调发展研究［J］．经济问题，2015，(3)：76-79.

[169] 王军礼，徐德举．我国都市产业结构演变规律测度分析［J］．生产力研究，2012(1)：180-181，261.

[170] 孔祥斌，张凤荣，李玉兰，等．区域土地利用与产业结构变化互动关系研究［J］．资源科学，2005(2)：59-64.

[171] 王青，姚丽，陈志刚．城市产业结构与用地结构协调发展研究：以江苏省为例［J］．现代城市研究，2013，28(7)：20-24.

[172] 宋吉涛，宋吉强，宋敦江．城市土地利用结构相对效率的判别性分析［J］．中国土地科学，2006(6)：9-15.

[173] 王淑佳，孔伟．国内耦合协调度模型的误区及修正［J］．自然资源学报，2021，36(3)：793-810.

[174] 廖重斌．环境与经济协调发展的定量评判及其分类体系：以珠江三角洲城市群为例［J］．热带地理，1999(2)：76-82.

[175] 陈明星，叶超，周义．城市化速度曲线及其政策启示：对诺瑟姆曲线的讨论与发展［J］．地理研究，2011，30(8)：1499-1507.

[176] 阜康市人民政府．阜康市基本情况简介［EB/OL］．http://www.fk.gov.cn/info/iList.jsp?cat_id=28047.

[177] 朱景朝．上半年新开航线 19 条新疆旅游进入“航空模式”［EB/OL］．(2017-08-03)．https://mp.weixin.qq.com/s?__biz=MzA5MDE1ODg0OQ==&mid=2458224997&idx=1&sn=f68dba0e7d55a1cee97ac49c598d542f&chksm=877ecb0bb009421ddeb865685d42ba9f08001aa2c629ee92590cb0cba7e939edbe5c0dac9a52&scene=27.

[178] 张颖，赵民．论城市化与经济发展的相关性：对钱纳里研究成果的辨析与延伸［J］．城市规划汇刊，2003(4)：10-18，95.

[179] 高月．基于钱纳里模型的中国产业结构实证分析［D］．长春：东北师范大学，2016.

[180] 哈密市地方志编委会办公室．哈密年鉴·2016［M］．郑州：中州古籍出版社，2017.

[181] 白永平，狄保忻，王鹏龙，等．陇海—兰新—北疆铁路沿线城市紧凑度及其影响因素研究［J］．经济地理，2012，32(7)：37-42.

[182] 魏哲．黄石市转型期城市空间结构演变研究［D］．成都：西南交通大学，2017.

[183] 哈密市人民政府．哈密市城市总体规划(2012—2030 年)［Z］.

[184] 张巍．新兴资源型城市低碳化转型的模式选择［J］．城市发展研究，2012，19(6)：138-139，144.

[185] 于卓玉，成辉．产城融合理念下煤矿区转型规划策略与实践［J］．规划师，2017，33(3)：84-88.

[186] 裴文娟，樊凯．城市开发边界的内涵［J］．城市问题，2017(9)：26-31.

[187] 张润朋，王其东．“绿色、生态、和谐”发展理念下的绿洲城市规划：以新疆哈密市城市总体规划为例［C］// 中国城市规划学会．和谐城市规划：2007 中国城市规划年会论文集．哈尔滨：黑龙江科学技术出版社，2007：686-691.

[188] 李春华，刘月兰．哈密地区城镇体系发展与布局研究［J］．干旱区地理(汉文版)，2001，24(1)：57-61.

[189] 于洋，赵博，严杰. 基于文态环境保护的工矿城镇改造规划研究：以哈密市三道岭镇为例 [J]. 小城镇建设，2018（4）：90-96.
[190] 穆光宗. 人口优化理论初探 [J]. 北京大学学报（哲学社会科学版），2012，49（5）：86-99.
[191] 王朋岗，李为超. 优化兵团人口分布研究 [J]. 兵团党校学报，2013（6）：14-20.
[192] 李为超，刘贡南. 新疆生产建设兵团人口分布与优化对策刍议 [J]. 西北人口，2013，34（1）：83-89，95.